GEOGRAFIA E PRÁXIS

A presença do espaço na teoria e na prática geográficas

Conselho Acadêmico
Ataliba Teixeira de Castilho
Carlos Eduardo Lins da Silva
Carlos Fico
Jaime Cordeiro
José Luiz Fiorin
Tania Regina de Luca

Proibida a reprodução total ou parcial em qualquer mídia
sem a autorização escrita da editora.
Os infratores estão sujeitos às penas da lei.

A Editora não é responsável pelo conteúdo deste livro.
O Autor conhece os fatos narrados, pelos quais é responsável,
assim como se responsabiliza pelos juízos emitidos.

Consulte nosso catálogo completo e últimos lançamentos em **www.editoracontexto.com.br**.

Ruy Moreira

GEOGRAFIA E PRÁXIS

A presença do espaço na teoria e na prática geográficas

Copyright © 2012 do Autor

Todos os direitos desta edição reservados à
Editora Contexto (Editora Pinsky Ltda.)

Foto de capa
Jaime Pinsky

Montagem de capa e diagramação
Gustavo S. Vilas Boas

Preparação de textos
Daniela Marini Iwamoto

Revisão
Fernanda Guerriero Antunes

Dados Internacionais de Catalogação na Publicação (CIP)
(Câmara Brasileira do Livro, SP, Brasil)

Moreira, Ruy
Geografia e práxis : a presença do espaço na teoria e na prática
geográficas / Ruy Moreira. – São Paulo : Contexto, 2025.

ISBN 978-85-7244-724-9

1. Espaço e tempo 2. Geografia 3. Geografia – Filosofia
4. Geografia – História 5. Geografia física 6. Geografia humana
I. Título.

12-05844	CDD-910.01

Angélica Ilacqua CRB-8/7057

Índice para catálogo sistemático:
1. Geografia : Teoria 910.01

2025

EDITORA CONTEXTO
Diretor editorial: *Jaime Pinsky*

Rua Dr. José Elias, 520 – Alto da Lapa
05083-030 – São Paulo – SP
PABX: (11) 3832 5838
contato@editoracontexto.com.br
www.editoracontexto.com.br

Quando um rio corta, corta-se de vez
o discurso-rio de água que ele fazia;
cortado, a água se quebra em pedaços,
em poços de água, em água paralítica.
Em situação de poço, a água equivale
a uma palavra em situação dicionária:
isolada, estanque no poço dela mesma,
e porque assim estanque, estancada;
e mais: porque assim estancada, muda,
e muda porque com nenhuma comunica,
porque cortou-se a sintaxe desse rio,
o fio de água por que ele discorria.

O curso de um rio, seu discurso-rio,
chega raramente a se reatar de vez;
um rio precisa de muito fio de água
para refazer o fio antigo que o fez.
Salvo a grandiloquência de uma cheia
lhe impondo interina outra linguagem,
um rio precisa de muita água em fios
para que todos os poços se enfrasem:
se reatando, de um para outro poço,
em frases curtas, então frase e frase,
até a sentença-rio do discurso único
em que se tem voz a seca ele combate.

João Cabral de Melo Neto
Rios sem discurso
Poesias Completas

SUMÁRIO

APRESENTAÇÃO 13

A AVENTURA DO ESPÍRITO 15

GEOGRAFIA E PRÁXIS 17

A questão da práxis 17

A questão do discurso 18

A questão da ideologia 20

A questão da epistemologia 21

A questão da linguagem 22

A questão da natureza 23

A questão do homem 24

A questão do espaço 24

A questão do método 25

A renovação em curso 25

VELHOS TEMAS, NOVAS FORMAS 29

O problema-chave: o conceito do espaço 29

A crise dos paradigmas e modos de atitudes 31

A metamorfose do valor-trabalho 32

O reordenamento dos arranjos 34

A emergência do híbrido e da diferença 35

A reconquista da democracia 36

Problematizando o marco geográfico de regência 37

O PROBLEMA DO PARADIGMA GEOGRÁFICO DA GEOGRAFIA 39
    O problema e sua origem 39
    Um retorno a Humboldt e Ritter 40
    A ressintaxização e seus problemas 41
    A integralidade bifurcada 44
    A recondução integrativo-crítica 46

AS TRÊS GEOGRAFIAS 50
    A primeira geografia 50
    A segunda geografia 53
    A terceira geografia 55
    Um balanço da mudança 57

A ANATOMIA DO DISCURSO 59

REALIDADE E METAFÍSICA NAS ESTRUTURAS GEOGRÁFICAS
DA SOCIEDADE CONTEMPORÂNEA 61
    A tradição integrada e o olhar dual 61
    A consistência do problema: a geografização da metafísica moderna 63
    A metafísica regeografizada 65

EM TORNO DA MODERNIDADE: A FACE E OS ARDIS DA RAZÃO 66
    A crítica pós-moderna 66
    A totalidade moderna 67
    O nascimento paradigmático do espaço geográfico moderno 69
    A face empírica da alta modernidade 70
    A razão oblíqua 71

ESPACIDADE: A FONTE DO PROBLEMA DA ONTOLOGIA
DO ESPAÇO GEOGRÁFICO 74
    A abstratividade e o conceito do espaço 74
    A abstratividade espacial 75
    A realidade do espacismo e a alienação da corporeidade 78
    As quebras e tendências do conceito 79

Da espacidade à espacialidade:
os contrapontos de uma teoria geral em geografia......81

A espacialidade......82

A espacidade......86

A grande e a pequena teoria......88

Qualificando o fundo do problema......92

Os limites da transposição......94

O racional e o simbólico: o de fora e o de dentro na geografia......95

O espaço como oposição objeto-signo......95

O espaço como de fora e de dentro......98

A revolução midiática: a paisagem como interface......99

O espaço do presente......100

O modo de ver e pensar a relação ambiental na geografia......102

A relação ambiental como rede de interações espaciais......102

O que é o meio ambiente em Geografia?......104

O meio ambiente como uma consciência espacial-geográfica......105

Repensando a geografia:
a formação socioespacial e o espaço e o método geográficos......106

Espaço e modo de socialização da natureza......107

O arranjo espacial e a formação socioespacial......108

A dialética do espaço e o lugar processual do arranjo......109

Descobrir via arranjo do espaço
o caráter de unidade-diversidade do mundo......114

A totalidade homem-meio......117

A esquematização da totalidade......117

A integralidade ontológica......121

A integralidade histórico-concreta......123

A totalidade homem-meio hoje......125

O TABULEIRO DE XADREZ 131

O PARADIGMA E A NORMA: A SOCIEDADE CAPITALISTA E O SEU ESPAÇO 133

   O laboratório manufatureiro 133

      A representação moderna 133

      A sociedade do trabalho 135

   A fábrica e o mundo integrado total 141

      O espaço da mais-valia absoluta 142

      O espaço da mais-valia relativa 145

   A valorização global 150

A CIDADE E O CAMPO NO MUNDO CONTEMPORÂNEO 155

   A cidade e o campo na evolução europeia 155

      A cidade e o campo numa sociedade de domínio rural 156

      A cidade e o campo numa sociedade
      de divisão territorial do trabalho 157

      A cidade e o campo numa sociedade de domínio urbano 158

   A cidade e o campo no Brasil 159

      A cidade e o campo no Brasil colônia 159

      A cidade e o campo na fase da divisão
      capitalista do trabalho e das trocas 161

      O complexo agroindustrial e as tendências da redivisão
      da relação cidade-campo no Brasil 162

   Os caminhos do mundo são diferentes 163

      Os parâmetros de uma teoria de base geral 163

      A diversidade das formas 164

      A especificidade brasileira 165

   A cidade e o campo como vigas da estrutura global 166

DA REGIÃO À REDE E AO LUGAR:
A NOVA REALIDADE E O NOVO OLHAR GEOGRÁFICO SOBRE O REAL 168

   A realidade e as formas geográficas da sociedade na história 168

      A região: o olhar sobre um espaço lento 169

      A rede: o olhar sobre o espaço móvel e integrado 169

      O lugar: o novo olhar sobre o espaço de síntese 173

      O novo caráter da política 175

O que são o espaço e seus elementos estruturantes?..176

    Espaço: a coabitação..176

    O olhar espacial: a localização, a distribuição e a extensão...............177

    A ontologia do espaço: o fio tenso entre a identidade e a diferença....177

    O ser do espaço: a geograficidade..178

A representação e o olhar da geografia num contexto de espaço fluido ...179

    A tríplice forma e o problema
      da personalidade linguística da geografia..179

    O permanente e o mutante..181

    O problema cartográfico da geo-*graphia*..182

    Os lugares da recuperação..183

    Da cartografia cartográfica à cartografia geográfica............................183

    Para uma cartografia geográfica..185

Da partilha territorial ao bioespaço e ao biopoder..187

A teoria clássica do imperialismo e o elo geográfico da velha ordem.........187

    A teoria do imperialismo de Lenin..188

    A teoria do imperialismo de Bukarin..189

    A teoria do imperialismo de Rosa Luxemburgo............................189

    Comparando os clássicos..191

No *intermezzo*: da teoria do subdesenvolvimento-dependência
    à teoria da globalização..193

    As teorias derivadas..193

A biorrevolução, o bioespaço e o biopoder..195

    A nova realidade global e o que herda da velha............................195

    A biorrevolução..197

    O bioespaço..198

    O biopoder..198

O arranjo territorial mundial-integrado do capitalismo global...................199

O espaço e o contraespaço:
tensões e conflitos da ordem espacial burguesa..201

A sociedade e o espaço..201

    Estrutura e tensão: o fundamento ontológico do espaço...................202

    O arranjo, o ordenamento e a regulação espacial da sociedade.......203

    O que é o espaço?..204

O espaço como *vis activa*: a regulação nas comunidades
pretéritas e nas sociedades modernas 205

Sociedade civil e sociedade política, o privado e o público como espaço 207

O espaço e o contraespaço 211

 O espaço e o contraespaço na ordem burguesa 211

 A sociedade civil burguesa, o bloco histórico
  e a relação de espaço e contraespaço 211

 O espaço da ordem burguesa...213

 O contraespaço 217

O AUTOR 221

APRESENTAÇÃO

O espaço forma o núcleo de um largo espectro de campos de estudo da sociedade. Na Geografia, é o nexo que serve para dar coerência a toda uma diversidade de temas de estudo, costurando o discurso que o singulariza num modo próprio de olhar o mundo com as categorias de território e escala ligadas a ele.

Por longo tempo encarado como suporte dos fenômenos, o espaço hoje se define como determinação e condição de existência da própria totalidade da natureza e do homem nas sociedades por intermédio dos seus arranjos. Isto porque tudo começa e se reinicia nas práticas espaciais. E se orienta no fio vermelho dos saberes espaciais que brotam dessas práticas. Numa práxis.

Essa presença do espaço na reflexão e nas ações dos homens em sua relação com a natureza e a história dentro das sociedades é o tema deste livro. Uma coletânea que reúne textos escritos entre 1978 e hoje, selecionados e alinhados, todavia, em torno do problema da práxis.

Sob certa forma, pode ser vista pelo leitor como uma sequência de *Pensar e ser em geografia*, publicado também pela Contexto, em que reunimos textos do mesmo período, alinhados ao redor dos problemas da ontologia e epistemologia geográficas. Alguns dos textos são incorporados com este propósito de sequência, num intuito de retomar e explicitar seus ângulos. Mas, sobretudo, de aprofundar suas reflexões e análises, oferecendo ao leitor formas novas de leitura e entendimento e chamando-o a acompanhar a própria evolução de ideias do autor. Há também textos cujos temas não foram analisados, voltados para a preocupação de indagações e respostas que ficaram fora das cogitações daquela coletânea.

Tal como naquela, evitaram-se as repetições de conteúdo, revendo-se a redação dos textos quando isso foi preciso. Usou-se o critério de se selecionar os textos em função da comunhão de seus eixos, e todos podem ser lidos na sequência do sumário ou na ordem cronológica em que foram escritos e publicados, indicada no começo de cada texto.

Com este propósito, foram grupados em três seções. Na primeira faz-se o balanço retrospectivo da evolução histórica do pensamento geográfico visto à luz do problema da práxis, buscando reavaliar seu trajeto no tempo e no quadro da renovação recente, num levantamento do que mudou e do que foi deixado para trás. A segunda parte reúne uma bateria de textos voltados para a reflexão das categorias que vêm centrando esse pensamento, sobretudo nos dias de hoje – a totalidade, o olhar geográfico, a mediação corpórea, o espaço de dentro e o espaço de fora, o pensar ambiental, a geograficidade –, e que formam o elenco dos conceitos que orientam as reflexões atuais. A terceira parte, por fim, elenca um grupo de textos que leva esse rol de enfocamentos a convergir para o tema das relações espaciais do presente, na diversidade multifacetada que se abre para sua compreensão geográfica.

Um texto em particular merece uma observação maior. Compondo aqui a segunda parte, A totalidade homem-meio" foi escrito e publicado em 1980, com o intuito de sistematizar as posições teóricas do autor sobre o tema da relação homem-natureza à época. Dada a necessidade de atualizá-lo para o modo de entendimento de hoje, foi inteiramente reescrito. Os demais textos sofreram apenas as alterações de enxugamento de repetições e de redação nos trechos em que se mostravam truncados ou quando a ideia que passavam não havia ficado clara. Mantendo-se a fidelidade ao quadro de pensamento de época.

Tal como na outra coletânea publicada por esta Editora, espera-se que a iniciativa de reunir num só livro material até então disperso por diferentes periódicos, alguns não mais possíveis de se encontrar mesmo em bibliotecas, dê frutos. E se multiplique.

A AVENTURA DO ESPÍRITO

GEOGRAFIA E PRÁXIS

Cinco eixos de reflexão indicam em nossos dias o desenvolvimento de uma onda de renovação crítica no pensamento geográfico: o espaço como formação social (Santos, 1978); o espaço como condição de reprodução das relações de produção (Lefebvre, 1974); o espaço como mediação das relações de dominação de classes e de poder (Lacoste, 1977); o espaço como estrutura de valorização do capital (Harvey, 1977); e a sociedade como natureza socializada e história naturalizada (Quaini, 1979).

Os quatro primeiros se instruem nas relações do espaço e o quinto, na relação homem-natureza – mediada, ou não, pelas relações espaciais –, como eixo epistêmico e teórico-metodológico e arrumador do discurso geográfico. Tal fato conduz a uma pauta de questões e temas que leve a se rever o todo dos seus fundamentos, desde o tema da natureza até o tema do método, numa espécie de agenda geral.

O marxismo serve-lhes de tela de fundo de referência analítico-reflexiva, o que significa um claro sentido de direção de visada e motivo de realce do tema da práxis.

A QUESTÃO DA PRÁXIS

A questão da práxis coloca-se, pois, por primeiro. O tema central de ciência, pensa-se, é o do caráter de sua práxis. E que se pode conceber por duplo ponto de vista: o prático-teórico e o político-ideológico. O primeiro é o terreno combinado da prática espacial e do saber espacial no plano discursivo; o segundo, o da linha de vinculação da ciência com as mobilizações sociais do tempo.

O suposto é que tudo na Geografia surge da prática espacial, uma ação de relação do homem com a natureza sempre aqui e ali arrumada num termo espacial em vista da sua vida organizada em sociedade. Dessa prática nasce o saber espacial, um conhecimento de caráter ainda empírico, o conhecimento do senso comum, emanado do imediato da ação prática do homem sobre o meio, e que no tempo, com

---

* Texto transcrito de palestra proferida em mesa-redonda organizada pela Upege (União Paulista de Estudantes de Geografia) em fevereiro de 1979, publicado originalmente na revista *Território Livre*, n. 2, daquele ano, com o título "Geografia e realidade", e reeditado com o título "Geografia e práxis" na revista *Vozes*, n. 4, ano 74, em maio de 1980.

a multiplicação da experiência da prática espacial e o acúmulo, ganha um nível de abstratividade crescente. Vem desse salto de abstratividade e sistematização de escala o pulo que transforma o saber espacial no conhecimento intelectualmente sistematizado da ciência formalizada, nascendo a Geografia como a conhecemos.

Esse surgimento da Geografia como saber espacial sistematizado na forma de um conhecimento universal indica o estabelecimento de uma divisão do trabalho em que a função intelectual se destaca e se separa da função prática para ganhar no dia a dia o estatuto de uma função de especialistas. Um acontecimento simultâneo, mas não necessariamente correlato ao da emergência das sociedades estratificadas em classes sociais na História, o saber especializado representacional e discursivamente se diferenciando para espelhar no plano das ideias os diferentes interesses e embates dos estratos sociais então formados.

A QUESTÃO DO DISCURSO

O discurso assim constituído é a expressão no plano das ideias dessa mudança levada no plano interno das instâncias reais. Numa relação de reprodução de imagens no espelho, de que o discurso geográfico é um bom exemplo.

A análise atenta da história do pensamento geográfico revela alinhar-se seu discurso no geral em duas grandes vertentes socialmente diferenciadas, a que a crítica recente designa de geografia oficial (Santos, 1978) e geografia dos professores e estados maiores (Lacoste, 1977) e a que designa de saber socialmente engajado na perspectiva das mudanças estruturais.

A primeira vertente se define pelo pragmatismo que faz da Geografia sucessivamente no tempo uma forma de inventariação, ideologia e ciência. Até o advento do feudalismo, seu perfil é o de um saber pautado no utilitarismo que inventaria e cataloga informações sobre territórios e povos para colocá-las a serviço da ação dos Estados, comerciantes e navegadores. Na Idade Média feudal, é trocado pelo de uma metáfora da estrutura do mundo, o saber que descreve a Terra como o centro do universo e por esta forma traz aos homens a revelação da existência de um Deus pleno de onipresença, onipotência e onisciência. E na fase capitalista moderna é um discurso lógico-matemático da localização dos fenômenos na superfície terrestre e que define na precisão das inserções e interações locacionais o tempo dos deslocamentos, orienta a direção das trocas e indica o mapa dos lugares de maiores possibilidades de realização do valor na esfera da circulação do mercado.

Três formas que são três fases. A fase de inventariação corresponde ao período em que a guerra constitui o perfil orgânico por excelência do Estado e das interações de comércio, a informação sobre povos e territórios ressaltando sua enorme importância estratégica. A fase de ideologia corresponde ao período em que, através da cosmovisão geocêntrica, a teologia católica mostra a Igreja e a fé como os elos essenciais do mundo terrestre e do mundo celestial, a passagem de um para o outro sendo o pressuposto da redenção. E a fase científica, ao período em que as trocas mercantis e industriais necessitam poder superar os constrangimentos do espaço através do conhecimento exato dos seus traços cartográficos.

Cada fase de forma distingue-se, pois, das demais tanto pelo modo temporal como pelo espaço em que se vê o mundo, tendo em comum, porém, a concepção da Geografia como um saber de natureza essencialmente utilitária. Cada qual expressando na forma de sua visão e de sua ação prática o recorte de tempo em que se insere. E assim revelando a estrutura e as necessidades desse tempo. As duas primeiras fases reproduzem a estrutura dos modos pré-capitalistas de produção, nos quais as instâncias superestrurais predominam sobre o conjunto estrutural da sociedade, reservando-se à instância econômica o papel de última determinação. As formas de práxis arrumam-se discursivamente na linguagem e modalidade de ação das instâncias superestruturais hegemônicas. A terceira reproduz a estrutura do modo de produção capitalista, distinta das anteriores pela presença dominante da instância econômica. A forma de práxis vinculando-se ao principado dessa determinação, mas abaixo da dominância dos propósitos e interesses da ação político-ideológica emanados da ação gestora da superestrutura.

Ocorre que, determinadas por suas épocas, essas três formas acabam por se acumular, superpor e se entrecruzar na sequência do tempo. A função utilitária da inventariação-catalogação evolui embutida na de ideologia e ambas na de ciência, readaptadas aqui como cartografia (instância jurídico-política), ali como concepção de mundo (instância ideológico-representacional) e acolá como força produtiva (instância econômica) nessa conjuminação acumulativa.

A segunda vertente forma um perfil distinto. E guarda consigo a característica da consciência crítica dos problemas de cada tempo. Uma vez que se volta – ao contrário do intuito essencialmente pragmático da primeira –, para o propósito de constituir-se como um olhar que apreenda o real por sua totalidade, compreendido como o plano a partir do qual se pode instrumentar a ação transformadora, o qual está implícito no seu característico de um discurso de envolvimento social.

Se sua origem pode igualmente remeter aos reclamos descritivos de povos e territórios de onde parte a vertente oficial/dos estados maiores em sua primeira fase, já aí segue, todavia, a linhagem que leva de Heródoto a Estrabão, o criador, no século I, da Geografia como um saber sistemático devotado ao intuito de indagar sobre os problemas de fundo da época. E assim desemboca na virada dos séculos XIX-XX em pensadores como Reclus. E hoje nos críticos e nas críticas do oficialismo e pragmatismo excessivo da vertente utilitária.

Voltadas para fins de uso distintos e frequentemente opostos, essas vertentes ciclicamente passam por momentos de reformulação discursiva que as atualize e as faça ir ao encontro das necessidades do seu tempo: utilitárias, da primeira; de transformações estruturais, da segunda. E nesse passo recriam-se, acompanhando as nuanças das práticas e saberes espaciais de cada momento de tempo.

São momentos que levam a fases de renovação, pois, reflexivos de retrospecção que submetem os discursos recentes e pretéritos ao crivo analítico do balanço crítico, revisitando seu processo de formação e desenvolvimento e dessa forma covalidando suas teses e conceitos fundamentais. É assim, então, que cada discurso é avaliado por seu modo de inserção na teia de relações e embates de cada tempo, sua relação com as classes de cada época e pela forma como estas, através deles, formatam e difundem suas ideologias.

Assim se comparam as obras de lombadas douradas da primeira vertente e as de letras esmaecidas pela poeira de margeação e apagamento da segunda nas estantes, todas guardando no seu campo os enfoques e riqueza de ideias sem as quais a reconstituição e reconstrução crítica não se fazem. E assim tira-se de cada uma o modo como responde ao tempo, a indagação que a todas atravessa: o que é a Geografia, para que serve e a quem serve.

A QUESTÃO DA IDEOLOGIA

É quando a atenção se volta para o tema da ideologia, o *quantum* de presença de intencionalidade política que há no discurso de mundo, mergulhada nos termos e formas com que cada vertente a expressa.

Em geral é um *quantum* expresso no modo como a relação homem e natureza aparece nas representações de mundo, diluído pela institucionalidade da superestrutura em tudo determinante, mas que na fase moderna se mostra concentrado no problema formal do naturalismo mecanicista e do historicismo linear.

Trata-se, no fundo, de duas formas de reducionismo que se impõem ao pensamento moderno na segunda metade do século XIX, daí chegando à Geografia pós-Humboldt e Ritter através da divisão neokantiana da ciência em ciências da natureza e ciências humanas na Alemanha e na França. Duas ideologias científicas que significam uma guinada na evolução da filosofia e da ciência, marcando um retrocesso no conceito então em desenvolvimento de natureza e homem do romantismo alemão.

Expressando um conceito de ciência que penetra tanto numa quanto noutra vertente do pensamento geográfico, o naturalismo mecanicista e o historicismo linear se tornam desde então a essência epistêmica do pensamento geográfico como um todo. Do lado do naturalismo mecanicista, redutor dos fenômenos naturais à esfera do a-histórico e inorgânico, a teoria geográfica se torna o abrigo de um conceito essencialmente físico-mecânico de natureza. Do lado do historicismo linear, redutor dos fenômenos sociais à esfera do comportamentalismo psicoculturalista, de um conceito literalmente metafísico de homem. Em virtude de que o todo discursivo se firma como uma pletora de dicotomias, pares antinômicos, sem dialética, sem contradições, a partir da própria separação assim estabelecida entre o homem e a natureza.

Mais que isso, tornado um sistema de dicotomias, o discurso geográfico sobre essa base se desintegra intensamente, organizando-se daí para frente, no dizer de Lacoste, como um grande armário taxonômico em que cada gaveta é um sub-ramo, cada qual contendo os dados catalogados do seu rótulo, virando no seu todo um conjunto de rótulos a título de ser um rigoroso sistema de classificação (Lacoste, 1977).

O fato em si não deixa de expressar uma certa vitória geral do pragmatismo. Razão porque reativa, e curiosamente ambas as vertentes passam a proclamar a Geografia como uma ciência voltada para a busca da síntese dos fenômenos, o olhar sintético sendo um propósito de elemento identitário. Um saber que, vindo da fusão das relações em si separadas do físico e do humano, não mais é um nem outro, numa suposta ultrapassagem suprassensível.

George, na mais sólida tradição desse discurso, tem nesse suposto justamente o caráter de singularidade da ciência geográfica. Mas de qual síntese? Indaga-se. Síntese dos conhecimentos parciais produzidos pelas ciências de análise, responde. Das quais a Geografia, ciência de síntese junto à História – esta de síntese no tempo e aquela de síntese no espaço –, é o ponto de encontro, promovendo pelo viés do espaço a totalização dos "resultados parciais" daquelas ciências. Deriva desta função o conceito da Geografia como uma ciência do espaço. E da totalização dos resultados parciais por meio da síntese espacial, o caráter do método geográfico. E o entendimento de que dessa totalização espacial se resolvem os problemas da dicotomia neokantiana do homem e da natureza e da fragmentação da totalidade do real pela fragmentação positivista do universo das ciências. Tarefa exequível para a Geografia, diz George, por força de sua referência no espaço e sua propriedade de ser um saber de ação prático-espacial das totalidades histórico-concretas – as sociedades espacialmente organizadas –, uma geografia ativa (George, 1968; 1973; 1978).

A QUESTÃO DA EPISTEMOLOGIA

O contraponto necessário é o tema dos fundamentos epistemológicos, que vem junto do mergulho histórico-crítico do discurso.

A Geografia nasce com Estrabão no século I como uma visão uno-diferenciada da superfície terrestre. E vê-se ainda sob esse formato originário chegar a Varenius no século XVII. Com Humboldt e Ritter conhece o corte epistemológico que reitera ao tempo que dá àquele discurso seminal seu perfil moderno, casando o olhar descritivo originário com o sistemático do método comparativo formulado por Ritter, e o holístico da natureza e do homem do romantismo alemão introduzido por Humboldt.

O ponto de partida desse amálgama é o conceito de recorte espacial, visto como o mirante por onde, pedaço a pedaço de recorte, o olhar comparativo flagra o modo como em cada qual a relação homem-natureza se move e se estrutura tal qual um todo integrado, ao fim do qual a superfície terrestre emerge como um mosaico de paisagens. Um discurso de método que dá num discurso geográfico designado por Humboldt de geografia das plantas e por Ritter de geografia das individualidades regionais (Tatham,

1959). Dá-se, assim, com Humbold e Ritter o salto que transporta o discurso geográfico da fase descritiva da velha origem para a analítico-explicativa do enfocamento moderno, elevando-a de um estado de representação clássica para o de uma representação moderna, tomando o modo como Foucault expressa o salto epistemológico que as ciências experimentam nesse período dos séculos XVIII e XIX (Foucault, 1972).

A matriz de integração holista de Humboldt e Ritter, todavia, logo é quebrada quando, acompanhando a crítica equivocada do neokantismo ao reducionismo positivista – que reduz natureza e homem aos parâmetros de mesmas leis de regência fenomênica através da concepção do naturalismo mecanicista e do historicismo linear –, seus sucessores incorporam seja o abandono do holismo que tanto o positivismo quanto o neokantismo trazem consigo, seja o olhar dual que a solução neokantiana acarreta. E é sob essa dupla forma que doravante o discurso geográfico vai se diferenciar em uma perspectiva francesa e uma perspectiva alemã, a primeira apoiando-se no fundamento do historicismo linear e a segunda, do naturalismo mecanicista. A perspectiva francesa instituindo-se como uma geografia dos espaços organizados através Reclus e Vidal, com Brunhes num caminho à parte. E a perspectiva alemã, como uma geografia das paisagens através de Ratzel e Richtofen. Uma e outra, todavia, não escapam à divisão neokantiana das ciências em naturais e humanas, internamente traduzidas como geografia física e geografia humana, respectivamente; à fragmentação positivista numa generalidade de geografias setorial-sistemáticas; e, assim, à perda geral de referências.

A QUESTÃO DA LINGUAGEM

O tema da linguagem vem na decorrência. A linguagem que clarifica e identifica um campo de saber de outro no espectro do pensamento. E distingue as diferenças em vertentes internamente, perante o modo como em seu discurso cada qual se põe frente à tarefa da explicitação político-ideológica da realidade, ao tomar-se por princípio que todo saber opera e se distingue pelo repertório de categorias e conceitos que forma a riqueza específica de linguagem de onde parte. E por cujo meio inquire, capta e exprime analiticamente o caráter da realidade circundante.

Dois parâmetros – o epistemológico e o praxiológico – são aqui a base de referência, uma vez que se considera que, quanto melhor a linguagem reproduza a realidade e assim mais com ela se confunda, maior o poder que então confere à ciência de meios de ação e intervenção no real. Isso porque cada saber opera com um corpo de conceitos e de categorias cuja finalidade é tornar num concreto-pensado todo um universo empírico que de começo se lhe apresenta como um todo indeterminado. Seu repertório linguístico qualifica o real externo-circundante como um real desse modo revelado em sua essencialidade. E distingue o saber interpretante de um mero amontoado de informações consensualizado pela prática, de um puro senso comum, pois, porque ao mesmo tempo que o retira de qualquer margem de neutralidade daquilo que afirma como o real da realidade, coloca-o dentro da estrutura íntima que o faz explicitar-se como um conteúdo de todo inteiramente consensualizado. É tal domínio de linguagem o foco por onde a distinção se faz entre um saber e outro que compartilhe do mesmo conjunto de temas e corpo de problemas. E por onde diferem os modos próprios dos olhares.

Sendo a relação homem-natureza, no modo como se faz unidade de espaço – o campo da Geografia –, aí está seu campo de origem linguística, daí é que seu olhar e foco de base analítica derivam.

A QUESTÃO DA NATUREZA

A natureza é, pois, um plano de fundamento no repertório linguístico da Geografia. O aspecto que, com o homem, forma o par de base do seu universo real-epistêmico.

Concebida como o todo dos fenômenos inorgânicos do reducionismo pós-Humboldt e Ritter de que dá conta através do repertório linguístico da geografia física, a natureza é o pomo de Adão de um discurso desde então marcado pela redução e imprecisão do conceito. Até Humboldt, ou com ele, vigora ainda a ideia aristotélica da *physis* como um princípio originário das coisas objetuais. E da natureza como o campo da nossa apreensão sensível, em que físico-natural é tudo o que senso-perceptivamente alcançamos através do nosso olhar sobre a circundância. Após a morte de Humboldt a ideia do inorgânico se impõe e prevalece. Com sua morte, morre também a noção do inorgânico, do orgânico e do humano como momentos do movimento da matéria, dos embutimentos recíprocos que eliminam uma esfera de forma a mantê-la como conteúdo dentro da forma momentaneamente prevalecente, em benefício da fragmentação que separa os fenômenos inorgânicos, vivos e humanos em recortes diferentes do real e tornados objetos de tratamento separado em campos especializados e distintos de conhecimento. E praticamente é o inorgânico que chega à Geografia, um inorgânico-essencialidade em si, ao lado de outros em si como a vida e o homem, pulverizando-se dentro dela nos pedaços individualizados que conhecemos.

Talvez aqui seja possível dar a dissolução da vertente crítica ante o açambarcamento do utilitarismo da vertente pragmática, reclamado inconsistentemente por George. Em Humboldt natureza é o movimento da matéria realizando-se e diferenciando-se em esferas de coisas objetuais ao casar-se com as formas. É isso precisamente o que vemos na transfiguração recíproca das esferas do inorgânico, do orgânico e do humano: a natureza aparecendo ora como uma e ora como outra em seu movimento genético do mundo uno-diferenciado que aristotelicamente captamos senso-perceptivamente. Um modo de olhar que Humbolt extrai da filiação ao romantismo filosófico alemão. E cujo enfoque Hartshorne toma por base para advertir-nos sobre a necessidade de vermos natureza, natural e homem em seus entrelaçamentos de copertinência, sobretudo tendo em vista superar-se o sentido de natureza menos o homem da concepção pós-humboldtiana que passa a vigorar no discurso geográfico (Hartshorne, 1978).

O fato é que a natureza se expressa nos fenômenos naturais presentes à nossa frente, o natural sendo o seu modo de aparecimento. Natureza e natural aparecendo juntos na transfiguração das metamorfoses do fenômeno, a exemplo de uma rocha magmática que por pressão vira metamórfica ou sedimentar no círculo mecânico que transforma uma em outra rocha. Ou de uma forma de relevo. Uma planta. Um animal. O homem. Ou uma bacia fluvial. Uma paisagem em sua composição objetual inteira, tomando o fenômeno natural aqui como objeto da esfera do inorgânico. Ou da esfera do orgânico. Ou do humano. Sem entrarmos na linha das retransfigurações existentes entre essas esferas do olhar integrado-holista de Humboldt.

A QUESTÃO DO HOMEM

O homem é o outro termo do par. E, similarmente, não raro confundido com os fenômenos humanos. Também aqui Humboldt faz a fronteira do tempo, com seu olhar do humano como uma esfera que culmina a interação de transfiguração das esferas do inorgânico e do orgânico enquanto movimento interno-externo da natureza. Humboldt dialoga claramente com a teoria do homem de Darwin, ao tempo que da natureza de Schelling. O homem-espécie e o homem-gênero que se movem ciclicamente na cadeia das transfigurações fenomênicas. Visão que, após sua morte, igualmente entra em dissolução via fragmentação e pulverização que desintegra o conceito no plano do conhecimento e do discurso.

O trato reducionista se repete, pois, com o homem. Fragmenta-o na série de quebras do olhar referenciado nas formas empíricas sob as quais o fenômeno humano existe: o homem demográfico, o homem-atividade econômica, o homem-consumidor-de-meios-de-subsistência. O ser que desaparece, substituído pelo aparecimento das formas fenomênicas.

A QUESTÃO DO ESPAÇO

O espaço é então o termo da unidade. O plano em que se dá a relação homem-natureza. E âmbito em que as coisas então dissociadas se juntam.

Suponha-se uma área de determinadas características naturais. Imaginem-se agora os homens aí chegando para, numa relação de transformação da natureza em meios de subsistência, converter a paisagem natural em uma paisagem humanizada. Temos aí, na forma da paisagem que integra homem e natureza, o espaço geográfico. O concreto que se percebe na forma do arranjo paisagístico na qual o homem sobrepõe-se à natureza através da unidade de organização que cria com seu trabalho. O todo estruturado que junta num mesmo modo de arranjo sejam os fenômenos naturais, sejam os fenômenos humanos. O campo de coabitação que os abarca e dota de um sentido comum e concreto dentro da história tornada comum justamente por juntar estes fenômenos num só modo de organização e conteúdo.

A QUESTÃO DO MÉTODO

Se no plano da teoria é esse o conceito, daí ser no plano do método o sistema das determinações. O espaço como um sistema de determinações múltiplas e diferenciadas, posto que atua sobre o todo dessas categorias a um só tempo. E assim, a categoria da mediação da natureza e do homem em sua correlação conjunta, mas segundo uma escala em que as determinações se distinguem numa determinidade fundamental, a do âmbito da essência. E numa determinidade secundária, a do âmbito das relações acessórias, de reforço da primeira na constituição estrutural da totalidade geográfica da sociedade.

Daí que a categoria fundamental do método geográfico seja o arranjo do espaço, a malha das localizações e distribuição dos fenômenos com que o espaço se organiza. E assim, o âmbito propriamente de ocorrência do jogo das causações que respondem pelo papel correlativo dos fenômenos em sua reciprocidade de influência.

Em Humboldt e em Ritter é precisamente assim. Humboldt parte do arranjo da paisagem das plantas e Ritter, do seu recorte espacial. O arranjo espacial integrando para ambos as diferenças e identidades dos fenômenos na diversidade do mosaico constitutivo da superfície terrestre.

A RENOVAÇÃO EM CURSO

A renovação atual não se diferencia, assim, das fases de renovação passadas. Momento de uma ciclicidade que repetidamente retorna visando à reformulação que contemporize o discurso geográfico à realidade do presente, a renovação atual assim retoma a distinção discursiva em duas vertentes históricas do pensamento geográfico. Separadas agora na forma como se formalizam no ambiente neokantiano-positivista e marcadas pelo mesmo problema de falta de unidade em seus âmbitos respectivos.

O problema do espaço é assim o tema que domina. E a aproximação do espaço e da relação homem-natureza, o ponto da busca. O pressuposto é que o espaço é a forma e a relação homem-natureza, o conteúdo. A tarefa é resolver a equação e que tudo integre uma mesma teoria.

Assim, antes que uma soma matemática de dois lados, a unidade homem-natureza é o tema que na verdade aparece na forma temática do espaço. Este encontro é visto como o processo de mudança qualitativa em que uma forma material, a forma-natureza, transmuta-se em uma segunda, a forma-homem-em-sociedade, diante da mediação do espaço. Antes que uma dicotomia que se estiola a seguir numa pulverização interminável, é um todo diferenciado que se resolve em unidade, a unidade espacial constitutiva da sociedade humana na História. A sociedade, assim, aparece como um real natural-social que, ao mesmo tempo que contém como segunda, nega e reafirma a primeira natureza através de sua construção como espaço.

O espaço é então a totalidade estruturada de relações, dialeticamente complexa e historicamente determinada, na forma do qual reside o amálgama do entrecruzamento entre a primeira e a segunda natureza, porque é por seu meio que homem e natureza em sua relação recíproca se separam e se reaglutinam, a cada momento do movimento da reprodução cíclica da sociedade.

A equação, assim, está feita. É na forma do espaço que história do homem e história da natureza se confundem numa só história. História da conversão recíproca das formas naturais em formas sociais e das formas sociais em formas naturais no processo pelo qual o homem transforma a natureza (a primeira natureza transformada em segunda: frequentemente nos esquecemos de que uma mesa, uma construção, um pão, uma estrada, um trator, um aparelho doméstico, objetos espaciais e o próprio homem não são mais que formas socializadas da natureza), transformando-se a si mesmo (a segunda natureza, predisposta a relançar-se como primeira). O homem humaniza a natureza e a natureza naturiza o homem num movimento em que por meio da rearrumação da paisagem pelo trabalho este hominiza a natureza, ao mesmo tempo que hominiza-se a si mesmo. Uma história, no fundo, de transformação recíproca e em caráter contínuo e permanente da natureza e do homem em sociedade, segundo cada contexto de recorte de espaço da superfície terrestre.

O espaço geográfico é assim produto e ao mesmo tempo o elemento determinante do movimento, o resultado da socialização da natureza e a própria totalidade que organiza a dialética da humanização-naturização enquanto processo, num caráter de permanente continuidade. E que teórica e metodologicamente assim aparece como uma estrutura ora determinada e ora determinante, sobredeterminante do movimento como um todo. Um todo arrumado como uma formação socioespacial (Santos, 1978).

Expressão material visível desse movimento, é o arranjo espacial por sua vez a categoria por excelência dessa sobredeterminação. O ente geográfico que contém o segredo da organização socioespacial da sociedade. A estrutura que embute as tensões, avanços e regressões do desenvolvimento das sociedades na História. E, assim, a base de que partem todas as categorias e conceitos caros ao vocabulário geográfico.

A porção de área que páginas atrás nos serviu de exemplo define-se primitivamente como uma totalidade estruturada de caráter natural, organizada nessa propriedade como um espaço físico. Sua incorporação pela história humana converte-a em uma totalidade estruturada de caráter social, organizada agora como um espaço humano. O recorte físico permanece o mesmo, mas o lugar geográfico, não. A interface do arranjo natural que havia com o que agora surge do modo como a senso-percepção o capta é a paisagem. E o recorte de domínio do espaço dessa paisagem é o território. Paisagem e território, assim, arrumam-se numa dada forma de espaço. Arranjo de espaço extensivo nas comunidades igualitárias e hierarquizado nas sociedades tensionadas pela desigualdade de classes.

A ele também remete o conceito de meio ambiente. Este, em sua tradução geográfica, significa precisamente a estrutura de arranjo de envolvência natural-social de espaço estabelecida entre os homens enquanto uma trama de vida global de relações. Por um tempo usou-se da linguagem culturalista, oriunda da escola geográfica de

Carl Sauer, para designar-se o conceito. O meio ambiente é o todo resultante da paisagem física transformada em paisagem humanizada. E guarda em sua estrutura a carga da ação técnica empregada, a intensidade da transformação por esta imposta à natureza e a sua substituição pelos elementos culturais da técnica segundo o estágio da evolução civilizatória. A renovação recupera este viés saueriano via os conceitos integrados de primeira a segunda natureza, a natureza vista, porém, nessa ciclicidade de alternância, mas para ver aí o dedo do arranjo do espaço.

E é por conta também do conceito do arranjo que a renovação faz diferir a teoria locacional da teoria do espaço, uma vez que a primeira é uma teoria de pontualidades singulares, enquanto a segunda é uma teoria de estrutura global de organização das relações. Um todo em que o lance locacional aparece como um dado geográfico. Mais ampla, a teoria do espaço abarca a localização no quadro da distribuição, superando os impasses ideal-formais da teoria locacional. Assim, o arranjo aparece como o divisor teórico. Através dele a teoria do espaço define-se como a totalidade cuja expressão material visível é o todo configurativo da paisagem. Atuando como assentamento de uma multiplicidade de pontualidade de localizações, é o arranjo espacial que define o espaço como uma estrutura, em que as localizações são os lugares locacionais. Não o inverso.

Meio ambiente e teorias locacionais são, assim, dois dos conceitos que por tabela renascem e se reexplicitam, pois, no âmbito da renovação. À mercê da formatação que a linguagem categorial-conceitual e a concepção do método como a ação prática mediada pelas determinações dessa linguagem vão recebendo. Linguagem e método, assim, retroalimentam-se continuamente diante da tarefa praxiológica de dar conta do real circundante.

A interação espacial completa essa sequência de bases de referência. Um complemento necessário ao conceito do arranjo. O arranjo informa a estrutura, e a interação, a escala de ligações dessa estrutura. Dinamizando o arranjo para dentro e projetando suas relações para fora, arranjo e interação do espaço se imbricam respectivamente.

É assim que a distância entre dois lugares de uma estrada passa a ser vista como um dado estrutural por excelência. Elo de um sistema de interações espaciais, a estrada é uma correia de transmissão para dentro e para fora dos níveis de escala do complexo estrutural de toda sociedade. Por seu turno, uma vez brotada da transmutação do espaço físico em espaço social, e assim tornada segunda natureza, a estrada atua como instrumento de reprodução continuada do processo de relação do homem e da natureza, mostrando-se uma de suas principais determinações.

Elo da esfera da circulação, a estrada por isso tece a trama dentro da estrutura global da articulação produção-repartição-consumo, num papel a um só tempo econômico e cultural, infra e superestrutural, simultaneamente. E sob essa forma não só materializa momentos de escala de espaço, mas também de tempo diferentes, assim aparecendo também num valor heurístico insubstituível.

E assim é, sobretudo, porque nessa articulação um modo de produção não raro hegemoniza outros mais, a estrada tece a unidade do todo como uma formação socioespacial complexa. A estrada aí aparece como um aspecto da esfera das relações de produção, à qual cabe o papel de centro de ligação do todo das relações de uma sociedade. Uma vez que o modo de produção hegemônico interliga as relações diversas dos demais modos de produção existentes por intermédio de suas relações de produção, a estrada instrumenta essa integração enquanto meio de canalização do fluxo das diferentes formas de excedente presentes.

Mas é o problema do caráter da propriedade o ponto do aprofundamento, a relação de base que norteia o processo transfigurativo da primeira e da segunda naturezas. E de que derivará o formato das interações e dos arranjos do espaço, revelando a natureza intrínseca das relações societárias. No modo de produção escravista estes meios, em que se incluem a força de trabalho e o homem que a encarna, pertencem ao senhor de escravos; no modo de produção asiático, pertencem às comunidades de aldeia, encimadas pelo domínio da comunidade de governo; no modo de produção feudal, pertencem ao servo em sua relação com a terra, encimado pelo domínio territorial do senhorio; no modo de produção capitalista, por fim, pertencem à *persona* do capital constituída pela burguesia. Em todas essas sociedades a interação se faz na sincronicidade com um modo de arranjo de espaço que, ao tempo que brota da forma da propriedade, a ela reverte na forma da ordenação da reprodução global que a perpetue.

Informada nessa pletora de conceitos, a renovação traz de volta o veio crítico da vertente engajada por longo tempo subalternizada pela vertente pragmática. E mesmo sobre ela se reverte, exigindo que a Geografia seja uma forma de práxis, uma prática não dicotomizada da orientação teórica. Como numa relação às avessas.

O renascimento crítico vem de certo modo da reação ao pragmatismo exacerbado que nos anos 1950-1970 a vertente utilitária estabelece na forma da geografia quantitativa. Um enfoque que por sua vez também logo renasce. O dualismo se restabelece sob outras formas. Produto da realidade moderna que incessantemente se move.

BIBLIOGRAFIA

Foucault, Michel. *Arqueologia do saber*. Lisboa: Martins Fontes, 1972.
George, Pierre. *A ação do homem*. São Paulo: Difel, 1968.
_____. *Geografia ativa*. 3. ed. São Paulo: Difel, 1973.
_____. *Os métodos da geografia*. São Paulo: Difel, 1978.
Hartshorne, Richard. *Propósitos e natureza da geografia*. São Paulo: Hucitec/Edusp, 1978.
Harvey, David. *Urbanismo y desigualdad social*. Madrid: Siglo Veintiuno, 1977.
_____. *Geografía de la acumulación capitalista: una reconstrucción de la teoria marxista*. Barcelona: Universidad Autónoma de Barcelona, 1978.
Lacoste, Yves. A geografia. In: Chatelet, F. *Filosofia das ciências sociais:* história da filosofia, ideias, doutrinas. v. 7. Rio de Janeiro: Jorge Zahar, 1974.
_____. *A geografia serve antes de mais nada para fazer a guerra*. Lisboa: Iniciativas Editoriais, 1977.
Lefebvre, Henri. *La Production de l'espace*. Paris: Anthropos, 1974.
Quaini, Massimo. *Marxismo e geografia*. Rio de Janeiro: Paz e Terra, 1979.
Santos, Milton. *Por uma geografia nova:* da crítica da geografia a uma geografia crítica. São Paulo: Hucitec, 1978.
Tatham, George. A geografia no século xix. *Boletim Geográfico*, n. 150, ano xvii. Rio de Janeiro: ibge, 1959.

VELHOS TEMAS, NOVAS FORMAS

As décadas de 1970 e 1980 são atravessadas por um rol de temas cujo significado só com a sucessão dos anos foi se definindo. Por falta de uma clareza maior, designou-se de crise a esta conjuntura, termo indicativo de uma compreensão imprecisa, mas igualmente anunciativa, da percepção de que mudanças mais amplas estavam por vir. A Geografia, a exemplo de outros campos de saber, mostrou-se teoricamente desarmada para o desafio intelectual então posto, entrando em uma fase de reavaliação crítica a que se denominou renovação – preferimo-la à geografia crítica, como o movimento da renovação passou a ser chamado – da geografia brasileira.

Passados todos esses anos, pode-se fazer um mergulho mais profundo no rol daqueles temas, esclarecer-lhes o sentido e mapear seus desenvolvimentos. Quais eram esses temas? Que realidade através deles está se expressando? Como se resolveram ou se desdobraram no tempo?

Analisei essa renovação em *Assim se passaram dez anos: a renovação da geografia brasileira no período 1978-1988*, publicado em 1992 e 2000, e reeditado em 2007 com o título *A renovação da geografia brasileira no período 1978-1988* (Moreira, 1992, 2000 e 2007). Este texto é seu complemento.

O PROBLEMA-CHAVE: O CONCEITO DO ESPAÇO

A necessidade de reflexão e atitude crítica da teoria foi ditada pela constatação dos limites operacionais do conceito de espaço. Reflexão e atitude que levaram a realizar-se um mergulho para dentro, de natureza epistemológica, e para fora, atinente à correspondência da teoria e da realidade do Brasil e do mundo do tempo que então se vivia, do discurso geográfico, cujo desdobramento foi a abertura da reflexão crítica para um elenco mais amplo de temas. Todos a partir do conceito central do espaço e visando ao reajuste do todo na conformidade do conceito novo.

---

* Texto apresentado em mesa-redonda no I Colóquio Nacional de Pós-Graduação em Geografia, do Programa de Pós-Graduação em Geografia da Universidade Federal do Paraná, em 2001, e originalmente publicado nos anais do colóquio *Elementos de epistemologia da Geografia contemporânea*, em 2002.

Três pontos balizam o debate teórico sobre o caráter e o conteúdo do conceito do espaço que então se estabelece, instigado pelos desafios de por meio dele explicar-se o tempo presente com as armas próprias da Geografia: o espaço-produto, o espaço-reprodução e o espaço-ação. Os dois primeiros voltam-se para dentro do discurso geográfico existente, o terceiro volta-se para fora, para o problema das práticas e pertinências.

O espaço é um produto da História. Um ato de sujeitos. Sua matéria-prima é a relação homem-meio. Tais são, em resumo, os termos da crítica epistêmica. Condenam-se com essas formulações o espaço-receptáculo, o espaço-continente, o espaço-externalidade da natureza, da sociedade, da história, do homem. Por decorrência, seu descomprometimento orgânico com a constituição de uma sociedade nova na História, seu desinteresse ontológico com os modos de existência do homem.

Denuncia-se, por tabela, o desvínculo conceitual entre o espaço e o meio ambiente, de vez que se pode perceber o arranjo do espaço como a origem dos arranjos ambientais. O efeito de desarrumação socioambiental é indiferente à prática espacial da concepção do espaço-receptáculo, quando tudo mostra ser o meio ambiente uma dialética de interioridade-exterioridade da relação do homem e da natureza arrumada em termos de arranjo de espaço. Um fato do espaço como reprodução da História (da ação do homem como sujeito, não do puro ato econômico como geralmente se assevera). E por isso, determinado-determinante de seu próprio desenvolvimento. E que ontologicamente o homem compartilha com a natureza.

Vejamos os detalhes.

O homem vive uma relação metabólica com a natureza, uma relação de intercâmbio intranatureza, realizada pelo e como processo de trabalho (Marx, 1985). Desse intercâmbio ele extrai suas condições de sobrevivência, mudando o conjunto da natureza ao mesmo tempo que muda a si mesmo. Dá-se, então, um processo de hominização do homem pelo próprio homem, um processo de história natural que se desdobra em história social e que é a matriz constitutiva do homem e a orientação nova que é dada à própria evolução total da natureza. Esta relação interna do homem com o restante do universo da natureza que resulta num homem e numa natureza autotransformados se externaliza para se materializar na forma do espaço.

Então, o que era um metabolismo do homem com a natureza passa a ser um metabolismo mais global homem-espaço-natureza: homem e natureza se relacionando nesse novo todo criado pela presença do espaço como internalidade e externalidade ao mesmo tempo, reciprocamente transfigurados dentro agora de uma sociedade historicamente concretizada.

O espaço faz-se, pois, mediação. E movimento em *continuum*, que ciclicamente se repete. Produto da externalização da internalidade metabólica e produtor da internalização da externalidade metabólica global, o espaço se entroniza no circuito relação homem-natureza, reinteriorizando-se no metabolismo intranatural para de novo externalizar-se, num ciclo de repetição que se retroalimenta continuamente.

É assim que de produto-produtor vira um *continuum* de reprodução. O tema é levantado por Lefebvre na esteira da teoria da reprodutibilidade do capitalismo, sistematizada por Mandel para o capitalismo avançado, e em seguida trazido à Geografia por Soja (Lefebvre, 1973; Mandel, 1982; Soja, 1993). Esclareçamos. Uma vez constituída na História, a sociedade deve ser reproduzida na totalidade de sua estrutura em um movimento que reproduza as relações infraestruturais que lhe estão na base, e, a partir daí, do edifício societário como um todo. O espaço, através do arranjo das localizações e distribuições que a sociedade cria para organizar territorialmente o modo estrutural de arrumar-se de suas relações, interfere então como elemento regulador dessa reprodutibilidade estrutural, retroagindo sobre a sociedade que o produz numa determinação ao revés (Moreira, 1982). A prática espacial dá num todo que não é mais que o ambiente socionatural de vida do homem. Seu meio ambiente.

E assim se faz espaço-ação. Colada à noção do produto-reprodutor dos movimentos de reprodução do todo da sociedade, uma teoria da ação está assim nascendo. De modo que a renovação desemboca no espaço como uma categoria da práxis. A ponte de ligação é a abertura para o que está acontecendo em todas as demais áreas de saber, a teorização do espaço como uma relação de determinação recíproca com as sociedades na História. Lefebvre fala da reprodutibilidade necessária (Lefebvre, 1969); Foucault e Thompson, da disciplinarização (Foucault, 1979; Thompson, 1998); e Deleuze e Guattari, do controle (Deleuze e Guattari, 1976 e 1995). Todos remetendo o espaço ao papel de mediação e regulação do processo da História, suas tensões e movimentos, politizando o debate do papel do espaço ao lado do tempo na teoria social moderna (Soja, 1993).

A CRISE DOS PARADIGMAS E MODOS DE ATITUDES

Este caráter novo do conceito de espaço conduz o exame crítico a assim desdobrar-se numa pletora de outros temas. Em particular pela renovação, revela-se através dele um quadro de problema mais do pensamento, fruto de um estado geral de crise de paradigmas.

A crise das formas clássicas de representação de mundo já aparecia nesses termos nos anos 1970. A base dessa crise foi a declaração em 1927 por Heisenberg do que denomina o princípio da incerteza: uma crise em curso no campo da ciência, particularmente entre os físicos. E que se prenuncia na teoria da relatividade de Eisntein, ao mesmo tempo fim e sobrevida da Física clássica, e se alarga e se generaliza com o surgimento e a popularização da teoria quântica, uma vez que com esta é toda uma forma de representação de mundo assentada na exatidão físico-matemática que entra em ruína, abrindo para o debate do estatuto da verdade científica materializado nesse paradigma.

Os antecedentes vêm, todavia, do mundo da filosofia e das artes, campos já antes discordantes da verdade imperial instrumentada na certeza física, e por isso pouco ou marginalmente ouvidas pela academia, mas que agora ganham interlocução. A lei da gravidade, já então se deixara claro, não é universal, bem como não é universal um mundo alicerçado em leis físico-matemáticas constantes e rigorosas. O que se aceita agora é que a incerteza quântica é tão verdade científica quanto fora então a verdade gravitacional. Que as teorias de mundo são formas de representação, todas guardando seus limites. É o que ganha foro.

A devastação ambiental, generalizada pela uniformidade técnica prenhe de racionalidade econômica que o capitalismo espalhara por todos os espaços, torna-se banalidade em toda a escala do planeta. E numa reação em cadeia de forças que, como que aguardando o momento para trazer à tona toda a energia que por longo tempo se acumulara, dos anos 1960 aos 1980 eclode numa sucessão de desastres ecológicos de efeitos catastróficos que sepultam os argumentos da eficiência dessa razão científico-técnica hegemônica. De Minamata a Chernobil, o discurso do progresso é minado ponto a ponto, condenando a sociedade industrial e suas representações paradigmáticas à falência e pondo uma pá de cal no paradigma (Altvater, 1995).

E junto aos seus efeitos põe em crise tudo que se refere à representação paradigmática de natureza que a informa, levando o debate a se concentrar simultaneamente nos conceitos gêmeos de natureza, tempo e espaço. É que diante dessa uniformidade técnica a relação homem-natureza ganhara um caráter utilitário por excelência, tal padrão tecno-científico e todo paradigma que o sustenta aparecendo agora como algoz de uma natureza indefesa. Em consequência, novas formas de olhar o real vão aparecendo, e a epistemologia oferece-se como o solo fértil da crítica. Cada crítica do paradigma da técnica, do modelo econômico industrialmente nela centrado, do primado da razão sobre o critério da sensibilidade humana, é um veículo.

Uma forma nova de percepção e atitude diante do mundo assim criado vai aqui e ali emergindo. De início, na forma da chamada consciência ecológica, formulação ainda carregada da linguagem simbólica da esquerda. E um novo modo de compreensão dos fenômenos – multioriginado, multiorientado, centrado no fluxo da informação e construído na linguagem como fundo filosófico, e por isso resolvido no modelo dos processos de ressintetização da vida – ganha força e forma de pensamento (Moreira, 1993).

A METAMORFOSE DO VALOR-TRABALHO

É, todavia, do deslocamento do conceito do valor-trabalho do mundo da indústria para o geral da finança que cedo se revela originar todo esse movimento de reformulação de ideias e práticas. Um deslocamento que coincide com a mudança na relação recíproca das esferas da produção e da circulação que, já no então dos anos 1970, está se dando em largo curso no âmbito dos fundamentos da infraestrutura econômica.

Pode-se reduzir no tempo a três os modos históricos de articulação dessas duas esferas, com suas respectivas formas de expressão do valor e do trabalho: o mercantil, o industrial e o rentista. O elo é o modo correspondente de acumulação. Acumular na fase mercantil significa especular com os preços dos produtos saídos como sobras de

VELHOS TEMAS, NOVAS FORMAS

autoconsumo das unidades de produção mercantil simples e que irá imperar até a Revolução Industrial do século XVIII. Comprando por preços baixos num lugar e vendendo por preços altos noutro, os comerciantes acumulam com a diferença. O capital não tem a propriedade da esfera da produção, mantida ainda nas mãos de uma infinidade de pequenos produtores parcelares, controlando-a e organizando-a por isso de fora, externamente, a partir da esfera da circulação. O valor de uso é a forma-valor predominante. E que o capital incorpora e converte em valor de troca na sobreposição do mercado.

Diferente é acumular na fase industrial. O capital industrial responde aqui totalmente pela esfera da produção, assumindo a tarefa da produção do excedente, de modo a valer-se da conversão do valor de uso em valor de troca (ou simplesmente valor) desde o berço na fábrica, levando esse domínio até a esfera da circulação, quando o excedente é entregue aos cuidados do comerciante, a quem delega a função da realização do valor através da realização da troca, e hegemonizando o movimento do circuito do valor por inteiro. O valor de troca é a forma-valor dominante, o valor de uso a ele subordina-se desde o caráter de mercadoria que é dado à geração dos produtos. O que só foi possível erguendo-se a sociedade industrial como uma sociedade do trabalho. A produção é aqui a filha do trabalho abstrato, trabalho que não é a forma de atividade específica de nenhum produtor singular de valor de uso, o trabalho concreto que era uma característica das unidades da produção mercantil simples, mas do trabalhador coletivo nascido da divisão técnica do trabalho. E o valor de troca vem da quantidade média socialmente necessária de tempo de trabalho do trabalhador fragmentário, parcial e em migalha. É esse o valor que a esfera da circulação transformará no lucro, cujo retorno à esfera da produção em um novo ciclo produtivo alimentará a cadeia da acumulação industrial.

Mais diferente ainda é acumular na fase rentista. A fase do capital alimentado no berço do capital financeiro; e o capital nascido da fusão da grande indústria e do grande banco e inaugurador da fase monopolista do capitalismo e dele a seguir autonomizado para ganhar vida própria. O que significa desconectar-se de qualquer filiação direta, seja da esfera da produção, seja da esfera da circulação, para a elas se impor igualmente através do expediente de produzir mais dinheiro pelo circuito puro e simples do dinheiro, a fim de acumular especulativamente.

Tudo isto significa uma modificação sucessiva da forma do trabalho e do valor. No período mercantil vigora o trabalho concreto do camponês-artesão responsável pelo movimento do modo mercantil simples. O valor existe na forma do valor de uso, o valor de troca existindo potencialmente na forma da comercialização, seja pelo camponês-artesão, seja pelo intermediador mercantil que volta e meia se lhe antepõe na esfera do mercado, das sobras de autoconsumo. No período industrial dá-se uma grande mudança. O trabalho abstrato toma o lugar do trabalho concreto. E o valor de troca, o do valor de uso. O trabalho concreto, na forma da divisão técnica do trabalho, vira suporte do trabalho abstrato. E o valor de uso, do valor de troca. O tempo médio socialmente necessário de trabalho e o movimento de realização do valor – transfor-

| 33 |

mação da mais-valia operária no lucro – na esfera da circulação são os parâmetros seja do trabalho, seja das modalidades de forma-valor. No período rentista os parâmetros reviram de novo. O trabalho e o valor-trabalho deixam de ser o termo da relação direta das relações do capital, espraiado para uma relação de âmbito polissêmico. O valor de troca e o valor de uso seguem sendo a base da atividade produtiva do trabalho, mas este transborda da esfera produtiva da indústria – onde historicamente sempre estivera, seja a artesanal do modo de produção mercantil simples, seja a fabril do modo de produção capitalista – para abranger da esfera urbana da indústria à esfera rural da agricultura e dos extrativismos, num conceito de mundo do trabalho de amplo significado e tradução. Valor e trabalho como que se descolando do sentido fabril moderno para recriarem-se numa forma reciprocamente autônoma e mais solta e plural.

Sendo assim com o trabalho e o valor, assim também é com o excedente e o processo da acumulação. O capital rentista usa de uma variedade mais diversa de excedentes que a basicamente fabril do capital industrial para se reproduzir em escala ampliada, extraindo-os de fontes e formas as mais distintas. Dilui o significado do excedente, do trabalho, da forma-valor dos períodos anteriores. Multifacetada e reunindo numa mesma cesta desde a mais-valia operária até o sobretrabalho de aldeamentos comunitários, essa base polissêmica é uma nova sociedade do valor e do trabalho.

O REORDENAMENTO DOS ARRANJOS

A reflexão crítica do paradigma de natureza, tempo e espaço que polariza simultaneamente o debate da renovação com centro na crítica do conceito do espaço é o efeito no plano das ideias da reformatação que está ocorrendo no plano das realidades concretas. E cujo epicentro é justamente a emergência de uma nova economia política do espaço.

Do século XIV ao XX, com ponto de referência no século XVIII iluminista, molda-se no Ocidente Europeu paulatinamente uma sociedade centrada no primado da economia. As relações superestruturais de obrigação que são a centração dos arranjos das relações de espaço próprias do feudalismo vão dando lugar à polarização das relações econômicas infraestruturais; o centro dos arranjos se desloca para a esfera da circulação primeiramente, até que a esfera da produção aí se instala em definitivo. Do plano das representações ao plano do concreto, todo um movimento de mudanças espaciais então ocorre nesse deslocamento de recentração, a caminho da instituição da centralidade da fábrica como base de todo novo paradigma. A instituição do modelo físico-matemático de ciência e técnica tem aí sua origem, bem como do modelo de moldagem espacial de ordem societária. Com o relógio, a lei da gravidade e a acumulação fabril como sistema de regras e normas que regula das relações dos astros no céu e dos homens na Terra (Moreira, 2007).

A dispersão espacial que ordena as relações superestruturais de obrigação feudal vai desaparecendo diante da ordem centralizada e concentrada que vai se formando. Primeiro na forma da região homogênea. Depois, da região polarizada. A primeira como produto da acumulação mercantil. A segunda como produto da acumulação industrial e da centralidade fabril que vem com ela. O final do século XX vai conhecer o remonte dessa economia política do espaço montada em benefício da centralidade da indústria. Primeiro radicalizando o arranjo do espaço em rede montado pela indústria, mas a partir da autonomização da cidade de seus suportes espaço-regionais. A seguir, liberando seu próprio fluxo de qualquer tipo de fronteira e constrangimento de mobilidade territorial. Posicionado logisticamente na interseção da esfera da produção e da circulação, mas sem raiz fincada seja numa, seja noutra, articula a relação de ambas no seu interesse, capitalizando e transferindo de uma esfera de domínio para outra tudo que pode converter em excedentes para fins de acúmulo. Uma configuração de franca mobilidade territorial centrada nas cidades como pontos de puro apoio logístico tem assim lugar (Moreira, 1997).

A EMERGÊNCIA DO HÍBRIDO E DA DIFERENÇA

A quebra das fronteiras e a descentralidade polissêmica são características dessa nova ordem de espaço. Um fato que a literatura ainda nos anos 1970 irá registrar como a emergência do híbrido e da diferença, a quebra histórica da razão europeia que fez do mundo seu outro. E a ascensão multitudinária que dele faz uma subjetividade plural.

A razão europeia é uma representação de mundo alicerçada na dicotomia. Tudo é dividido e separado por dissociações absolutas. E, uma vez separados, são a seguir grupados em dicotomias de opostos por identidades de semelhança. E a partir daí, classificados aos pares e comparados por suas antinomias.

O paradigma de ciência tem aí sua origem. Cada ciência lê o real por taxonomias antinômicas, em que a semelhança suprime a diferença na identidade e sobre essa base organiza as relações do mundo. Assim, primeiro arruma-se o mundo no olhar da razão científica. Depois, e à base dela, afirma-se ser isso o mundo (Deleuze, 1988).

A razão europeia é o olhar que separa o mundo em razão e não razão, daí criando uma ordem de classificação que separa e contrapõe etnocentricamente os espaços do mundo (Schüler, 1995). Assim como os espaços, assim são os objetos diante do olhar que segue a mesma metodologia. Tomada como medida das coisas, a razão, preenchida de um conteúdo matemático, ordena-as e as classifica em natureza e não natureza. Assim tem origem a fronteira que separa o mundo da natureza e o mundo do homem, que é acompanhada pela Geografia. A natureza é a razão matemática, dirão os físicos a partir de Galileu Galilei, o ente físico, de repetição exata, regular e constante, previsível e preditiva em seu comportamento. O homem é a ausência dessa racionalidade, o ente metafísico, inexato, irregular e inconstante, imprevisível e impreditivo. Parâmetro sobre o qual se organizam todos os pares. Espírito e corpo. Ciência e arte. Ocidente e Oriente. Civilização e barbárie. Europa e mundo. Razão e sensibilidade. Razão e não razão diferentemente nominadas. E ponte da distinção moderna que tudo separa em inorgânico e orgânico, abiótico e biótico, morte e vida. E assim, natureza e homem.

Tempo e espaço. Pares sempre vistos como separados, dicotomicamente excludentes e identificados um com a presença e outro com a ausência. Tem aí sua origem a invenção da loucura, diz Foucault. A representação do humano que pela antinomia razão e não razão separa o sadio e o louco, o dotado e o destituído de sentido (Foucault, 1979).

O híbrido nasce dessa referência. Do ato da razão reunir num só lugar tudo o que do seu lado rejeita e, por oposição a si, do outro lado agrupa. Eliminação de diferenças, porque oposição de identidades. Assim, a razão é o definido. A desrazão, o híbrido. A razão que grupa como seu grupo tudo em que ela está presente. E grupa como o outro grupo o híbrido. Dois grupos que se negam reciprocamente. A razão, que é o claro, o puro, o limpo (o espírito, a ciência, a civilização, o Ocidente). O híbrido, que é o escuro, o impuro, o sujo (o corpo, a sensibilidade, a barbárie, o Oriente). A razão, que é o homogêneo e o transparente. O híbrido, que é heterogêneo e o misturado.

É sob esse antagonismo que a razão eurocêntrica organiza o mapa do mundo. O Ocidente Europeu colonizador, científico, industrial e ilustrado, portador da civilização para redenção do mundo, é a razão. E o resto do mundo, o colonizado, bárbaro, inculto, exótico, o corpo-sensualidade dos mestiços é o híbrido. A Europa é a razão ilustrada transportada para clarear a periferia. E o trópico é a desrazão para onde a razão europeia expulsa seus criminosos e degredados mandados para o purgatório.

Eis que, pondo fim às fronteiras e polissemizando o valor, a globalização rentista libera a diferença enclausurada pela identidade no híbrido. Instala a livre mobilidade territorial do múltiplo. E escancara as portas da metrópole para qualquer fluxo de excedente. Liberado, o híbrido então invade a Europa com suas diferenças, parte levado pela imagem de sustança criada pelo colonizador, parte para usufruir de suas apregoadas excelências.

A RECONQUISTA DA DEMOCRACIA

Assim, de súbito o Ocidente descobre-se o híbrido e a diferença, o campo do homogêneo misturado com o heterogêneo e o múltiplo. Mergulhado na multiplicidade da diferença, descobre que a diferença é o mundo. Descobre-se como um ente também da humanidade polimorfa. A diferença que se faz política. Pluricizada na poliformia das classes.

Não é, pois, um produto puro e simples da eliminação rentista das fronteiras e da instituição do valor-trabalho polissêmico a emergência da diferença e do híbrido. Mas igualmente das ações que, por séculos a fio, diferença e híbrido antepõem à sua dissolução-subalternização pela acumulação industrial. Da luta pelo direito ao espaço que agora sai do sombreamento da razão eurocêntrica para se irradiar na forma de uma avalanche sobre o dique rompido.

Durante a longa duração da sua centralidade a acumulação industrial teve nas transferências espaciais uma estratégia de supressão da agenda operária e, de quebra, da resistência comunitária do pré-capitalismo. A fragilidade estrutural das comunidades, todavia, paradoxalmente se compensava na dependência do capital de, através delas, realizar a margem do valor não conseguida no seu próprio âmbito sistêmico, apelando para resolvê-la pela incorporação de periferias, numa relação contraditória do capitalismo analisada por Rosa Luxemburgo frente à dissolução do extracapitalismo (Luxemburgo, 1983). Percebedoras dessa dependência, as comunidades movem suas reações de enfrentamento e resistência, sobrevivendo à mundialização capitalista.

Uma ação simultânea é realizada pelo operariado industrial. Posto no próprio centro de gravidade do sistema produtivo capitalista, percebe que sua sobrevivência é a própria sobrevivência do sistema. E busca tirar forças e proveitos dessa contradição igualmente, juntando sua pauta de liberdade de organização sindical, salários compatíveis e direitos trabalhistas à pauta de outros movimentos urbanos como a liberdade de pensamento, crenças e imprensa da intelectualidade à de direito à moradia e luta contra a carestia. E se unindo às lutas por terra, território e sobrevivência daquelas comunidades na medida em que se mundializa como classe social na esteira da industrialização da generalidade dos países, pondo-se ao longo desse tempo como sujeito de amplo espectro de movimentos.

A atomização própria da regulação espacial do sistema industrial velou a percepção da diversidade diferenciada de sujeitos desse espectro, até que a globalização rentista a fez vir à tona, assim emergindo a diferença e o híbrido. É quando então mudam as formas da ação política: a diversidade dos movimentos aparece com seus sujeitos, e o operariado fabril emerge como um deles.

PROBLEMATIZANDO O MARCO GEOGRÁFICO DE REGÊNCIA

A descoberta do espaço vem com a descoberta da diferença e, por seu turno, a descoberta da diferença chama para o problema da regulação geográfica. Espaço é criação da diferença. E ao mesmo tempo mediação do seu controle. Difere-o os olhares dos sujeitos. Eis o fundo da descoberta.

É por isso que nem sempre espaço e território se parecem claramente. É o que a emergência, de um lado da diferença e de outro da livre mobilidade do capital rentista, então percebe: sobretudo, quem tem o domínio do espaço tem o domínio do território, e quem tem o domínio do território tem o domínio do espaço. Por sua determinação do *modus operandi* e do *modus vivendi* da sociedade, num conflito de hegemonias sobre o espaço sem precedentes.

BIBLIOGRAFIA

Altvater, Elmo. *O preço da riqueza*: pilhagem ambiental e a nova (des)ordem mundial. São Paulo: Unesp, 1995.
Deleuze, Gilles. *Diferença e repetição*. Rio de Janeiro: Edições Graal, 1988.
_____; Guattari, Jules. *O anti-Édipo:* capitalismo e esquizofrenia. Rio de Janeiro: Imago, 1976.

_____. *Mil platôs:* capitalismo e esquizofrenia. São Paulo: Editora 34, 1995.

FOUCAULT, Michel. *A microfísica do poder.* Rio de Janeiro: Edições Graal, 1979.

LEFEBVRE, Henri. *O direito à cidade.* São Paulo: Documentos, 1969.

_____. *A reprodução das relações de produção.* Lisboa: Publicações Escorpião, 1973.

LUXEMBURGO, Rosa. *A acumulação do capital.* 3. ed. Rio de Janeiro: Jorge Zahar, 1983

MAGALINE, A. D. *Luta de classes e desvalorização do capital.* Lisboa: Moraes Editores, 1977.

MANDEL, Ernest. *O capitalismo tardio.* São Paulo: Abril Cultural, 1982.

MARX, Karl. *Capítulo VI* (Inédito). Resultados do processo de produção imediato. Lisboa: Publicações Escorpião, 1975.

_____. *O capital.* Livro 1, v. 1. Rio de Janeiro: Civilização Brasileira, 1985.

MOREIRA, Ruy. A geografia serve para desvendar máscaras sociais. In: _____ (org.). *Geografia:* teoria e crítica. O saber posto em questão. Rio de Janeiro: Vozes, 1980.

_____. Assim se passaram dez anos: a renovação da geografia brasileira no período 1978-1988. *Boletim Prudentino de Geografia,* n. 14. Presidente Prudente: AGB-Seção Presidente Prudente, 1992.

_____. *O círculo e a espiral:* a crise paradigmática do mundo moderno. Rio de Janeiro: Coautor/Obra Aberta, 1993.

_____. Da região à rede e ao lugar: a nova realidade e o novo olhar geográfico sobre o mundo. *Ciência Geográfica,* n. 6. Bauru: AGB-Seção Bauru, 1997.

_____. A renovação da geografia brasileira no período 1978-1988. *Geographia,* n. 3, ano II. Niterói: PPGEO-UFF, 2000.

_____. A renovação da geografia brasileira no período 1978-1988. In: _____. *Pensar e ser em Geografia.* São Paulo: Contexto, 2007.

_____. Repensando a geografia. In: SANTOS, Milton (org.). *Novos rumos da geografia brasileira.* São Paulo: Hucitec, 1982.

SCHÜLER, Donald. Do homem dicotômico ao homem híbrido. In: BERND, Z. e DE GRANDIS, R. (orgs.). *Imprevisíveis Américas:* questões de hibridação cultural nas Américas. Porto Alegre: Sagra/Abecan, 1995.

SOJA, Edward W. *Geografias pós-modernas:* a reafirmação do espaço na teoria social crítica. Rio de Janeiro: Jorge Zahar, 1993.

THOMPSON, E. P. Tempo, disciplina de trabalho e capitalismo industrial. In: _____. *Costumes em comum:* estudos sobre a cultura popular tradicional. São Paulo: Companhia das Letras, 1998.

VIDAL DE LA BLACHE, Paul. *Princípios de geografia humana.* Lisboa: Cosmos, 1954.

O PROBLEMA DO PARADIGMA GEOGRÁFICO DA GEOGRAFIA

A Geografia é um rio que perdeu sua sintaxe. Faz um século vive ela um vazio de alma. Assim como um rio do sertão nordestino que perde seu rumo e prumo quando o fio contínuo de água corta na seca, do poema *O discurso-rio*, de João Cabral de Melo Neto (1979, p. 26), vê-se ela como um discurso-rio que "cortou" seu curso a partir do começo do século XX e desde então luta por restabelecer sua inteiricidade, sabendo "precisar um rio de muito conteúdo para refazer o fio antigo d'água que o formava".

É uma sensação que se tem, nada indelével. A sensação de se estar dentro de uma casca – o vale e o leito do rio, que só eles se mantiveram – vazia de conteúdo. E, assim como o rio sertanejo cortado, resta aos poços d'água – sobras lexicais de uma sintaxe que foi embora –, que não se entreolham por falta da tela de fundo da sintaxe perdida, buscar o resgate da contextualidade que de novo os enfrase. E assim voltem a se unir num *continuum* de fio d'água de discurso-rio de novo.

Muitas sintaxes têm assim surgido. Todas com a impressão de um sentido não recuperado, de um intuito inatingido. Compensadas como uma plêiade de matrizes e pensadores que dos clássicos aos renovadores recentes vêm se sucedendo, filhos desse enorme esforço de reenfrasamento. É isso o que singulariza a história do pensamento geográfico moderno, se comparada à singularidade da história das outras formas de ciência. E é esta a riqueza que a renovação dos anos 1970 como que descobre e toma por referência.

O PROBLEMA E SUA ORIGEM

Tudo parece remontar à virada dos séculos XIX-XX, quando da época do nascimento das ciências humanas no contexto neokantiano-positivista europeu. Em

---

* Texto de intervenção na mesa-redonda "Paradigmas e a geografia na contemporaneidade – o estado da arte", realizada no IX Enanpege-Encontro Nacional da Associação de Pós-Graduação e Pesquisa em Geografia, no ano de 2011, e publicado em DVD e em edição eletrônica na *Revista da Anpege*, v. 7, n. 7, 2011, sob o título "Correndo atrás do prejuízo – o problema do paradigma geográfico da geografia" (disponível em: <www.anpege.org.br/revista>).

1889-1890 Durkheim, em pleno trabalho de elaboração do *corpus* sociológico que o tornaria uma das matrizes do pensamento social contemporâneo, ao lado de Marx e Weber, publica no número correspondente dos *Annales de Sociologie*, revista por ele criada, uma resenha crítica da *Antropogeografia* de Ratzel, cujo volume 2 acabara de ser publicado em 1891, junto à reedição rearrumada do volume 1, publicado em 1882, para estar em consonância com o volume 2. Em tom ácido e condenatório, Durkheim desanca a obra de Ratzel, acusa-a de um vazio de conteúdo, qualificando-a de epistemologicamente equivocada e ausente de qualquer base de cientificidade, desde o termo que escolhe para título (Febvre, 1954; Moreira, 2009).

Tudo teria ficado na resenha-crítica de Durkheim não fossem seus discípulos de primeira geração – François Simiand, Marcel Mauss e Maurice Halbwachs –, terem a seguir, no correr dos anos 1905 a 1909, resolvido repetir as mesmas críticas, dessa vez aos trabalhos de doutoramento recém-divulgados dos primeiros discípulos de Vidal de la Blache – Albert Demangeon, Raoul Blanchard, Camille Vallaux, Antoine Vachere e Jules Sion –, aplicando-lhes a mesma acusação condenatória do mestre Durkheim a Ratzel. Vidal procurou acalmar os ânimos dizendo, em texto-palestra de 1913, ser a Geografia uma "ciência dos lugares, e não dos homens" (Vidal de la Blache, 1978). Lucien Febvre tomou a função de árbitro da contenda demarcando como campos respectivos da Sociologia o contexto estrutural das relações societárias, da História o processo temporal, da Antropologia o sígnico-cultural e da Geografia o infraespacial do solo (Febvre, 1954). E os discípulos de Vidal aceitaram tanto a precaução do mestre quanto a solução pactual de Febvre como equação teórica. E, sobretudo, estes mesmos discípulos tomaram a partir daí *A Terra e a evolução humana* – obra subintitulada pelo próprio Febvre como uma *Introdução geográfica à história*, e não *Princípios de geografia humana*, a obra póstuma de Vidal, ambas publicadas no mesmo ano de 1922 – como a fonte do fundamento epistemológico da Geografia (Moreira, 2008).

UM RETORNO A HUMBOLDT E RITTER

Tardou para que os protagonistas percebessem os efeitos desse imbróglio e dessem partida para frente, sobretudo diante do quadro geral do momento. Um momento de passagem de um ambiente geral de ideias marcado pelo declínio do romantismo filosófico e ascensão de uma mescla de neokantismo e positivismo, o que indicava a tarefa de recriar os parâmetros recém-fundados da Geografia moderna por Humboldt e Ritter, vazados nas ideias holistas do romantismo, e refundá-los nas ideias não mais holistas do mix do neokantismo-positivista. Fora isso o *Tableaux de la géographie de la France*, de Vidal, de 1903, e a própria *Anthropogeographie*, de Ratzel, de 1881, agora desmontados por esta espécie de pactuação acadêmica então estabelecida. Era preciso retomar Humboldt e Ritter, em novo começo.

O PROBLEMA DO PARADIGMA GEOGRÁFICO DA GEOGRAFIA

É o próprio Vidal quem dá a partida, através de seus *Princípios de geografia humana*. Mas também Reclus e Brunhes na França. E Ratzel, Richtofen e Hettner na Alemanha. Como num quadro de recuperação tardia, que vai dar na geografia clássica dos franceses arrumada ao redor da geografia regional e da geografia das civilizações e dos alemães ao redor da geografia das paisagens. Suas referências: a visão integrada de Humboldt e Ritter enquanto modelo de discurso-rio que havia (Moreira, 2006, 2008, 2009 e 2010). Estamos, todavia, sob o signo dos embates do neokantismo e do positivismo. E é nos termos destes que o "retorno aos fundadores" vai-se dando.

Holistas, Humboldt e Ritter extraíram seus olhares do modo como para eles homem e natureza se relacionam no âmbito da superfície terrestre pela mediação ordenadora do arranjo do espaço. Mas diferindo no ponto de partida e no ponto de chegada. Humboldt foca seu olhar no modo como as esferas do inorgânico, do orgânico e do humano reciprocamente interagem e se integralizam enquanto formas do movimento da matéria por meio da intermediação da esfera orgânica das plantas. Já Ritter, no modo como os recortes comparados de paisagem identificam os modos diferenciados dessa integralização no todo da superfície terrestre.

Centrando sua leitura na mediação vertical do arranjo espacial da esfera do orgânico – por ele chamada geografia das plantas – em sua ação para baixo (na relação com o inorgânico) e para cima (na relação com os animais e o humano) e na forma como essa geografia das plantas integra pelo viés da vida a totalidade do todo, Humboldt institui sobre essa base seu discurso-rio, e funda nessa sintaxe a Geografia. Neste intuito, metodologicamente vai da relação homem-natureza para a relação homem-espaço, e daí volta à primeira, num circuito de retroalimentação cíclica em que tem os recortes e a configuração territorial da vegetação como referência.

Ritter como que empreende um olhar de percurso inverso. Tomando por referência o recorte paisagístico visto como um quadro já formado, vai da relação homem-espaço para a relação homem-natureza, e daí retorna à relação homem-espaço para então flagrar a superfície terrestre como um grande mosaico corográfico de individualidades regionais. Seu movimento rumo ao holismo é o horizontal que, por comparação dos recortes de espaço da superfície terrestre dois a dois, identifica os traços que estes têm em comum e os tornam um mesmo espaço, e os traços que são apenas de cada qual e assim os tornam diferentes. Arruma nessa combinação de identidade e diferença a visão de integralidade do todo do inorgânico, do orgânico e do humano em cada unidade de paisagem, seu discurso-rio, sua sintaxe.

A RESSINTAXIZAÇÃO E SEUS PROBLEMAS

Inspirados em tais paradigmas, mas incapazes de resgatá-los na sua originalidade holista do sentido de uma natureza e um homem integrados na significação da vida, que lhes haviam dado Humboldt e Ritter, os clássicos abandonam o cunho simultâneo de epistemologia e ontologia daqueles fundadores, para enraizar seus paradigmas no campo puramente epistemológico, e assim num olhar de integração apenas sistêmica, não mais ontológico de significação.

Há, assim, um marco de interferência temporal materializado na forte tendência de separar o homem e a natureza, bem como o homem, a natureza e o espaço, num contraste com a sintaxe holisticamente integrada de Humboldt e Ritter. De modo que a sintaxe geográfica aqui e ali se restabelece, mas ausente da explicitação do sentido do significado, que cada clássico busca remediar de alguma forma. Seja em vista da mediação da geografia das plantas, seja em vista da mediação das paisagens, a vida é o elo que integra – verticalmente para baixo e para cima, em Humboldt, horizontalmente para um lado e para outro, em Ritter, tanto a esfera do inorgânico quanto a esfera do humano num todo – e empresta o sentido do seu significado ao dado real e ao olhar geográfico. Daí o cunho a um só tempo ontológico e epistemológico, que Vidal falando do significado de regulação, Brunhes de tensão, George de ordem de organização e Tricart de estabilidade que o gênero de vida, a relação de ordem-desordem das forças – louca do Sol e sábia da Terra –, a organização espacial e a infraestrutura contraditória da natureza, respectivamente, emprestam à superfície terrestre como morada do homem, vão buscar recuperar em seus enfoques. Sabem que para chegar a essas sintaxes contam apenas com o léxico solto derivado da erosão da sintaxe antiga. E que devem revalidar o ato inaugural da Geografia moderna sem os ecos do fundo filosófico em que Humboldt e Ritter se haurem. É assim que lentamente, e de modo múltiplo, o fio d'água vai se refazendo.

Vem de Brunhes – um geógrafo posto na fronteira da França e da Alemanha, e assim marginal àqueles embates do mundo acadêmico francês – o primeiro formato sistemático de recuperação. Seu *Geografia humana* é de 1910. E sob o signo do privilégio do convívio – seja com Vidal, seja com Ratzel –, incorporando Humboldt e Ritter por meio da assimilação de ambos, Brunhes realiza sua matriz na forma de uma elaboração sintética em que a ideia da relação homem-natureza rege-se governada pela tensão contrária da desordem termodinâmica do Sol e pela ordem dinâmico-gravitacional da Terra, tudo explicitado no primado da mediação gestora do espaço sobre o pano de fundo formado por aquela relação. O arranjo do espaço é tomado como o dado propriamente de feição geográfica do todo processual. De modo que o ponto de partida é, assim, a relação homem-natureza. Mas o ponto de chegada (e do *continuum* reprodutivo dessa relação homem-natureza) é a relação homem-espaço. Tudo temperado nos termos teóricos de Humboldt e Ritter, mas segundo uma formulação metodológica de solução própria.

O homem distribui-se na superfície terrestre acompanhando a distribuição das plantas e das águas, diz Brunhes. E assim estabelece uma relação homem-planta-água que vai formar a base da base da organização espacial das sociedades em cada lugar. Do chão dessa base brotam as manchas das culturas e criações, e das suas interse-

O PROBLEMA DO PARADIGMA GEOGRÁFICO DA GEOGRAFIA

ções, as casas e os caminhos de cuja conjuminação nascem as cidades, as instalações industriais, nos pontos de interseção campo-cidade, e o sistema de circulação que tudo unifica numa só estrutura unitária e integrada de *habitat*.

Três planos combinados de contradições animam os movimentos desse todo assim organizado. O primeiro é o plano formado pela ação oposta da força louca do Sol (a energia termodinâmica) e da força sábia da Terra (a energia gravitacional), responsável por manter num permanente estado de desordem e ordem, estabilidade e instabilidade, o todo da superfície terrestre. O segundo é o plano formado pela ação oposta da força da construção e da força de destruição do processo de constituição do espaço. E o terceiro, o plano formado pela ação oposta dos cheios e vazios da distribuição espacial dos objetos. São três planos que se diferenciam por seus níveis de escala, mas que têm no nível local seu ponto de convergência. A oposição das forças do Sol e da Terra atua em uma ocorrência simultânea nos lugares da superfície terrestre, ao passo que a oposição construção-destruição, em um nível mais regionalizado, e a oposição dos cheios-vazios como um movimento de relocalização constante das casas, caminhos, cidades, indústrias, manchas agropastoris e vias de circulação, resultam da própria natureza mutuamente reativa desses acontecimentos.

Vidal de certo modo interage, ao mesmo tempo que detalha com seu *Princípios de geografia humana*, publicado depois de *Geografia humana*, com esta sintaxe em si impressionante de Brunhes. O ponto de junção é também a relação homem-planta-água, que Vidal teoriza numa outra sintaxe. Em seu ato de construir seu *habitat* geográfico, o homem experimenta sua relação de base planta-água primeiramente no que Vidal chama de áreas-laboratórios, áreas mais secas e acidentadas das médias-baixas encostas dos locais montanhosos, mais escassas, porém mais bem protegidas da disputa com animais de grande porte, só então descendo para as áreas anfíbias, ricas e disputadas dos fundos dos vales, aí vindo a erguer os *habitats* definitivos das grandes civilizações.

A coabitação é o princípio orientador desse erguimento. E o gênero de vida, o princípio de regulação. Pontos com que Vidal parece estar, enfim, anos depois, esclarecendo o significado de sua controvertida frase de 1913 e respondendo ao embate do começo do século com sua ideia de sintaxe e léxico geográficos, em total discordância com os marcos de limites de assentamento com que então tudo fora pactuado.

Ratzel prima por um discurso semelhante, assentado, porém, no que chama de solo. O espaço da habitação humana é a integralidade relacional do todo dos elementos de dado recorte local da superfície terrestre. Estruturado como um modo de vida, esse todo local de integralidade é o solo. O espaço de vida. As regras reguladoras da convivência e prescritas para este fim de convívio formam o Estado. E a convivialidade espacial assim erguida e regulada, a sociedade. É esse todo orgânico de relação homem-espaço-natureza, erguido e concebido como o solo do homem, a sua antropogeografia.

O fato de Febvre ter demarcado o campo de função da Geografia como sendo o estudo do solo, justamente por onde passa a sintaxe de Ratzel, não deixa de ser um irônico reconhecimento da antropogeografia. O problema foi a má compreensão, seja por ele e seja por Durkheim, do sentido do fundamento antropogeográfico. Talvez porque haja em Ratzel uma genuinidade que dá um sentido de significado inteiramente próprio aos termos e temas – cujo exemplo conspícuo é justamente o de solo – que formam o elenco dos conceitos que fundam neste momento as ciências humanas – não por acaso, justamente as áreas que são envolvidas na contenda –, a ideação de Ratzel se apresentando sob uma peculiaridade de compreensão que é só dele.

Se com Brunhes temos a fase sistemática, temos com Sorre a do formato sintético na forma da sintaxe que apresenta em *Os fundamentos da geografia humana* – obra em três volumes que publica entre 1943 e 1962 e posteriormente resume em *O homem na terra*, de 1962. A sintaxe da complexidade. O discurso estrutural da relação homem-natureza é amarrado espacialmente no crescendo de sociabilidades que Sorre designa o ecúmeno humano. E que vê como o acúmulo sucessivo de sobreposições que começa na relação homem-planta-água, que vira geografia agrícola, que vira geografia dos regimes alimentares, que vira geografia médica, num virar de novas formas qualitativas de modos de espaço que, ao fim, vira a geografia urbano-industrial de nossos dias. Os hábitos e costumes de regras e habilidades técnicas são o elo de regulação desse todo seguidamente concentrado de relação homem-espaço-natureza que adensa o tempo. E que vai dar nas diferentes formas de sociabilidade constituintes das sociedades.

É a forma de Sorre incorporar como uma só sintaxe o sentido de enraizamento ambiental de Brunhes, de regulação do gênero de vida de Vidal e de solo-espaço-vivido de Ratzel. E cujo encaixe de integralidade ele vê ameaçado pelo modo de planetarização fragmentário de sociabilidade que com a fase urbano-industrial está se dando.

A INTEGRALIDADE BIFURCADA

São os sorreanos Tricart e George que vão de certo modo expressar e contornar essa fragmentação através de suas sintaxes bifurcadas. Com eles, o que era uma possibilidade conjuntural do *mix* neokantista-positivista evitada por seus mestres praticamente se materializa. A relação homem-natureza como que vira a sintaxe de Tricart. E a relação homem-espaço, a de George. Numa espécie de separação sintática respectivamente de Humboldt e Ritter, que cada qual encarna. E como que antecipando o fermento crítico que será o conteúdo da renovação dos anos 1970.

Tricart é de uma forma inusitada a reintrodução da teoria das três esferas e da mediação da geografia das plantas de Humboldt, no modo como expõe sua sintaxe no *Terra planeta vivo*, de 1972, mas, sobretudo, em *Ecodinâmica*, de 1977. Numa clara recuperação da teorização de Brunhes, Tricart vê agindo por dentro da relação

O PROBLEMA DO PARADIGMA GEOGRÁFICO DA GEOGRAFIA

homem-espaço-natureza um sistema de contradições, nele em número de quatro, também distintas por suas propriedades e escalas de ocorrência.

Imbutidas umas nas outras, estas contradições se combinam em um movimento cíclico de ativações recíprocas, que tem no processo do intemperismo seu ponto comum de retroalimentação. Na escala local, no nível do ecótopo, como que à guisa de uma infraestrutura da natureza, atua a contradição que opõe a morfogênese e a pedogênese ao redor do uso da matéria-prima do intemperismo, a morfogênese tendendo à retirada do material intemperizado e a pedogênese, à sua reconfiguração em solo. A cobertura vegetacional – numa leitura que sugere uma ideia combinada da geografia das plantas de Humboldt e da regulação do gênero de vida de Vidal – é a condição de possibilidade de ambas, em uma função fitoestásica que limita e abre para os processos da morfogênese e da pedogênese simultaneamente. Imbute-a na escala regional a contradição que põe em lados contrários o ecótopo, em que a vegetação mergulha suas raízes, e a biocenose, cuja vegetação desenvolve seu corpo, de que o equilíbrio desse todo depende. Mas a palavra é dada à contradição de escala geralmente nacional que se estabelece entre o modo de produção e o todo do ecossistema (o ecótopo e a biocenose unificados). Tudo territorialmente envolvido na contradição de escala global do planeta formada pelas forças internas, de fundo geológico, e as forças externas, de fundo climático, a primeira desnivelando e acidentando e a segunda nivelando e aplainando a superfície terrestre, em uma ação ativa de intemperismo que retroalimenta tudo em caráter permanente.

Assim, a contradição de forças interno-externas do planeta de Tricart corresponde à contradição planetária entre as forças louca do Sol e sábia da Terra de Brunhes; a pontual da morfogênese-pedogênese e a regional do ecótopo-biocenose, à contradição construção-destruição do espaço; e a regional-nacional da contradição ecossistema-modo de produção, à contradição cheios-vazios. Tricart e Brunhes convergem para ver o princípio de ordem-desordem/estabilidade-instabilidade dos lugares da superfície terrestre como uma espécie de lei espacial geral.

George, por sua vez, significa a retomada da teoria do discurso corológico de Ritter. E que ele leva para o campo da ação da técnica, o recorte espacial vindo a ser, sob essa ótica, a base da organização geográfica global das sociedades. Se o objeto do detalhamento de Tricart é o sentido de essência gerado pela relação homem-natureza, o de George é o sentido de existência formado pela relação homem-espaço. Um olhar de sintaxe focado no homem geograficamente existencializado, tal como vemos em *Sociologia e geografia*, livro-síntese da sintaxe georgiana, de 1969, e o mais brunhiano-sorreano dos que escreveu. Com um título que revela o quanto passado mais de meio século ainda o incomodam o imbróglio e o esvaziamento do discurso-rio do começo do século xx.

É o espaço geográfico que para George qualifica a história como um real-concreto, assim como é a história que qualifica como real-concreto o espaço geográfico. Um espaço-ente que o homem produz na interioridade e exterioridade da sua relação com a natureza para vir a ser a condição real de sua existência. E que tem o trabalho

| 45 |

e a técnica como fatores condicionantes. É pelo espaço que o tempo se revela. Assim como é pelo tempo que o espaço se releva. De modo que é por esse permeio que se passa das "sociedades de natureza sofrida" para as sociedades de espaço organizado. George assim pensa em *A ação do homem*, de 1968.

Fácil é ver como nesse livro George retoma a sintaxe de Vidal das fases das áreas laboratórios e das áreas anfíbias como marcos do nascimento das civilizações. Também para ele é dos pequenos planos de relação homem-natureza que brotam os acúmulos de experiência técnica e relacional do homem com a natureza, que pelos hábitos e costumes da tradição viram regras e normas de regulação dos modos de produção e de vida. E que as comunidades evoluem para estágios mais evoluídos. Mas para George mercê o que designa o desenvolvimento das forças produtivas. Numa ênfase da técnica que em Vidal fica esbatida dentro da força preponderante do gênero de vida. De todo modo, a técnica que, em seu ganho de escala, dá aos homens a força de que estes se valem para, mais à frente, rumo às terras baixas das áreas anfíbias, irem reinventar seus gêneros e modos de vida trazidos das terras altas e ganhar amplitude e consistência na relação com a natureza, até inscrevê-la na forma mais avançada da relação homem-espaço-natureza das grandes civilizações.

A RECONDUÇÃO INTEGRATIVO-CRÍTICA

É o quadro de tempo de Tricart e George – o período dos anos 1940 aos anos 1960, carregado das tensões do fim de duas grandes guerras e de uma transformação inaudita das práticas da vida cotidiana – que se espelha no rumo bifurcado que a ressintaxização segue com eles. E que como que acabando por formar a antessala da forma crítica com que o problema será retomado logo a seguir. A fase é conduzida por um debate fortemente influenciado por um campo de pensamento que compartilha com Humboldt e Ritter pelo menos dois dos aspectos de referência de sua sintaxe e de seu tempo: a totalidade e o romantismo filosófico.

Tricart e George são marxistas. Aí fixados, como Tricart. Ou daí saídos, como George. E pensam nos seus termos. Tricart buscando seus fundamentos na *Dialética da natureza*, de Engels. E George, nas categorias entrecruzadas da economia política e da teoria marxista da história. Daí a visão de integralidade de seus olhares, mesmo que arrumados numa bifurcação do eixo holista dos fundadores (Moreira, 2009).

A incorporação nos anos 1970 de *Manuscritos de 1844* e de *O capital* leva, porém, a que os léxicos e as sintaxes do eixo "humboldtiano" da relação homem-natureza de Tricart e do eixo "ritteriano" da relação homem-espaço de George se reaproximem e de novo num todo se juntem. Numa espécie de retorno à totalidade e à filosofia da natureza e do homem do romantismo do século XIX, embora assentada num outro ponto da referência: Humboldt e Ritter bebem no romantismo de Schelling, e Marx, sabidamente, no de Hegel.

O PROBLEMA DO PARADIGMA GEOGRÁFICO DA GEOGRAFIA

A retomada vem, no entanto, no início em uma forma ainda axialmente separada. O eixo homem-natureza na forma da ecologia política, pouco ou quase nada, entretanto, relacionada à sintaxe tricartiana. E o eixo homem-espaço na da economia política do espaço, bem mais explicitamente georgiana. É no viés georgiano, pois, que neste começo o fio da recondução clássica aparece. O tricartiano só se incorpora mais à frente.

Daí que a sintaxe tecnoespacial de George se desdobre na teoria das três naturezas/ três espaços de Smith ou do espaço produto da técnica e do conceito de tempo-espacial de Milton Santos. Que a espaçoambiental de Tricart se desdobre na teoria da ruptura ecológico-territorial de Quaini. E que tudo inicialmente se explique na criticidade política da sintaxe geográfica anarquista de Reclus, deixada inteiramente de fora das reaglutinações rittero-humboldtianas. Ao fim, o holismo vem a reaparecer na integração ontológica trazida por conceitos como o de geossociabilidade de Silva (Moreira, 2009 e 2010).

O conceito autopoiético da hominização de Marx é a base de referência dessa retomada integralizada. Com epicentro no metabolismo do trabalho. E agendamento no conceito do arranjo espacial. Da junção desses conceitos – o ontológico do metabolismo e o metodológico do arranjo do espaço – vem a junção dos eixos antes "ambiental" de Tricart e "espacial" de George, confluídos para uma única sintaxe. A sintaxe devolvida ao tema do sentido da significação de uma geografia devolvida ao seu cunho de ontologia e epistemologia com que nascera com os fundadores. De que o fio vermelho é o conceito da hominização, a ontologia do homem-natureza de Marx feita sintaxe geográfica.

De modo que o movimento caminha da economia política do espaço para a ecologia política – vertentes discursivas que aqui e ali se cruzam, sem que propriamente se integrem – roteirizado no léxico descritivo do arranjo do espaço e analítico-reflexivo do significado metabólico da integração.

O campo da economia política do espaço é de início mais forte. Que o léxico descritivo do arranjo, valorizando o espaço como categoria-chave da sintaxe, leva a movimentar-se para o campo focal do materialismo histórico – de Harvey para Lefebvre e deste para Milton Santos – e assim para o ontológico da naturização do homem e historização da natureza. Chegando-se, então, à junção com a ecologia política. A junção vindo da centração do todo da sintaxe discursiva no conceito da troca metabólica. A hominização do homem pelo próprio homem através do processo metabólico do trabalho pondo-se no centro da descrição do arranjo espacial e deslocando o espaço, assim, para um dentro-fora da relação homem-natureza. Volta-se, por fim, a Ritter-Humboldt.

Vem de George, na tradição de Brunhes, a noção do arranjo espacial como elemento-chave da descrição na Geografia. Daí sua introdução quase que automática nesse movimento de retomada sintática, lida, porém, agora nos termos do conceito de estrutura sócio-histórica de Marx. Visto por esse prisma de estrutura, de imediato o arranjo do espaço adquire o significado do olhar estrutural da sociedade, a estrutura interna desta revelada na própria forma de arrumação do arranjo do espaço. O ponto da aglutinação é a concepção histórico-materialista, de inspiração lefebvriana, certamente, do espaço como o histórico produzido, trazido à Geografia por Milton Santos. E o ponto sintático, a concepção de Harvey do espaço como um todo regido pela lei do valor. Concepções que se resumem na noção epistemológica da sociedade e do espaço como espelhos recíprocos, centro da sintaxe geográfica de Milton Santos e que este expressa no conceito da formação socioespacial, e como obra recíproca do movimento da realização e reprodução ampliada do valor, centro da sintaxe de Harvey e que este expressa no conceito da valorização do espaço.

O modo de produção da sociedade é o modo de produção do seu espaço. Produzindo-se o espaço, produz-se a sociedade. E vice-versa. Produzindo-se a sociedade, produz-se o espaço, observa Milton Santos (1978). Daí decorre a compreensão de dupla face do arranjo espacial e da estrutura, ontologicamente iguais, onticamente distintas, com que estas se passam a ver numa versão geográfica de interação entre a aparência e a essência (Moreira, 1980). É, porém, a lei do valor que costura por dentro a relação sociedade-espaço. De um lado, pela ação da renda fundiária, seja no campo e seja na cidade. De outro, pela ação da renda monetária, tradução do embate lucro-salário embutido no movimento de transformação da mais-valia no lucro e no valor global no âmbito do processo acumulativo tal como se vê na cidade, observa Harvey (1980). É isso o arranjo do espaço dividido em bairros do espaço urbano moderno, a paisagem revelando na distinção de bairros de ricos, bairros de classe média e bairros de pobres a estrutura de classes da organização geográfica das cidades. E é isso o arranjo geral do espaço da sociedade expresso no caráter infraestrutural e superestrutural dos objetos em sua distribuição paisagística mais ampla. Lendo-se o visível, lê-se o invisível. E vice-versa. Lendo-se o invisível, lê-se o visível, diz George (1968), na origem remota desse movimento de refundição marxista do discurso-rio de viés holista.

O processo histórico-social que se alcança pelo léxico descritivo do arranjo do espaço é o próprio modo como o movimento da relação metabólica homem-natureza vem à tona e materialmente aparece no plano visível da sociedade. Tricart aparece através das categorias de George, mas pelas mãos de Quaini (1979). Se a natureza se move e se autorregula em termos de fotossíntese, o que significa regular-se através da esfera orgânica da geografia das plantas, é porque é pelo modo de arranjo do espaço botânico que isso se dá. Modo de realização, e por isso mesmo de mediação da troca metabólica, é de fato o arranjo espacial biogeográfico o regulador da interação do todo das esferas do inorgânico, do orgânico e do humano, deduz Tricart. O homem em sociedade atua aqui como sujeito (como sujeito não, pois, como um "fator antrópico"). De modo que a relação homem-natureza se move e se regula no todo relacional da sua cadeia fotossintética e trófica por intermédio desse arranjo, a ação fitoestásica da geografia da plantas virando o modo de entrada por onde a esfera econômica passa a governar o todo ambiental por dentro.

A ecologia política, assim, se casa com a economia política. E logo uma e outra se fundem num só discurso. O do léxico arrumado no arranjo do espaço para daí fazer emergir como sintaxe a troca metabólica do homem em sua relação de naturização-historização com a natureza. Num espaço geográfico hominizado.

Levou-se, todavia, certo tempo para que esta fusão se realizasse – num longo percurso de integração sintática da economia política e do materialismo histórico – unida no enfoque da relação homem-espaço-natureza. O trabalho metabólico referenda seu sentido de significado.

Fio processual do salto de qualidade do reino da necessidade para o reino da liberdade, o trabalho é o fundamento ontológico da totalidade homem-espaço-natureza, que vai buscar-se em Marx. Este o concebe como uma troca de energia e matéria que se passa entre o homem e a natureza. E isso em dois momentos de um movimento casado e sequenciado. Um primeiro, que se passa no âmbito interno da própria natureza, entre forças e coisas naturais, e, portanto, como história natural. E um segundo em que, transformando a natureza por dentro, o homem transforma-a e transforma-se a si mesmo, hominizando-a e hominizando-se a si mesmo, num momento agora de história social. É, assim, um processo que funde homem, espaço e natureza numa mesma locução léxico-sintática, no qual tudo é visto na conformidade do modo como o metabolismo homem-natureza se estrutura e se regula nos termos do arranjo do espaço onde aquele está se dando. O salto da história natural em história social em que o homem se naturiza ao tempo que a natureza se historiciza. Tudo nos termos da forma de determinação concreta dos arranjos de espaço. E as poças d'água se enfrasem num só discurso-rio. E a hominização do homem pelo próprio homem, através de seu modo de determinação espaço-existencial, ganhe o sentido de significado que só o espaço geográfico dá às coisas.

BIBLIOGRAFIA

Febvre, Lucien. A terra e a evolução humana: introdução geográfica à história. *Panorama da geografia*. v. II. Lisboa: Cosmos, 1954.

George, Pierre. Problema, doutrina e método. In: _____. *A geografia ativa*. São Paulo: Difusão Europeia do Livro, 1968.

Harvey, David. *A justiça social e a cidade*. São Paulo: Hucitec/Edusp, 1980.

Melo Neto, João Cabral de. Poesias completas (1940-1965). 3. ed. Rio de Janeiro: José Olympio, 1979.

Moreira, Ruy. A geografia serve para desvendar máscaras sociais In: *Geografia. Teoria e crítica*: o saber posto em questão. Rio de Janeiro: Vozes, 1980.

_____. *Para onde vai o pensamento geográfico?* São Paulo: Contexto, 2006.

_____. *O pensamento geográfico brasileiro*: as matrizes clássicas originárias. São Paulo: Contexto, 2008.

_____. *O pensamento geográfico brasileiro*: as matrizes da renovação. São Paulo: Contexto, 2009.

_____. *O pensamento geográfico brasileiro*: as matrizes brasileiras. São Paulo: Contexto, 2010.

Quaini, Massimo. *Marxismo e geografia*. Rio de Janeiro: Paz e Terra, 1979.

Santos, Milton. *Por uma geografia nova*: da crítica da geografia a uma geografia crítica. São Paulo: Hucitec/Edusp, 1978.

Vidal de la Blache, Paul. As características próprias da geografia. In: Christofoletti, Antonio. *Perspectivas da geografia*. São Paulo: Difel, 1978.

AS TRÊS GEOGRAFIAS

Três são as formas de geografia: a real do nosso entorno empírico, a teórico-conceitual de nossos discursos e a acadêmica de nossas instituições de ensino e pesquisa. A primeira tem por inserção a sociedade. A segunda, os fóruns intelectuais dessa sociedade e a universidade enquanto tal. E a terceira, a universidade. Estas três geografias interagem. A primeira e a terceira nem sempre numa relação de complementaridade. E a segunda, em geral, fazendo a ponte entre ambas.

Creio poder resumir nestes termos a situação do campo geográfico nesta fase da sua evolução histórica em que pela primeira vez a geografia brasileira se encontra numa sintonia, e mesmo numa relação de dianteira, com as mudanças da geografia mundial.

A PRIMEIRA GEOGRAFIA

A forma e o estado empírico atual da organização espacial das sociedades já foram bastante analisados pelo pensamento contemporâneo, geográfico e geral, tomando-se as últimas décadas como marco de referência. A forma geográfica como estas se organizam entra numa fase de forte mudança a partir dessas décadas. Até então as relações industriais eram o ponto de referência, dado em face delas o todo se arrumar em torno da centralidade fabril. A produção saía dominantemente do âmbito organizado nessa centralidade. E a acumulação do capital se fazia com base na produção-expropriação da mais-valia fabril, alimentando a hegemonia desse *mix* de capital bancário e industrial chamado capital financeiro. A emergência do capital rentista impõe uma nova centralidade. Da forma-valor ao formato da hegemonia, tudo se altera. E obriga a uma mudança nos fundamentos econômicos, nos arranjos do espaço e nas formas de representação do mundo. A mudança é antes de tudo da forma rígida e segmentada do arranjo espacial industrial para a forma fluida e global

---

* Texto publicado originalmente no *Boletim Paulista de Geografia*, n. 88, julho de 2008, da AGB-Seção São Paulo, sob o título "As três geografias: refletindo pelo retrovisor sobre os problemas de toda mudança".

do arranjo espacial rentista. Naquela a localização da fábrica orienta o todo do arranjo do espaço total; nesta o espaço total segue o rumo da livre mobilidade territorial do capital rentista. Mas por isso mesmo é uma mudança simultânea e integrada a um conjunto de mudanças mais amplo (Casanova, 2006; Wallestein, 2006; Santos, 2007).

A primeira dessas mudanças se dá no sistema de máquinas-ferramentas, reorientado no sentido da preponderância da tecnologia da informática. O computador passa a conduzir a interação entre as máquinas, mudando o arranjo interno antes fortemente fragmentado da fábrica e tornando-o mais integrado. Nesse passo, em que se alteram a repartição das máquinas e a distribuição respectiva dos trabalhadores, alteram-se por tabela as relações de trabalho. Este se torna polivalente. A produção, mais flexível. E a organização toyotista substitui a taylor-fordista.

Uma segunda mudança se dá no sistema do comércio, reorientando o consumo para uma relação direta com a produção flexibilizada. Também aqui o computador assume o papel do comando, pondo-se no centro da relação ente o balcão da loja e o chão da fábrica. Um sistema de comunicação informatizado integra, assim, a fábrica e a loja, levando aquela a conhecer de antemão o volume e o tipo do produto procurado pela demanda através da informação direta do balcão desta.

Uma terceira se dá na organização do sistema de empresas, levando-o a arrumar-se em complexos de redes. As pontas do chão da fábrica e do balcão da loja unem num complexo orgânico fábrica, loja e agências de financiamento de consumo, tornando-as partes de um mesmo circuito informatizado. E que estende para os vários campos um processo de integração que já vinha ocorrendo com a agroindústria, promovido pela fusão da agricultura com indústria migrada da cidade para o campo e que atrai para junto destas todo o conjunto de serviços e insumos correlatos. Fusão que sob forma distinta chega agora ao ramo dos automóveis.

Uma quarta se dá na organização da divisão territorial do trabalho e das trocas, levada a ter de se rearrumar à base dessas redes de complexos, numa forma que, se na escala internacional especializa os países, no ponto menor da escala local os integra. Dá-se, assim, acompanhando a complexidade estrutural que une produção, mercado e consumo num só complexo de grupo empresarial, dupla forma de interação espacial ligando essas duas pontas da escala. Na escala mundial, o estreitamento dos contatos, facilitado pelo desenvolvimento técnico e global dos meios de transferência (transportes, comunicações e rede de transmissão de energia), propicia a especialização dos países em fases do circuito de geração de um mesmo produto, estas produções parciais sendo transferidas para um país de convergência cujo produto final será montado, numa divisão internacional interindustrial de trabalho e de trocas. Já na escala local, a fusão da agricultura e da indústria elimina a separação produtiva entre o campo e a cidade, a agroindústria urbaniza o campo com suas regras e ciclos e circuitos de produção e ruraliza a cidade com o imiscuimento dos produtos agroindustriais em todas as prateleiras das lojas, sistemas de transporte e dia a dia das famílias.

E é todo esse movimento de mudanças que a hegemonia rentista vai ordenando segundo seu modo fluido e global de regulação espacial. De imediato, elimina as fronteiras que dividiam e separavam em diferentes recortes de domínios o arranjo de espaço industrial, recriando e reordenando as redes de montante e jusante na conformidade de uma livre mobilidade territorial dos excedentes e do trabalho junto com a sua. Assim, some a fronteira da divisão territorial de trabalho e de trocas industrial da divisão entre a cidade e o campo e entre os setores econômicos das empresas. Mas também a fronteira que divide e separa em campos distantes o conhecimento e a representação de mundo do mundo da indústria, levando os setores de ciência a se arrumarem ao redor do desenvolvimento da biorrevolução.

A biorrevolução é uma grande transformação tecno-produtiva trazida nos anos 1970 pela emergência da engenharia genética e levada a acelerar-se pela sequência de catástrofes ambientais que então ocorrem, indicando a falência do paradigma tecnocientífico que por mais de um século sustentara a centralidade fabril e a necessidade urgente de substituí-la. O primeiro prenúncio dessa falência é a percepção do esgotamento da matriz energética apoiada nos combustíveis fósseis, a base real do padrão de forças produtivas com que o capitalismo se lançara em sua fase fabril a partir da Primeira Revolução Industrial dos meados do século XVIII na Inglaterra. Desde então os combustíveis dessa matriz, primeiro o carvão mineral e a seguir o petróleo, são o suporte energético de todo o sistema de produção da civilização industrial. Uma civilização apoiada no padrão de matérias-primas minerais, de baixo custo, porém esgotáveis e não renováveis. Subitamente, percebe-se o descompasso economia-meio ambiente desse paradigma de relação homem-natureza, seu efeito desequilibrador, a década de 1970 emergindo como seu ponto de esgotamento (Moreira, 2006). É quando a engenharia genética surge como modalidade possível de nova forma de paradigma.

Diferindo da biotecnologia clássica, a engenharia genética é uma biotecnologia baseada nos processos do DNA recombinante. Uma técnica de manipulação genética. Mediante essa técnica, combinações entrecruzadas podem ser feitas na estrutura genética de plantas e animais, predispondo-as a se transformar em formas próprias para uso industrial. Assim, a engenharia genética abre para um espectro de ações de valor econômico que vai da geração de novos tipos de matérias-primas a novos tipos de materiais, seja na agricultura e seja na indústria, ensejando a substituição das matérias-primas minerais e os materiais de natureza inorgânica oriundos daquelas por novos padrões de paradigma. A biomassa se candidata a aparecer como a ponta de lança dessa mudança de paradigma no campo da matriz energética ao mostrar-se mais consonante com os processos de reassimilação da natureza.

Essa troca dos paradigmas de tecnociência, matérias-primas e materiais acelera a dissolução das fronteiras estanques dos saberes. E volta a atenção para um modelo de representação de natureza centrado numa concepção de base biogeoquímica que já se conhecia desde os anos 1920. A ideia vem da teoria da vida como oriunda de uma "sopa química" desenvolvida pelo naturalista ucraniano-soviético V. I. Vernadsky (1863-1945), em que Biologia, Geologia, Química e Física se fundem numa forma integrada de conhecimento fortemente inspirada na integração holista de Humboldt, agora retomada pelas formulações mais sistemáticas da teoria Gaia, de James Lovelock e Lynn Margulis, e da teoria da complexidade, de Edgar Morin, Ilya Prigogine e Henri Atlan. Com Lovelock o planeta Terra ganha uma história de evolução ambiental. Com Prigogine os fenômenos não mais obedecem a uma pura temporalidade linear. Com Atlan a casualidade ganha *status* igual ao da causalidade no campo fenomênico. E com Morin o homem torna-se um ser bioantropológico. A sequência dessa fusão de campos de ciências logo acrescenta a História, a Antropologia, a Geografia num entrecruzamento com a Biologia, a Química e a Física que supera sua clássica divisão em ciências humanas e ciências naturais de corte neokantiano. O mundo da ciência é lançado em um movimento de fluidificação que reproduz no plano das representações da natureza e do homem a fluidificação material que está se dando no campo territorial das relações rentistas.

A SEGUNDA GEOGRAFIA

É toda essa mudança na ordem material e imaterial da primeira geografia que vai ser o objeto de um tratamento recíproco no âmbito discursivo da segunda, enquanto órbita das teorizações daquela. A relação homem-meio paradigmática da indústria centrada na civilização geológica, a epistemológica do campo fragmentário das ciências e a espacial dos arranjos lisos da regulação rentista são os planos axiais por onde vai se dando esta chegada. De início seu cerne é o debate do conceito e significado do espaço na ordenação dos fenômenos do mundo. Em seguida é o sentido de globalidade paradigmática mais amplo do que está acontecendo.

A necessidade de dotar-se a segunda geografia de fóruns próprios às críticas e autocríticas profundas que tudo isso implica ao mesmo tempo aparece como um problema. Assim como no âmbito geral do pensamento, vai-se buscá-los nos planos da interface da segunda com a primeira, os espaços públicos que são, ao mesmo tempo, os fóruns correspondentes da sociedade civil. No fundo, repete-se a tradição clássica, embora em uma época de dissolução dos espaços públicos em sua generalidade.

Até os meados do século XX são esses espaços os cafés, os bares, os centros e grupos de estudos das instituições partidárias (partidos políticos, sindicatos de classes), surgidos como substitutos das sociedades científicas dos séculos XVIII-XIX. Aí se dão os embates de ideias e os primeiros ensaios do que logo vão ser as grandes obras, teses de filosofia, linhas de crítica literária e os estilos de pintura, música e poesia que só então nessa forma sistematizada chegam ao grande público (Jacoby, 1990). Tal como surgiram os grandes trabalhos intelectuais de Humboldt e de Darwin. Primeiro ensaiados nos ambientes dos pequenos lugares onde os pensadores se reúnem – muitas vezes a sala de estar, o gabinete de trabalho, a biblioteca de um deles. Depois, levados ao ambiente mais estilizado das sociedades de ciência – Humboldt foi presidente da Sociedade de Geografia de Berlim e Darwin viu sua teoria da evolução das espécies ser debatida pela primeira vez na Real Sociedade de Ciências de Londres –, onde uma logística mais sólida dá impulso mais acabado ao que antes era um puro exercício de ensaísmo. Até que então ganham a forma dos livros com as agora teorias consagradas. É também assim que Marx e Proudhon formam os esboços de suas ideias, as quais depois vão expor e defender como teses formalmente acabadas nos congressos da Internacional dos Trabalhadores. E é assim que tudo prossegue até os bares e cafés de Paris do período de entreguerras, onde Picasso e Sartre ensaiam suas primeiras ideias e mesmo fixam os primeiros contornos do que serão seus grandes trabalhos.

Na segunda metade do século XX esses espaços públicos vão, no entanto, desaparecendo. Primeiro fecham os bares e cafés. Depois, as sociedades de ciências. Por fim, os nichos partidários. Um a um esses espaços vão sumindo como espaços públicos. Até que só restam as sociedades de progresso da ciência e os centros universitários, no geral fortemente confundidos como espaços públicos, já, porém, bastante diferentes daqueles.

Foi um pouco isso o trajeto intelectual da segunda geografia ao longo do tempo. Movendo-se em ambientes muitas vezes mesclados com âmbitos de circuito restrito, mesmo quando de natureza pública. Humboldt burila e desenvolve seu *Cosmos* nos salões de confabulações e debates das sociedades científicas e de Geografia de Berlim e Paris. Vidal redige seu famoso *Tableaux* no ambiente da reconstituição da França desmontada pela guerra franco-germânica de 1870. Reclus traz à luz do dia seus clássicos *A terra*, *Geografia universal* e *O homem e a terra* no clima e nos intervalos de sua militância anarquista. E Ritter produz seu *Erkunde* na interseção das atividades geográfico-cartográficas na Academia Militar Prussiana e do magistério na Universidade de Berlim. As ideias aí surgem, ganham corpo sistemático e assim se materializam, antes de alçar voo.

Foi assim nos anos 1970. Milton Santos floresce suas ideias no exílio. Harvey, no quadro das grandes mobilizações norte-americanas contra a Guerra do Vietnã. Lacoste, no dos embates dos fins dessa guerra. E a generalidade dos que então saíam para a luz clara do dia a dia do livre pensamento nos embates com a longa noite de obscuridade da cena política brasileira. Os encontros e o cotidiano das seções locais da Associação dos Geógrafos Brasileiros (AGB) foram nosso espaço público.

Eis por que o problema da práxis geográfica e o pensamento marxista são as cores que dão o tom dos debates desse encontro da segunda geografia com o ambiente denso e conturbado da primeira nesse momento. É a visão cruzada do histórico-materialista e da economia política do espaço que está presente no conceito do espaço, a primeira via *Por uma geografia nova*, de Milton Santos, e a segunda particularmente via *Los límites del capital*, de David Harvey, num desdobramento rumo à tríade renda-território-ecologia do *Marxismo e geografia*, de Massimo Quaini, e valor-espaço-natureza do *Desenvolvimento desigual*, de Neil Smith. Tudo em um claro pano de fundo em *O capital*, de Marx. Daí, em um rateio de outras obras e textos, Harvey extrai o conceito de economia política do espaço desenvolvido no seu livro. Quaini extrai do livro 1 a presença estruturante da acumulação primitiva sobre as relações ecológico-territoriais do presente, e do livro 3 a relação renda-território que forma a base do seu livro. E Smith transporta, livro a livro, o conteúdo dos três volumes – a produção (conteúdo do livro 1), a circulação (conteúdo do livro 2) e a reprodução da totalidade (conteúdo do livro 3) –, para embasar o estudo detalhado da reciprocidade genética do espaço e da natureza do seu livro, inovando ao apresentar a natureza (Milton Santos percebeu-a quanto à sociedade) como um produto do processo da produção (enquanto um movimento de economia política) do espaço.

Esta profusa tradução da teoria geográfica a partir da teoria marxista numa relação direta com a obra de Marx, numa linha de continuidade dos ensaios de refundação marxista da geografia francesa feita por Pierre George e Jean Tricart nos anos 1950, é o traço dominante dessa quadra da geografia brasileira. A forma como ela responde à demanda de contemporaneidade da segunda geografia pela primeira, de resto marcada pelo uso genocida dos elementos da prática espacial pelos meios militares norte-americanos na Guerra do Vietnã, que Yves Lacoste vai denunciar em vários números da revista *Herodote* e depois no seu livro *A geografia: isso serve, em primeiro lugar, para fazer a guerra.*

Posta por seu novo estatuto no seio dos organismos da sociedade civil, a AGB ressona e difunde este olhar político-crítico da segunda geografia frente à crua realidade da primeira pelos outros organismos, dos movimentos de bairros aos centros de estudos e periódicos dos partidos políticos, onde, muitas vezes após passar pelos bancos das escolas – daí a forte presença que ganha nos fóruns dos professores – chega com forte apelo de uma geografia da ação (Moreira, 1992).

A TERCEIRA GEOGRAFIA

É dos fóruns internos da segunda em seu contato com o real da primeira que saem as falas da renovação da terceira. Em si distante da terceira e antes do fim dos espaços públicos, a segunda foi a ela se reduzindo progressivamente, até limitar-se ao *campus* universitário. E é a terceira que com roupagem da segunda aparece nos encontros e ambientes das sociedades científicas, sobretudo quando estas se tornam meras porta-vozes das ações das grandes potências.

É a esse propósito que Lacoste fala da "geografia dos professores" e dos "estados maiores"; e Milton Santos, da "geografia oficial", denunciando o oficialismo dos seus discursos e o conservadorismo de sua linguagem (Lacoste, 1988; Santos. 1980). É diante disso que a terceira muda de roupa nos anos 1970 e 1980, rapidamente recuperando-se à medida que a segunda amaina sua forte crítica inicial à crudelidade da primeira, numa reaproximação da terceira que cedo leva esta a retomar sua pele e às vezes nem mesmo precisar ocultar-se na roupagem da segunda, de tão confundidas. Isso se deu, sobretudo, a partir dos anos 1990.

O fato é que a segunda foi saindo dos fóruns da sociedade civil, até pelo arrefecimento dos embates destes fóruns com o real que questionavam. Deslocou seu centro para o universo das ONGS. E caiu em seu propósito e linguagem ao espaço cada vez mundialmente menos crítico e menos público do *campus* universitário, aí se aprisionando como uma ilha, até obnubilar em uma terceirização que só aos poucos se foi notando.

Um plano de bifurcação então se dá com esta reibridação de terceira e segunda, sobretudo em face de uma identidade cada vez mais indistinta dos quadros intelectuais de uma e de outra, todos profissionais das universidades, entre o puro militantismo e o puro academicismo.

Herdeiro da face de ação da segunda em seus embates frente à realidade questionada da primeira, o militantismo incorporou essencialmente sua linguagem política, tomando por roupagem tão somente as vestes e o ritual da ação e deixando de lado a fundação epistemológica que instrumentava a forma que a segunda foi adquirindo no decurso do questionamento do real da primeira.

Herdeiro por sua vez da face institucional-universitária que a segunda geografia abandonara em sua desvinculação orgânica com os laços formais da terceira, o academicismo retoma a formulação e os trejeitos desta, não faltando o viés tecnicista que a prendera em seus vínculos de um saber devotado aos problemas pragmáticos da agenda oficialista.

Desde quando os espaços públicos da sociedade civil desapareceram, deixando ao saber geográfico as instâncias institucionais da cultura e da agenda do Estado, seja universitária e seja a parauniversitária das sociedades científicas, produzir ciência de corte político-crítico passou a exigir uma estratégia duplicada de formulação. Por um lado, são poucas as alternativas que sobram de se poder costurar um saber com investidura epistêmica fora dos fóruns acadêmicos universitários. Por outro lado, o pragmatismo de pretender oferecer-se esses fóruns como uma fonte de soluções práticas para a realidade externa que as contorna limita o alcance do voo epistemológico ao seu nível estrutural mais raso.

Mover-se nesse fio de gume torna-se uma tarefa quase impossível. Dificilmente há como ser crítico tendo-se que resolver problemas para os quais há que não ser crítico. A vítima de ambos os lados é, assim, a fundação epistêmica, a consistência própria de entendimento sem a qual não há um sistema de pensamento. E então resta a crítica vazia de conteúdo epistemológico ou o utilitarismo que tudo esvazia. O politicismo de um lado e o tecnicismo em um espelho siamês de outro.

O primeiro caminho foi o seguido pelo militantismo. Percebendo o buroconservadorismo que a colagem institucional lhes trouxe, os quadros universitários críticos deixam para trás o enraizamento epistêmico como puro academicismo e fazem suas a sintaxe e a linguagem exclusivamente política dos espaços de vida e luta dos segmentos sociais organizados na mudança da sociedade que os oprime. Se o resultado da ação política os deixa implicitamente satisfeitos, um gosto de desprazer incubado fica-lhes, entretanto, preso na boca.

O segundo caminho é o seguido pelo academismo. O caminho da magnificação do poder de inteligência imanente das maquininhas manifestado na perfeição mágica das fórmulas matemáticas e do colorido dos programas de geopensamento. Da alegria do desprezo a tudo que signifique perda de tempo com a teoria. Do retorno que retoma o sentido e fundo de tecnicismo que orientara ainda recentemente o fastígio da geografia quantitativa.

UM BALANÇO DA MUDANÇA

É possível ver nesse trajeto das três geografias o movimento de flutuação que é próprio da natureza das mudanças na história, materializado no fluxo-refluxo de atitudes críticas da vida intelectual que ciclicamente se repete. A literatura da ação política faz tempo o detectou. Deu-lhe um caráter de lei histórica, mas limitou-o aos processos políticos da revolução e contrarrevolução (Mészáros, 2007). E nesses termos restritos o formulou teoricamente. Todavia, não deixou de perceber seus reflexos no fluxo-refluxo das grandes obras da inteligência: os momentos de refluxo que são do aparecimento das grandes obras de reflexão global e de análise tática das grandes mudanças, em contraste com os de fluxo que são do aparecimento das obras restritamente dirigidas para as demandas de práticas parciais e técnicas do momento. Numa relação às avessas dos fluxos-refluxos da ação política.

A evolução de fluxo-refluxo da segunda numa direção crítica do real rejeitado da primeira, de início, e de reencontro com o discurso conservador-oficialista que a joga de novo nos braços da terceira, tem um sentido de *mix* desses dois prismas. De todo modo, o caminho da formatação de uma teoria geral de geografia que projete o olhar crítico-transformativo da realidade tumultuada é o momento dos anos 1970, e o da recondução ao tecnicismo pragmático de envolvimento com o mundo dos pequenos problemas é o momento que domina o presente. Todavia este é também o da busca de uma teoria geográfica do concreto-geral da sociedade brasileira – *idem* do mundo – que traga a resposta histórica sempre demandada do encontro da geografia brasileira com os problemas de fundo do enigma Brasil. E que o dito de "explicar o Brasil através do barranco" – espelho de um dos melhores momentos de fluxo teórico, a teoria dos redutos, de Aziz Ab'Sáber – metodologicamente bem o resume. Contrastante da tendência de levar a geografia de volta aos caminhos da geografia tecnicista dos anos 1960-1970 estampada no dito de substituir o ato humano de pensar pelo do "pensar" técnico do computador na sua ilustração mais antitética.

BIBLIOGRAFIA

CASANOVA, Pablo Gonzáles. *As novas ciências e as humanidades:* da academia à política. São Paulo: Boitempo, 2006.

JACOBY, Russel. *Os últimos intelectuais:* a cultura americana na era da academia. São Paulo: Trajetória Cultural/Edusp, 1990.

LACOSTE, Yves. *A geografia:* isso serve, em primeiro lugar, para fazer a guerra. São Paulo: Papirus, 1988.

MÉSZÁROS, István. *O desafio e o fardo do tempo histórico.* São Paulo: Boitempo, 2007.

MOREIRA, Ruy. Assim se passaram dez anos. A renovação da geografia brasileira no período 1978-1988. *Boletim Prudentino de Geografia.* Presidente Prudente: AGB-Seção Presidente Prudente, n. 14, 1992.

SANTOS, Boaventura de Souza. *Renovar a teoria crítica e reinventar a emancipação social.* São Paulo: Boitempo, 2007.

SANTOS, Milton. Sobre a geografia nova, nos periódicos. In: MOREIRA, Ruy (org.). *Revista de Cultura Vozes* – Geografia e sociedade: os novos rumos do pensamento geográfico. Rio de Janeiro, ano 74, n. 4, 1980.

WALLESTEIN, Immanuel. *Impensar a ciência social:* os limites dos paradigmas do século XIX. São Paulo: Ideias & Letras, 2006.

A ANATOMIA DO DISCURSO

REALIDADE E METAFÍSICA
NAS ESTRUTURAS GEOGRÁFICAS
DA SOCIEDADE CONTEMPORÂNEA

Um problema epistemológico prende a Geografia num difícil dilema. Sendo uma forma de olhar espacial do mundo, como olhá-lo como mundo do homem se este é um ente ontologicamente excluído do espaço?

Sucede que em face dessa desespacialidade, um quadro de exclusão onto-ontológica maior, em que se ressalta a relação com a natureza, tem então lugar. O que ocasiona para o discurso geográfico a enorme dificuldade que tem de explicar e compreender o mundo a partir de categorias teóricas próprias.

A TRADIÇÃO INTEGRADA E O OLHAR DUAL

Quando inaugura a modernidade, separando como entes de qualidades distintas a *res cogitans* (o ser pensante) e a *res extensa* (o espaço), e concebendo que tudo no mundo é espacial, exceto a ideia, Descartes instaura uma cultura que fundamentalmente dicotomiza espaço e homem. Cultura que se alarga para o todo da própria história moderna através do desdobramento da dicotomia espaço-homem numa dicotomia espaço-mundo, cuja consequência é a fragmentação generalizada que ao fim pulveriza a própria relação entre os corpos.

Em essência, como o homem, os corpos deixam de ser espaciais para estar no espaço. A origem é a geometrização do espaço. Que de imediato o descola de toda relação com o homem e, via física gravitacional, ganha foro de discurso geral dos corpos com Newton. Espaço e corpo, assim, se separam em sua generalidade, as relações do espaço com o homem se ampliando para se reproduzir na relação com a natureza e cujo resultado final é uma tricotomia que separa em três esferas distintas o espaço, a natureza e o homem.

---

* Texto de exposição feita em mesa-redonda de mesmo tema no III Encontro Nacional de Pós-Graduação em Geografia, realizado em 1999 pela Anpege, originalmente publicado nos anais do Encontro.

Não é este, todavia, um ato de interesse neutro. Na verdade, trata-se do efeito de um pacto estabelecido entre a religião e a ciência no correr do Renascimento, decidindo caber à ciência o mundo físico e à religião, o metafísico. Numa separação física-metafísica que altera o sentido da física e da metafísica simultaneamente, tirando daquela o caráter de mundo do sensível e desta o de mundo do suprassensível que Aristóteles, e a partir dele toda a concepção tomista da baixa Idade Média, havia tomado como dado. E agora com Descartes, ao afetar a relação geral de espaço, se desdobra no problema filosófico da adequação: como dois universos de qualidades tão absolutamente distintas poderão ser juntados no plano do conhecimento? De que modo uma explicação totalizante poderá assim ser oferecida?

É que a dicotomia cartesiana acabava por se traduzir no problema epistemológico da relação sujeito-objeto, que o próprio Descartes tenta resolver com uma resposta que recorre a Deus como ponte, com todo o problema de lógica científica que aí comparece. Problema que nestes termos de um impasse chega a Kant e Hegel, e destes até nós como a questão central do pensamento moderno.

E é como um impasse de natureza cognitiva, de relação sujeito-objeto, que o problema da *adaequatio* chega à Geografia, só aos poucos se revelando no problema de fundo ontológico da própria forma de assentamento do homem no mundo.

Duas são as respostas que o pensamento geográfico vai dar ao que a esta altura é um rol de problemas, ambas expressas como um problema de relação do homem com a natureza (traduzida pela tradição como relação homem-meio) e ambas passando pela presença da técnica. A primeira, clássica, é a que vê a técnica como a ponte de mediação que une homem e natureza numa relação de coabitação donde o espaço surge como o produto por cujo meio homem e natureza por fim se integram numa só unidade. A segunda, recente, é a que vê a técnica como um produto da própria relação orgânica do homem e da natureza, a relação homem-natureza se passando inicialmente como um movimento intranatureza e se resolvendo como um movimento socionatural. O espaço natural então existente é transformado num espaço social junto com a transformação da natureza em sociedade pelo homem. O espaço permanece um elo unitário desde o começo, mas muda de conteúdo.

Temos aí o elenco dos pensadores que se sucedem, dos clássicos seminais aos teóricos da renovação dos dias de hoje. Distintos e entrecruzados em suas respostas, mas a braços com o mesmo problema da dicotomização cartesiana do homem e do espaço, que a tradição referenda centrando sua atenção essencialmente no elemento empírico. E a renovação denuncia como um obstáculo, mas igualmente ignorando-o para centrar sua atenção no que designa o histórico produzido.

Se ambas as formas de verbalizar a adequação aproximam o espaço do homem e da natureza, separados desde o cogito cartesiano, não logram equacionar, todavia, o problema de fundo. A tradição clássica resolve o problema da adequação no plano metodológico da descrição. E a renovação, no plano teórico da reconceitualização.

Duas formas de fuga a uma questão que se define antes de mais nada no campo ontológico. Uma questão de fundamento, mais que de cognição. E que se se resolve no concreto-pensado do sujeito, só se elucida no âmbito da relação homem-mundo, intuitivamente percebido pelos clássicos ao tematizá-la como uma questão de relação homem-natureza (Moreira, 1993).

A CONSISTÊNCIA DO PROBLEMA:
A GEOGRAFIZAÇÃO DA METAFÍSICA MODERNA

O que tem isto de grave? O travo a um discurso espacial que no plano da epistemologia realize a tarefa de superar a dicotomia sujeito-objeto e no plano ontológico, a da dicotomia essência-existência. Um duplo de reflexão que significa desdobrar o ato epistemológico no ato ontológico. E vice-versa. A explicação do modo de estar espacial se explicitando através do clareamento do modo de ser do homem. O homem como ser espacial, por nele estar. O espaço como modo de estar, por o homem nele ser. O espaço se revela uma condição espacial da existência do homem.

Não deixa de ser esta busca o que move a tradição geográfica ao tomar a relação homem-natureza como seu tema de pesquisa, mas a relação homem-espaço como seu objeto reflexivo. O elo totalizante do qual Vidal diz que é coabitação; Brunhes, que é um estado de construído; e George, que é uma condição de estar organizado. Embora numa elaboração discursiva em tudo vazado em pura intuição empírica.

Ousaria dizer com Heidegger que se passa com o espaço – nisso talvez residindo a diferença deste com o tempo – o que se passou com a própria Filosofia. Subalternizada desde Platão na condição de uma metafísica a serviço da ciência, a Filosofia foi reduzida a uma teoria do conhecimento. A uma epistemologia, quando é ontologia. Creio que esse deslocamento apontou para o destino de todas as formas de ciência. A Geografia no meio.

Expurgado da esfera da *res cogitans* para ser uma pura *res extensa*, o espaço, visado como condição do nascimento da ciência moderna, foi transformado numa categoria do discurso do estar, abdicando, tal como a acusação de Heidegger à trajetória da Filosofia, do seu caráter de um fundamento ontológico do ser. Daí que se consiga ver e descrever por meio do espaço, mas não se aceder à compreensividade. Tarefa deixada para o tempo, como reclamado por Soja (1993). E a Geografia, ao assim valer-se dele como janela para lançar seu olhar para além do imediato dos objetos, nele encontra seu próprio obstáculo rumo à imediatez, desse modo resolvendo-se como exercício epistemológico, mas se perdendo como exercício ontológico. Tudo porque vê o homem nele, não dentro das estranhas dele. A relação de recíproca externalidade do espaço, das coisas e do homem não o permite.

Para além de Descartes e do pacto metafísico, trata-se, porém, de um subproduto no plano da consciência do próprio modo geográfico como a existência humana vem sendo construída no tempo. Uma dualidade cujas raízes estão fundadas na própria estrutura da história real das sociedades. A consciência produto do ser, como observaram Marx e Engels a propósito das representações e ideologias (Marx e Engels, 1973). O efeito combinado do tríplice ato de desnaturização, desterreação e desterritorialização, que por tabela leva à desespacialização, e assim a toda a dicotomia que separa e isola o homem no seu próprio mundo.

A desnaturização é o acontecimento mais antigo, relacionado ao nascimento da cultura judaica. É conhecida a expulsão edênica. A exclusão do homem do mundo natural da criação divina, obrigado a daí para diante ter de sobreviver extraindo os meios pela transformação da natureza externa com o sacrifício do seu trabalho. Esta se amplia com a separação espírito-corpo que vem a seguir na forma da separação entre a música e a dança trazida pelo nascimento do cristianismo. A música que se torna uma forma de enlevo do espírito, e a dança que se torna uma forma de efusão do corpo. A música levada ela mesma a distinguir-se entre aquela de instrumentos de corda, própria para o enlevo do espírito, e aquela de instrumentos de percussão, própria para a dança. A música desligando-se do corpo, para o enlevo de um espírito descorporeizado. E cujo ato final é a fragmentação do próprio corpo que vem com o nascimento da ciência moderna, desnaturizado a partir da mutilação que o divide em inorgânico, orgânico e humano. Separando corpo-vida, num descolamento que leva à desnaturização cabal e definitiva do homem.

O passo seguinte é a desterreação. A expulsão do camponês de sua relação orgânica com a terra e das componentes naturais entre si e com o homem pelo processo da acumulação primitiva. Tirado da relação com a terra, o homem é agora retirado da natureza empiricamente, perdendo a relação que através dela tinha com a mata, com a fauna, com o subsolo, com rio, com o relevo, com os elementos do clima. E estas componentes, por sua vez, tiradas da relação com o homem, são descoladas de suas ligações entre si, cada uma delas se separando das outras para pulverizar-se pelo universo dos vínculos econômicos que cada qual passa a ter no sistema especializado da divisão do trabalho que vai tendo lugar. É assim que a terra vira solo agrícola, em seu vínculo com a agropecuária; o minério vira subsolo, em seu vínculo com a indústria; a floresta vira madeira, em seu vínculo com a atividade madeireira; o rio vira energia e circulação, em seu vínculo com a cidade e o comércio.

Chega, então, o tempo da desterritorialização. O homem que, expropriado da terra, agora é expulso do campo para a cidade. Vira perambulante de cidade a cidade, e perambula dentro da cidade, de setor a setor, num cotidiano de múltiplos locais de ambiência, até ser ambientado num cotidiano vivido em migalhas de espaço.

A desespacialização é o efeito acumulativo dessa sequência de descolamento e exclusão. Todo ente é espacializado segundo se veja inserido na natureza, no todo relacional do meio e na localização de um dado lugar. A saída de um desses contextos significa a perda de presença. E a saída dos três, a perda total de referências. A desnaturização, a desterreação e a desterritorialização são cada uma um momento de perda. E as três desinserções, a perda global do espaço como estado final.

A METAFÍSICA REGEOGRAFIZADA

O sentido da espacialidade é a condição instituinte. Tudo só é se é espaço. Assertiva que o cartesianismo remonta, substituindo o ser pelo estar. E que a tradição geográfica clássica acompanha, mas na ambiguidade de ver na empiricidade do espaço geográfico a própria concretude enraizante da história. Sucede que para o olhar de Descartes o espaço é o todo de extensão que nos rodeia e nos informa numa ordenação de mundo. O abstrato geométrico que, como num hegelianismo antecipado, nos organiza. E, assim, se faz matéria, realizada como materialidade geográfica, a *res extensa* que empiricamente se corporifica e a *res cogitans* que empiricamente se descorporeiza, numa estranha forma de encarnação da ideia absoluta de Hegel. A dificuldade da Geografia tem raízes nessa ambiguidade.

Mas o que, todavia, aparenta uma contradição de termos é apenas a forma de explicitação do fato de que se com Descartes o espaço da espacialidade moderna concretiza o velho discurso de realização empírica dos universais da metafísica clássica, com Hegel esta realização é a própria concretude do capitalismo como uma sociedade de alienação integralizada. Daí que de um lado ele nos integralize na universalidade da física da gravidade, do fuso horário, do relógio mecânico, do planisfério de Mercator, no mesmo passo que nos desintegraliza na fragmentaridade da economia política da acumulação privada que quebra em mil pedaços o cotidiano da sua sociabilidade pulverizada (Lukács, 1976).

É este desencontro que justamente desafia o olhar crítico da Geografia, sua tarefa de superar a tradição dual epistêmica e ontológica que nessa herança traz consigo, já que é pelas referências de espaço que fala do mundo. É este o problema-chave do seu próprio desencontro consigo mesma. O dilema de reessencializar o espaço enquanto dimensão interno-externa dos entes do mundo. De como juntar na unidade do espaço e do mundo a fala do homem. Até porque para ela isso significa considerar a historicidade que o renaturalize, reterreie e reterritorialize. O reencontro com os outros entes junto aos quais o homem se faz homem no mundo.

BIBLIOGRAFIA

LUKÁCS, Georgy. *El asalto a la razón*. Barcelona: Grijalbo, 1976.

MARX, Karl; ENGELS, Friedrich. *A ideologia alemã (Feuerbach)*. Rio de Janeiro: Jorge Zahar, 1973.

MOREIRA, Ruy. *O círculo e a espiral:* a crise paradigmática do mundo moderno. Rio de Janeiro: Obra Aberta/Coautor, 1993.

SOJA, Edward W. *Geografias pós-modernas:* a reafirmação do espaço na teoria social crítica. Rio de Janeiro: Jorge Zahar, 1993.

EM TORNO DA MODERNIDADE:
A FACE E OS ARDIS DA RAZÃO

Tudo indicava um estado do fim. Fim da modernidade. E de uma série de outros tantos. Fim do Estado, do trabalho e da totalidade. Mas, sobretudo, fim do projeto, do sujeito, da história.

Contrariando, porém, esses juízos finais, ao mesmo tempo por trás das aparências, nunca a totalidade tanto impôs sua força: ao fim e a cabo, o Estado, o trabalho e a razão moderna dominam nossas vidas. Mas, mais ainda, é todo um passado pré-moderno – pré e não capitalista – que retorna, na reemergência das comunidades, nunca desaparecidas, com seus reclamos de direito ao presente.

Qual o significado deste duplo, do fim e do redivivo, sua presença simultânea quando tudo falava da rolagem do tempo inexorável da história? O que se esconde por trás da razão que proclama seu próprio fim? Do eterno retorno do mesmo?

A CRÍTICA PÓS-MODERNA

Tudo foi apresentado como a ruptura das metanarrativas. A ultrapassagem da forma de ler e explicar o mundo com referência no conceito de totalidade. O mundo deixando de ser o universal metafísico para vir a ser a metafísica do efêmero. Adeus da ideia de um mundo pensado como projeto de totalidade e do sujeito como demiurgo. E, nessa medida, da própria história.

Fim, assim, de toda uma forma de representação de mundo, morto o sujeito, a relação sujeito-objeto, o *telos* da história e, pois, dos fundamentos alicerçados, das raízes fincadas, da lógica essencializante. Morto o todo, resta o múltiplo.

Sucede que a grande característica do pós-moderno é sua forma de conceber o contexto. O intertexto que é o cruzamento de olhares e planos de olhares numa linguagem de novo sentido. Uma vez que o real deixa de ser totalidade, toda forma

---

* Texto originalmente publicado na *Revista Paranaense de Geografia*, n. 2, 1997, da AGB-Seção Curitiba, sob o título "A pós-modernidade e o mundo globalizado do trabalho".

EM TORNO DA MODERNIDADE

de expressão e organização de mundo é texto. Todo meio e modo de representação – uma paisagem, uma pintura, um espaço vivido – é domínio puro do simbólico. O semiológico que é seu próprio conteúdo. Texto e intertexto assim sem contexto.

Ora, tudo isso parece querer dizer nos encontrarmos, neste trânsito dos séculos, numa fase de transformações de profundidade extraordinariamente ampla. Inaugural de uma nova cultura. A desconstrução do ideal-consensual que havia e a construção de um ideal-consensual novo, cujo tema é o olhar sobre o homem com suas representações. Daí a sensação de estarmos como numa repetição do Renascimento. Vivendo, como naquele tempo, uma ruptura na forma do olhar. E prova disso é a crise que leva o espaço e o tempo a uma nova forma de concepção, crise estampada na tendência de se perceber e realizar o mundo de uma forma mental nova.

Fim, então, de que modernidade?

A TOTALIDADE MODERNA

O que chamamos Modernidade tem origem no período dos séculos XIII ao XV, período do Renascimento, mas sua veste própria vem no século XVIII com a emergência do Iluminismo. O fundo de origem é o modo novo de representação centrado na visão de mundo advinda da revolução heliocêntrica de Copérnico e o modo novo de indústria centrado na manufatura que está nascendo junto à expansão mercantil em curso, e vão ser os dois pilares constitutivos do Renascimento. E o fundamento é o conceito de espaço e de tempo à base dos quais uma ideia de mundo racionalmente estruturado vai se estabelecendo. Um mundo cuja ponta subjetiva é a representação heliocêntrica e a ponta objetiva é a manufatura.

O Renascimento é esse duplo, que não demora a fazer-se o uno da Modernidade, na qual a representação heliocêntrica significa uma mudança na ordem do conceito e a manufatura, uma mudança na ordem do concreto. A representação heliocêntrica vindo a desdobrar-se na ideia da natureza e a manufatura, na praticidade técnica do trabalho. Física e economia política nascendo como cara e coroa da Modernidade. É, entretanto, a noção de espaço e tempo que vai dar a forma com que esta se instituirá como um período novo na história humana. Segundo o formato que vem do campo da arte (Moreira, 1993).

A representação heliocêntrica tem origem na substituição da cosmologia ptolomaica pela copernicana. A cosmologia ptolomaica é uma noção de organização e ordem do mundo formulada no quadro da Filosofia clássica por Aristóteles e arrematada no campo da ciência primitiva por Ptolomeu. Aristóteles pensa o mundo como um cosmo organizado em esferas concêntricas com ponto intermediário na esfera lunar. Com base nesta, distinguem-se o mundo infralunar e o mundo supralunar, o primeiro identificado com a Terra e a mutabilidade constante dos objetos, e o segundo, com o céu e a imutabilidade dos objetos. Esta cosmologia serve de base para Aristóteles arrumar sua noção do mundo como uma combinação da realidade mutante da percepção sensível do entorno humano imediato e da realidade permanente da intelecção suprassensível do entorno humano mediato, o imediato formando a dimensão física e o mediato, a dimensão metafísica desse mundo dualizado. E para Ptolomeu, a fim de formular sua noção do mundo como uma estrutura matemática em que a Terra forma o centro e o entorno, uma periferia que é tão mais estável e perfeita quanto mais se distancia no rumo do infinito.

Na Idade Média esta representação aristotélico-ptolomaica vai virar o discurso de mundo da Igreja. A cosmologia de Aristóteles ganha com São Tomás de Aquino o significado de uma estrutura geográfica criada por Deus com a destinação de servir ao fim da revelação. A Terra é posta no centro para a função de um mirante aberto para a percepção humana do amplo universo derredor como um plano no qual Deus se manifesta em sua onipresença, onisciência e onipotência, oferecendo aos homens o caminho do reencontro de uma unidade quebrada pela queda adâmica.

É esta cosmologia que a visão heliocêntrica de Copérnico desfaz, substituindo a representação cristã medieval pela científica da Modernidade. É a troca da centralidade da Terra pela do Sol e da modelagem matemática segmentada e complexa da astronomia de Ptolomeu pela simplificada e universal que logo irá surgir com o sistema de órbitas de Kepler e a lei da gravidade de Newton, alterando simultaneamente a ideia de natureza, de espaço e de tempo que cada cosmologia tem na sua base.

A manufatura é, por sua vez, inicialmente um galpão levantado ou alugado para abrigar num só local de trabalho as atividades que os artesãos desempenhavam de modo autônomo, disperso e isolado no espaço fragmentário e individualizado da economia familiar-integral então existente. Pontual, mas caminhando para uma arrumação mais concentrada espacialmente, a manufatura vem para substituir o artesanato como forma de indústria, precisando, à diferença deste, de um circuito de circulação mercantil expansivo e crescentemente mais amplo para irradiar-se. Expressão ela mesma da expansão mercantil que se dá a partir de um dado momento no universo integral-autônomo da produção artesanal com o fim de alimentar o circuito das trocas de um volume ampliado de produtos industriais, a manufatura se desenvolve incessantemente junto ao desenvolvimento do comércio que ela fomenta, forjando-se nessa relação de reciprocidade da manufatura e do comércio uma base material de vida que rapidamente toma o lugar da infraestrutura acanhada do mundo medieval.

E, assim, tanto na Terra quanto no céu uma forma de compreensão nova de espaço e tempo vai se difundindo, no céu apoiada na noção física de organização da natureza da representação copernicana e na Terra, na noção industrial de organização da economia do mundo técnico do trabalho da manufatura. Esta estrutura comum de espaço e de tempo servindo para organizar nas normas da regularidade matemática – a matemática da lei da gravidade e a matemática da lei da acumulação industrial-mercantil –, o mundo global novo que está nascendo.

É o relógio – a máquina que surge inspirada nos movimentos dos astros no céu do universo e nos movimentos do trabalho no chão da manufatura, o instrumento de execução dessa regularidade – arrumando-se e arrumando o céu e a Terra, e, assim, a natureza e o trabalho, o cosmo e a manufatura no sentido de perspectiva do espaço e de duração do tempo como padrão de universalidade. Que o cotidiano da ciência e do comércio se incumbe com o crescendo territorial do modo de produção capitalista de converter nos hábitos e costumes dos homens numa escala sucessivamente planetária. Estamos já na era do Iluminismo. E a Modernidade se faz então história.

O NASCIMENTO PARADIGMÁTICO DO ESPAÇO GEOGRÁFICO MODERNO

A essência da Modernidade é assim o sincronismo do espaço-tempo do relógio, sincronismo que reúne, integra e unifica a marcha dos diferentes corpos da natureza e os diferentes trabalhos dos artesãos numa mesma disciplina de horários e movimentos. E arruma num uníssono econométrico os movimentos do céu e do chão da Terra num número sucessivamente crescente de lugares, fazendo do espaço um grande relógio projetado no plano da superfície terrestre. O ponto de partida concreto é a propagação via os braços das relações de mercado das relações de trabalho da manufatura.

Arrumado à feição do relógio, o espaço vira o marcador dos movimentos de transformação da natureza dentro da manufatura. O elo sincrônico que encurta os ciclos de tempo do trabalho. A correia de transmissão que conduz o vencimento das distâncias. A fita métrica que controla a duração dos movimentos reprodutivos. O fato é que produzir na perspectiva do lucro, a lei que orienta o sentido da manufatura, é medir, prever, predizer, quantificar, manipular. É preestabelecer o que se vai gastar para produzir, o que se vai precisar vender, o que se espera render, o *quantum* a se fazer retornar, o que se pode passar como salário e o que se quer de lucro. Garantir com rigor o movimento da reprodução ampliada. E assim instituir meios de controle. É assim que custo, produtividade, preço, salário, lucro, taxa da acumulação, mais que irmãs siamesas da física, são as categorias de linguagem da economia política do espaço que está nascendo.

É preciso, porém, interiorizar e unificar o espaço no tempo. Fazer aquele virar uma variável deste. Até então tempo era o ritmo de mudança sazonal da natureza, a duração e periodicidade cíclica das coisas. Sabe-se que após o dia vem a noite, após o verão, o inverno. Que a natureza é cíclica. Mas se se sabe que a parte clara sucede a parte escura, e a escura, a clara, daí não se infere uma duração de exatidão precisa e simétrica. A parte clara e a parte escura, a estação quente e a estação fria, têm um momento de duração e aparecimento variável de um dia para outro, de uma estação do ano para outra, de um lugar para outro. O que é sucessão, ciclo, periodicidade de natural variância, vira então com a representação moderna progressão, regularidade e repetição matematicamente constantes. É que a regularidade manufatureira pressupõe o tempo medido. A igualdade simétrica da sucessão das fases. O tempo ordenado como espaço, que torne o espaço a régua de medida do controle do tempo. Daí que o sentido dado ao tempo é a seguir transferido como sentido e parâmetro do espaço.

Antes a percepção do tempo vinha da percepção do espaço. O ciclo sucessivo das paisagens do espaço revelava o ciclo sucessivo do tempo. A sucessão cíclica da paisagem marcava o movimento rítmico do tempo. A metrificação do movimento da natureza no céu e da sociedade na Terra tudo inverte. O relógio do tempo é transposto para o movimento das paisagens. Sua sucessão cíclica, repetitiva e rítmica ganha a regularidade do tempo métrico. E sob essa forma o espaço-relógio se implanta e se generaliza.

A FACE EMPÍRICA DA ALTA MODERNIDADE

A formatação empírica vem, entretanto, com o século XVIII iluminista. A forma econômica, com a Revolução Industrial inglesa. E a forma política, com a Revolução Francesa. A sociedade burguesa se empiriciza em sua forma madura.

O relógio mecânico é a primeira máquina da modernidade. E o protótipo do sistema de maquinismo que, desenvolvido como manufatura, vai materializar-se na fábrica moderna. A forma de relógio que até então se conhecia era a de um sistema simples e mimeticamente reprodutivo do ritmo inconstante da natureza. Era a ampulheta, o relógio baseado no fluxo da areia fina movendo-se no recipiente metrificado; a clepsidra, o relógio movido pelo fluxo d'água; o relógio da sombra, a placa numerada projetando no chão o deslocamento do Sol no espaço celeste. Reproduções de uma natureza marcada pela diversidade natural dos lugares, reino do inesperado, do espontâneo e do incontrolado. Do encantado, de Max Weber. A água que o inverno congela; a areia que a umidade empedra; a luz que a nebulosidade aborta. Vai ser preciso esperar-se a evolução da técnica, a descoberta do modo de reproduzir-se na forma da máquina o movimento solar da Terra, então surgindo o relógio da engrenagem mecânica (Cipolla, 1992).

Com o relógio mecânico o espaço celeste se projeta e se arruma como o real-empírico do espaço terrestre. O espaço do tempo métrico. E vira a paisagem que torna a física uma economia política do espaço. Lei da gravidade e lei da acumulação do capital entrelaçadas, primeiro como paisagem da manufatura e depois como paisagem do montante e jusante da fábrica. Três séculos de paisagem separam uma fase da outra, a paisagem dispersa e ainda sazonal da manufatura e a paisagem concentrada e disciplinar da fábrica (Thompson, 1998; Moreira, 1993), diferenciadas como duas formas de representação distintas. E dois distintos modos de ordenamento do tempo como espaço.

De Descartes e Galileu Galilei a Isaac Newton e Kant, isto é, do Renascimento ao Iluminismo, se é a manufatura que conduz a representação da física celeste a inscrever-se na concretude do espaço geográfico, é a representação física que, no entanto, dá o sentido de modernidade ao ordenamento de espaço que aí está surgindo. O espaço-tempo métrico deve ser mentalizado como cultura antes de virar forma-valor concreto, a revolução cultural da Física preparando nas mentes a revolução econômica que está a caminho. A economia política do espaço industrial avança então, empurrada pela

EM TORNO DA MODERNIDADE

cultura ideológica da natureza celestial e terrestre ordenada no padrão uniforme das constantes matemáticas da Física. Quando, entretanto, a economia política do espaço industrial por fim se implanta e avança mundo adentro, a relação se inverte: a Revolução Industrial deve ser implantada para que a cultura da natureza uniforme se instale. Cultura e economia se intermediam num mundo que geograficamente vai se instaurando como uma universalidade metafísica reciprocamente. O grande salto vem com a Revolução Industrial. A revolução através da qual a razão se faz técnica e a técnica se faz espaço. E a ideia hegeliana se empiriciza num universal metafísico enfim materializado.

O fato é que o espaço geográfico surge primeiro como cultura. A Revolução Científica antecede a Revolução Industrial, afirmada na presença do relógio como expressão técnica de uma representação do tempo-espaço físico-matemático da natureza. Mas o relógio é já tempo disciplinar do trabalho (Thompson, 1998), assim como medida do espaço disciplinar do corpo (Foucault, 1979), tudo avançando rumo a um espaço-tempo disciplinar total do mundo (Mumford, 1992). Essa antecedência desaparece tão logo a ordem disciplinar do relógio se transfere para o espaço como um grande relógio arrumado na escala do território terrestre. A revolução geográfica está feita. E é a ordem material do espaço que agora antecede a ordem simbólica. A Revolução Industrial da fase avançada chegando à frente e abrindo as portas para a revolução cultural trazida pela ciência moderna estabelecer-se em todos os lugares. É quando a razão pensante se resolve inteiramente na razão prática, levando a cultura a capitular ante a hegemonia da técnica (Mandel, 1982).

A RAZÃO OBLÍQUA

Seja como for, tanto na época do Renascimento quanto agora é a razão que fala. A razão desfazendo em crítica sua forma antiga e, assim, providenciando a passagem à forma nova, com a propriedade de fazê-la num contexto de espacialidade diferente. E é isso o pós-moderno.

Se no Renascimento a razão critica-se num contexto de escala de mundo restrita, hoje, no entanto, é no momento que atinge sua universalidade de escala planetária que ela se autocondena em sua forma moderna. E assim como no passado, é o campo da arte o ambiente privilegiado da crítica. Daí que aqui contrastem a verdade da lei da gravidade e a verdade da incerteza quântica. A uniformidade da relação causal e a uniformidade da ausência de lei. O mundo estruturado como ordem permanente e o mundo estruturado na inconstância da ordem e da desordem. Um embate que surge na arte do século XVIII e vinga como crítica no próprio campo da ciência do século XX.

Corpos de massas desprezíveis, as partículas do muito pequeno derrubam a universalidade da lei da gravidade e das demais leis de movimento regular e constante. Surgindo no âmbito da física, mal acabado o abalo da física relativista, a incerteza quântica daí se passa para o da biologia, na forma da biologia molecular. Difunde-se da esfera do inorgânico para a do orgânico, numa eliminação de fronteira que se amplia até a esfera do humano. E assim torna propriedade das ciências naturais o atributo do irregular, inconstante e impreditivo que eram apanágio das ciências humanas. Cedo, todavia, sai do mundo da ciência para difundir-se pelo mundo da técnica, em que a biologia molecular vira microeletrônica, informática e então engenharia genética. E daí chega ao mundo do trabalho, no qual elimina a rigidez fordista perante a fluidez da produção flexível e do trabalho polivalente. Apoiada no computador, uma máquina que opera numa matemática de composição binária, ciência e técnica unem-se assim numa nova totalidade, deixando para trás as antigas compartimentações cartesianas. Com que instaura um novo conceito de espaço-tempo de modo que o fluido, o múltiplo e efêmero quântico tomam a rédea das representações do mundo. E dão lugar à intertextualidade do código genético, da matemática do caos, da geometria dos fractais, física e economia política germinadas de um modo novo.

Mas é o mundo da arte de onde tudo se origina. Já nos meados do século XIX, nos albores ainda da Segunda Revolução Industrial, a pintura havia antevisto a desordem quântica como forma de representação de mundo na forma do pontilhismo. O campo é o da pintura impressionista, que denuncia o geometrismo do espaço-tempo rigoroso. Depois radicalizada na crítica do surrealismo, do dadaísmo e da op-arte. Mas denuncia-o também o cinema. Chaplin desanca o tempo disciplinar do trabalho fabril em *Tempos modernos*. E Fritz Lang, seu cotidiano neurótico no *Metrópolis*. Daí é que a crítica se irradia para germinar na emergência do espaço-tempo ordenado-desordenado da ciência e da técnica quânticas, de onde chega à economia e ao pensamento social (Harvey, 1992; Soja, 1993).

Não por acaso a crítica pós-moderna tem aí seu elemento, repetindo o contexto do Renascentismo, em que a reforma da cultura antecede a eclosão econômica. Seu fórum privilegiado é a arquitetura, mas é no cinema, a forma de arte por excelência da alta Modernidade, que seu vaticínio de fato floresce. O olhar crítico de *O exterminador do futuro*, *Solaris* e *O caçador de androides* a um mundo técnico pleno de objetos e regras de emanação biotecnológica, dos costumes erráticos do cotidiano urbano e do trabalho terciarizado, é o próprio cenário de um mundo pós.

Reino do inesperado, do ocasional, do efêmero é o tempo-espaço da contextualidade dita sem totalidade, que nestas manifestações da cultura e da economia então aparece. No mundo do trabalho, da produção e do mercado é o inesperado da vontade subjetiva do consumidor. No da literatura, o transfronteiriço do fantástico. E no da ficção científica, o desordenado da cidade em ruínas. Cenários de que não dá conta a representação cartesiana. É a Los Angeles futurista, sombria, úmida e poluída de *O caçador de androides*, marcada de um lado pela ruína dos universais metafísicos e de outro lado pela exegese dos replicantes sem marcos de história. Tudo contraposto na inocuidade de uma totalidade concertada nos valores da perfeição matemática a que contrarresta uma globalidade estruturada na imponderabilidade do impreditivo.

No fundo uma forma de totalidade que se vai, diante de uma forma de totalidade que chega. A totalidade antiga que transparece na primazia da regularidade do mercado

EM TORNO DA MODERNIDADE

e a totalidade nova que transparece na irregularidade da frequência. Numa reafirmação, enfim, da totalidade negada. E num estranho tempero da dialética, condenada ao desaparecimento junto à totalidade, mas que afinal se juntam na crítica pós. Até porque é o tempo do relógio – símbolo instituinte da razão moderna – a sincronicidade que age como tela de fundo por trás da instantaneidade, da fragmentaridade e da fluidez da espacialidade metaespacial que se anuncia. Onipresente. Como um tempo-espaço universal indiferente às exegeses da efemeridade.

BIBLIOGRAFIA

CIPOLLA, Carlo. *As máquinas do tempo*. Lisboa: Edições 70, 1992.

FOUCAULT, Michel. *Microfísica do poder*. Rio de Janeiro: Graal, 1979.

HARVEY, David. *Condição pós-moderna:* uma pesquisa sobre as origens da mudança cultural. São Paulo: Loyola, 1992.

MANDEL, Ernest. *O capitalismo tardio*. São Paulo: Abril Cultural, 1982.

MOREIRA, Ruy. *O círculo e a espiral:* a crise paradigmática do mundo moderno. Rio de Janeiro: Obra Aberta/Coautor, 1993.

MUMFORD, Lewis. *Técnica y civilización*. Madri: Alianza, 1992.

SOJA, Edward W. *Geografias pós-modernas:* a reafirmação do espaço na teoria social crítica. Rio de Janeiro: Jorge Zahar, 1993.

THOMPSON, E. P. *Costumes em comum:* estudos sobre a cultura popular tradicional. São Paulo: Companhia das Letras, 1998.

ESPACIDADE: A FONTE DO PROBLEMA DA ONTOLOGIA DO ESPAÇO GEOGRÁFICO

Organizamos nossa relação com o mundo por intermédio dos conceitos. Criados em nossas práticas espaciais cotidianas para compreendê-lo, depois nos esquecemos que são representações e passamos a encará-los como a própria verdadeira realidade. O espaço é um desses conceitos organizadores. E talvez o melhor exemplo do que se disse. Posto no plano externo onde é visto como um já-dado, acabou por ficar tão distanciado de nós que nem mesmo explicar o mundo por meio dele mais podemos.

Esse problema da externalidade distante do conceito é o tema deste texto. Toma-se por fundamento a ideia da espacidade, aqui entendida tal qual a forma como em sua criação esse conceito foi externalizado e posto a uma distância tão grande, quando o espaço é um componente fundante de nossa própria forma de existência.

A ABSTRATIVIDADE E O CONCEITO DO ESPAÇO

A origem dessa externalidade e afastamento é a abstratividade, processo derivado de uma radical mudança de rota do movimento intelectual da abstração.

Todos os bens concretos que usamos e consumimos são valores de uso e, como tais, o resultado do trabalho concreto. Quando estes bens são trocados, aparece o problema da relação de equivalência. Não se podem comparar valores de uso. Impossível poder dizer, por exemplo, que uma camisa tem mais utilidade (mais valor de uso) que um par de sapatos. São diferentes qualidades de uso e, nesse sentido, uma camisa é tão útil quanto um par de sapatos. E vice-versa. A solução só pode vir se encontramos algo comum à camisa e ao par de sapatos e que possamos expressar em quantidade, uma vez que não se pode comparar qualidades. Este elemento comum e passível de se expressar na forma valorativa da quantidade é a quantidade do tempo do trabalho. Tanto a camisa quanto o par de sapatos significam o dispêndio de uma certa quantidade de tempo de trabalho para ser produzidos. De modo que o equivalente da troca encontra seu parâmetro nessas respectivas quantidades de tempo de trabalho

---

* Texto oriundo de intervenção em mesa-redonda no VII Encontro Nacional de Pós-Graduação em Geografia, realizado pela Anpege em 2007, e originalmente publicado nos anais do encontro *O Brasil, a América Latina e o mundo: espacialidades contemporâneas*, sob o título "Espacidade: uma reflexão sobre o problema da ontologia do espaço", em 2008.

(horas) que a camisa e o par de sapatos materializam. Todavia, como esta quantidade de horas-trabalho depende de habilidade, nível tecnológico e estado da organização do processo produtivo, a quantidade de equivalência é aquela da comparação dos tempos médios socialmente necessários em cada momento histórico de cada sociedade para a produção tanto da camisa quanto do par de sapatos. Essa quantidade média socialmente necessária de trabalhos concretos é o valor de troca. O valor de troca é, pois, uma expressão genérica, uma vez que se refere ao trabalho não desse ou daquele trabalhador concreto, mas de um trabalhador coletivo, realizador de um trabalho abstrato (Marx, s/d; Marx, 1985).

Há, assim, correlacionadas, dupla forma de trabalho e dupla forma de valor: o trabalho concreto produz valor de uso e o trabalho abstrato, valor de troca. Tanto o trabalho abstrato quanto o valor de troca são o produto da abstratividade do concreto-real que são o trabalho concreto e o valor de uso, respectivamente, e servem assim de meios de nossas leituras e meios de organização de nossas relações cotidianas com estes.

Nas sociedades de mercado, de que o capitalismo é o exemplo histórico conspícuo, são o valor de troca e, por conseguinte, o trabalho abstrato que contam. E isso acontece em escala maior ou menor quanto mais desenvolvida for neles a divisão do trabalho (ramificação da produção em setores especializados e interdependentes) e das trocas (o fruto da interdependência), em que a mercadoria se torna o bem que domina o dia a dia das relações e do cotidiano. Aqui, o valor de troca substitui e oblitera em sua importância o valor de uso, e o trabalho abstrato o faz em relação ao trabalho concreto como nosso real vivido.

O trabalho é transfigurado, assim, pela abstratividade. Assim como o valor. E é o interesse do mercado, orientado no valor de troca, a fonte dessa abstratividade, apresentando-a como um produto natural da razão.

Um processo igual se passa com o conceito do espaço. Também ele na sociedade moderna é o resultado de um processo de abstratividade. E não por acaso. Tal qual vemos passar-se nas sociedades de mercado para com o trabalho e o valor. A diferença é que o trabalho abstrato e o valor de troca são uma abstratividade do trabalho e do valor. E o espaço é uma abstratividade do corpo. Mas o objetivo é o mesmo de quantificar as relações e por esse meio realizar controles: do trabalhador, na abstratividade do trabalho; da troca, na abstratividade do valor; e do corpo, na abstratividade do espaço. Assim como a quantidade de horas-trabalho determina a quantidade trocável de valor de uso na forma do dinheiro, a quantidade de espaço determina a quantidade e dimensão do *quantum* do movimento do corpo do fenômeno vista na forma da extensão e da distância.

A ABSTRATIVIDADE ESPACIAL

Há, todavia, uma outra diferença. O trabalho abstrato, junto com o valor de troca, é um produto da Modernidade. Já o espaço abstrato é um conceito que vem da Antiguidade e passou por um longo e diferenciado processo de evolução até chegar à forma moderna com que hoje o conhecemos.

A abstratividade do espaço remonta à cultura judaica e se relaciona à metafísica rabina, ao momento de instituição do monoteísmo como cultura do Ocidente. O monoteísmo supõe a universalidade, infinitude e continuidade de Deus. Para se poder falar de onipotência, onipresença e onisciência, necessita-se, entretanto, vincular estes atributos à categoria da ubiquidade, que é uma propriedade do espaço. Surge, assim, a necessidade de conferir ao espaço as mesmas propriedades de universalidade, infinitude e continuidade atribuídas a Deus. O que leva a metafísica rabínica a se ver presa em uma grande contradição. Não podendo Deus e espaço ser ambos eternos e infinitos, foi preciso melhor parametrar o conceito do espaço transformando-o no corpo de Deus. Por esse meio transfere-se para o conceito a ambiguidade incabível na divindade, nascendo a abstratividade de um conceito que embora vinculado ao corpo o transcende e leva à universalidade que vai atravessar o tempo.

É este ente abstrativado – num conceito válido igualmente para o tempo – que a cultura hebraica passa sucessivamente para a filosofia clássica, o cristianismo e a cultura islâmica, e assim para Descartes e a física clássica na fase moderna, e por intermédio destes chega até nós como nossa ideia de espaço (Jammer, 1970).

A Filosofia clássica é a rigor uma reafirmação desse conceito. Platão praticamente apenas o referenda no *Timeu*, numa reiteração do uso do conceito judaico que fazem Parmênides e os eleatas. E Aristóteles trata do tema em dois de seus afamados livros, desenvolvendo-o sob as duas formas com que na verdade se apresenta e nasce na cultura judaica, o abstrativado e o corpóreo, mas para apresentá-las como dois possíveis conceitos e cada um com um sentido. No livro *Categorias*, Aristóteles reafirma o conceito abstrativado da metafísica rabínica. Já na *Física IV*, define-o como o começo e o fim do corpo, delimitando e trazendo o conceito do plano abstrato para o plano limitado e concreto dos corpos, no fundo gerando um conceito novo.

É esse duplo aristotélico que chega e se transmite ao pensamento medieval do Ocidente, orientando-o ora num e ora noutro sentido. A baixa Idade Média cristã consagra com Santo Agostinho o conceito abstrativado da metafísica rabínica. E a alta Idade Média, com Santo Tomás o duplo do abstrativado e do corpóreo, lançando, todavia, o primeiro como a base de entrosamento da cristandade com o paradigma de ciência moderna que está prestes a nascer. A Idade Média islâmica consagra o segundo conceito de Aristóteles, sobretudo através do El Kalam, uma escola de filosofia de fundo aristotélico. E é sob essa forma de duplo, mas distintos, das escolas tomista e árabe que o conceito chega ao momento de nascimento da ciência.

O nascimento da ciência moderna, já em si apoiada na separação entre a filosofia e a religião que previamente se dera, dá ao duplo um novo formato e um sentido de oposição. Descartes privilegia, reapresentando-o como um geral absoluto, o formato abstrativado. E Leibniz, o corpóreo. Uma separação e negação recíproca que Newton irá resolver unindo agora dois conceitos separados como um duplo aspecto, ao mesmo tempo absoluto e relativo, de um mesmo conceito de espaço, em uma inovação do conceito.

No fundo Descartes transforma o espaço num conceito puramente geométrico, numa substituição de conteúdo que troca o caráter divino da metafísica rabínica pelo matemático da ciência moderna, visando reafirmá-lo nos termos dos demais atributos do rabinato. E assim dá origem ao conceito moderno do espaço como um ente incorpóreo, abstrato e vazio em sua extensão contínua, infinita e absoluta. E, nesse passo, separa o espaço e o corpo num ato de generalidade que toma por referência a relação espaço-homem na forma da separação, respectivamente, da *res extensa*, o espaço objetivo, puro e externo, e a *res cogitans*, o homem-subjetivo, homem-sujeito pensante, que se debruça e se indaga sobre si mesmo (penso, logo existo; existo porque penso) por meio dos objetos do espaço sobre o mundo externo-extenso que o circunda.

É o filósofo respondendo à necessidade da ciência nascente de dispor de um equivalente geral que quantifique os fenômenos; o espaço, ente matemático, vem como resposta tal como a ciência paradigmaticamente fora apresentada por Bacon, uma forma de pensamento distinta dos outros porque é matemática e experimentalmente assentada. E, assim, dando às ações fundantes de Copérnico, Kepler e Galileu Galilei o fundamento epistemológico geral de que estes careciam. Conhecer cientificamente, diz Bacon, implica quantificar a experiência sensível, fonte real de todo verdadeiro conhecimento, dando à experiência sensível a precisão rigorosa que só a exatidão quantitativa da matemática oferece. Um casamento que se faz através da substituição da experiência qualitativa das sensações corpóreas pelo igualmente sensível instrumento de medição, mas quantitativo e inequívoco.

A experiência sensível, a medição instrumental e a padronização matemática supõem, todavia, pensa Descartes, a componente geral e verdadeiramente matemática que lhes sirva de suporte. E esta é o espaço. É o espaço o portador da quantidade, não o corpo que nele se move. E que, numa trama em rede que o envolve, para ele se transfere na forma da medição metrificada do seu movimento.

É o ponto de partida de Newton. E que lhe vai permitir ultrapassar os limites de Copérnico, Kepler e Galileu Galilei através da formulação geral e sistemática do movimento dos corpos. Assim nasce a gravidade como uma lei universal. Uma lei de clara enunciação espacial. É o espaço, pensa Newton com Descartes, o suporte físico-matemático que como uma lei de valor universal para todos os corpos os faz mover-se numa constante matemática e permite à ciência o tratamento analítico epistemicamente coerente e científico que vai dar ao fenômeno a visibilidade prática necessária à intervenção humana.

Tanto a condição de possibilidade da lei científica quanto, em consequência, a cientificidade da ciência vêm desse suporte espacial. E na forma desse conceito o espaço se torna o paradigma à base do qual Newton constrói a Física moderna e esta é instituída como o padrão de toda ciência daí para frente.

É o duplo aristotélico, assim, a matéria-prima da produção newtoniana do conceito. Todavia arrumado com centro na abstratividade. A mesma abstratividade que está vendo nascer o conceito do trabalho abstrato e do valor de troca. Ocorre que o espaço em Aristóteles é antes de tudo um atributo do corpo. O suporte de onde o próprio espaço emana. Eis que do corpo este se evade para alçar-se a um plano geral de universalidade, apresentar-se como uma estrutura de ordem primária e sob esta forma ganhar autonomia e vida própria. E estabelecer a relação espaço e corpo do pensamento moderno. Espaço e corpo como recíprocas externalidades e entes separados por uma abstratividade que estabelece-lhes como atributo o distanciamento. Universalizado, externalizado e distanciado dos corpos como ente genérico, o espaço deixa de ser o atributo aristotélico do corpo para ser indiferentemente o de todos. Um ente de característica universal em que todos os corpos se encontram e em relação aos quais se põe como a própria *res extensa* mundana que os abriga em soberana indiferença. Descolado do corpo para virar sua própria universalidade genérica, é agora o espaço que incorpora o corpo. O espaço que não está mais no corpo, mas o corpo que está no espaço. Um espaço em si mesmo puro, vazio e isotrópico. E um corpo que só existe sob seus desígnios matemáticos.

Contra ele se levanta a objeção do aristotélico Leibniz. Apoiando-se na segunda concepção de espaço de Aristóteles, Leibniz recupera a noção do espaço como atributo do corpo, tal como assimilada e desenvolvida pela filosofia islâmica do El Kalam, e repõe-lhe como atributos a finitude, a limitação e a descontinuidade do corpo, num contraponto declarado à infinitude, ilimitez e descontinuidade do incorpóreo de Descartes. As mônadas, unidades de potência e ato no sentido da tradição aristotélica, são seus entes seminais. São elas as fontes originárias do espaço (junto com o tempo), este vindo como produto de suas interações e seus movimentos incessantes, dos quais decorre a continuidade, a universalidade e a infinitude que lhe passamos a atribuir.

A REALIDADE DO ESPACISMO E A ALIENAÇÃO DA CORPOREIDADE

Trata-se, assim, de um processo de alienação do espaço e do corpo. Um processo que, de um lado, inventa o espaço como o portador da ação e, de outro, o corpo como um ente passivo. Que de um lado condena o corpo à condição de uma componente espacial e de outro lado ergue o espaço como princípio, mas que no fundo não é mais que o expediente de emprestar-lhe uma potencialidade que não é sua. E de esvaziar o corpo daquilo que lhe é próprio.

Dessubjetivado, despotencializado e dessubstancializado nessa perda de atributos que são de sua propriedade, de espacial o corpo passa a ser um dado do espaço. Um determinado só na medida da determinação espacial. E objetivado, potencializado e substancializado nesse ganho de propriedade alheia, o espaço passa a ser a componente de vida do corpo, em uma total inversão do continente e do contido. Assim, de sujeito o corpo se torna um predicado; de real, um ideado; de dominante, em subalterno, nessa relação do espaço tornado um fetiche.

Ocorre que na prática o corpo se aliena do espaço à mesma medida que o espaço se aliena do corpo. O estar e o ser reciprocamente alienados. A alienação com a qual nada é. Pode-se estar sem ser. Pode-se ser sem estar. O corpo que está não é espaço. E o espaço que é não está no corpo. Um estar e ser que, a partir daí, ontologicamente se desencontram.

É, todavia, o corpo seguindo o mesmo destino moderno do trabalho e do valor. O passo que, assim, na correspondência, é dado, respectivamente, pelos conceitos do espaço e da riqueza. Irmãos siameses da abstratividade que despotencializa o real para vivificar o abstrato. E, então, tal o fetiche da riqueza, à custa do trabalho concreto e do valor de uso, tal assim o fetiche do espaço, à custa do corpo. Um começo da cadeia que logo a seguir se desdobra no homem e na natureza. É a Economia e a Física nascendo juntas enquanto armas básicas do nascimento da Modernidade. A economia política da abstratividade do valor-trabalho. E a física da abstratividade do corpo. A Economia Política como controle do trabalho. E a Física como controle do corpo. E o espaço como base instancial do controle de ambas (Moreira, 2006).

AS QUEBRAS E TENDÊNCIAS DO CONCEITO

É o paradigma de espaço assim criado que hoje está em crise. Arrastando consigo todo o carrossel paradigmático da ciência à base dele erguido. Um estado prenunciado pela arte no final do século XVIII com a pintura impressionista. Crítica da exatidão matemática do quadro realista, a pintura impressionista questiona a noção cartesiana de espaço na forma do pontilhismo. A ela logo se somam o subjetivismo einsteiniano, a emergência do pensamento quântico e o florescimento do pontilhismo no campo da publicidade (Moreira, 2006). Um movimento que deságua no campo da filosofia e da história geral das ideias (Koyré, 1979).

Já como expressão da crise, Eisntein reformulara na virada do século XIX para o XX as bases da física de Newton com a física da relatividade, introduzindo a subjetividade do olhar sobre o espaço como o fundamento real do conceito. Contradizendo a noção do absoluto com sua referenciação na mediação da sensibilidade do corpo, Einstein obriga a toda uma reformulação de conceito. Esta crítica é levada mais longe com o surgimento do pensamento quântico. Sua noção da continuidade-descontinuidade estrutural da matéria assesta um duro golpe na teoria matemática da natureza e do espaço como um *continuum* infinito. A matéria é vista como uma continuidade-descontinuidade estrutural e, assim, um permanente movimento de ordem e desordem. E o espaço, como um ente com estas mesmas propriedades: contínuo e descontínuo, finito e infinito, rugoso e isotrópico, ao mesmo tempo. E se completa com a transformação do pontilhismo de uma técnica de pintura em uma nova forma de percepção, logo corroborada e difundida pela op-arte e pela técnica do *pixel* no campo da informática.

Tudo isso traz Leibniz e o seu conceito monadológico de espaço à superfície paradigmática. E com ele o corpo de novo como referência conceitual. O espaço como produto da interação dos corpos em seu movimento contínuo, a descontinuidade dos corpos e a continuidade do seu movimento ininterrupto dando o conteúdo e a forma de que o espaço é constituído ao mesmo tempo. Um conceito que lembra o espaço fílmico, no fundo uma sucessão de fotografias fixas e com pequenas diferenças de posição que, postas em movimento, dão no ininterrupto *continuum* do espaço e do tempo que vemos na tela.

BIBLIOGRAFIA

JAMMER, Max. *Conceptos de espacio*. México: Grijalbo, 1970.

KOYRÉ, Alexandre. *Do mundo fechado ao universo infinito*. Forense/Edusp, 1979.

MARX, Karl. *O capital*. Rio de Janeiro: Civilização Brasileira, 1985.

_____. *Miséria da filosofia:* resposta à filosofia da miséria do Sr. Proudhon. São Paulo: Livraria Exposição do Livro, s/d.

MOREIRA, Ruy. *Para onde vai o pensamento geográfico?* São Paulo: Contexto, 2006.

DA ESPACIDADE À ESPACIALIDADE: OS CONTRAPONTOS DE UMA TEORIA GERAL EM GEOGRAFIA

A indistinção entre o espaço, as formas concretas de espaço e o espaço geográfico como uma dessas formas tem sido a fonte do grande impasse do que podemos chamar a passagem da grande teoria para a pequena teoria em Geografia. A esta dificuldade se soma a de saber como pensar o mundo geograficamente, de modo que o homem como um homem-no-mundo e o mundo como um mundo-do-homem assim apareçam. Há que resolver-se aquele problema de centro, e assim andar-se com os que daí decorrem.

O ponto de partida que aqui tomamos é a tríade homem-espaço-natureza, com que o geográfico se compreende desde o berço em Estrabão, como o fundamento ontológico do conceito, seja do espaço e seja do pensar geográfico, a equação ontológica desdobrando-se na equação epistemológica que se faz necessária. O que significa pôr a relação homem-natureza no centro dos entendimentos, e o espaço como mediação e modo concreto de realização e existência daquela relação de fundo.

Todo um encaminhamento de problemas parece poder assim ser feito. Em particular o da relação de troca de fundamentos entre o pensar geográfico e o pensar das estruturas homólogas e das estruturas gerais de pensamento, que de um tempo vem aparecendo como uma crisálida se debatendo para sair do casulo. Obstada na dificuldade de definir o que faz geográfico o espaço geográfico diante do espaço de outros campos tão espaciais quanto a Geografia – mas não geográficos –, e do espaço como categoria do universal-abstrato, a teoria geográfica trunca-se na dificuldade de mover-se com identidade dentro do diálogo, dele nem sempre saindo com o gosto alegre das boas emergências.

Espacidade, espaço e espacialidade são termos que nos parecem circundar o dilema do conceito geográfico. Um conceito que se distingue pela relação triádica de onde parte. E o quadro onto-ontológico da superfície terrestre – dito geográfico por isso mesmo – a que o ligaremos nesse exercício heurístico. A espacidade indica o estado histórico do conceito; o espaço, o seu fundo ontológico; e a espacialidade, o seu modo ôntico; o espaço geográfico emerge dessa interseção, por assim dizer.

---

* Texto apresentado em mesa-redonda do VIII Enanpege-Encontro Nacional de Pós-Graduação em Geografia da Anpege, em 2009, e originalmente nos anais do encontro *Espaço e tempo – complexidade e desafios do pensar e do fazer geográfico*, com o título "Da espacidade ao espaço real: o problema da teoria geral a propósito do simples e do complexo em geografia".

A ESPACIALIDADE

Resumindo o modo como vê a dinâmica do fenômeno geográfico, diz Tricart que é um todo marcado pelas contradições da integralidade, cada faixa de interseção sendo um campo de tensões que se abre para somar-se a cada um dos outros, num tensionamento de conflitualidade global que é a própria marca registrada de sua espacialidade (Tricart, 1977). Brunhes já há tempo vinha na mesma linha, teorizando sobre a necessidade de o geógrafo referenciar seu olhar na localização, e não na distribuição do fenômeno geográfico, sugerindo pôr o primado no foco do arranjo do espaço ao observar que o olhar orientado na primazia da localização enfatiza a imobilidade, ao passo que o orientado na da distribuição valoriza o movimento (Brunhes, 1962).

Ligados numa relação de ontem e hoje, Tricart e Brunhes, com remissão a Humboldt, são duas formas clássicas de conceber o caráter integrado e total do espaço geográfico por força de seu enraizamento na relação homem-natureza.

É Brunhes quem melhor ilustra seu fundamento na tríade homem-espaço-natureza. O homem se localiza e se distribui na superfície terrestre perseguindo a localização e distribuição das plantas e das águas, diz Brunhes. Onde encontra as plantas, encontra a água. E onde encontra a água, encontra as plantas. Mas não vai à busca de ambas juntas, necessariamente. Seja como for, brota daí uma relação triádica homem-planta-água que irá se constituir na base do erguimento de toda organização espacial de seu *habitat*. Dessa relação surgem as manchas das lavouras e da criação de gado, em cujas interseções vão surgindo as casas e os caminhos, e cujo adensamento irá dar origem às cidades, onde, por consequência, vão surgindo as indústrias e atividades de comércio. E tudo se interliga num só todo de organização de espaço pelo sistema de circulação das comunicações e dos transportes a partir das relações rural-urbanas comandadas pelas cidades. A leitura geográfica começa, assim, na e pela localização. Sem localização, nota, não existe fenômeno geográfico, embora o ato de localizar por si mesmo não garanta a natureza geográfica do fenômeno. Sem localizar, todavia, o fato geográfico não se forma. Ocorre que a localização é sempre plural, por isso a leitura da localização se faz em termos de distribuição. É pela distribuição que as localizações entram em relação e é pela distribuição que a localização se identifica no que é.

Para ser geográfico o espaço deve ser, antes de tudo, esse arranjo brotado e ordenador da relação homem-planta-água e de toda a edificação que sobre essa base se ergue, em que cada elo relacional é estruturado pelo modo como o arranjo é arrumado

DA ESPACIDADE À ESPACIALIDADE

pelas localizações em sua distribuição. O arranjo definidor da tríade homem-espaço-natureza como uma relação de essência homem-natureza orientada na mediação ordenadora do espaço. O tom é, assim, dado pela distribuição.

A distribuição é o arranjo formado pelas interações e estado posicional das localizações. Por onde a localização se vê a si mesma. E dela pode dizer o que é. É este o intuito de Brunhes ao vê-las como um par, no interesse de um duplo propósito. Por um lado, o da captação posicional da localização, a localização vista em seu sítio por relação à posição do sítio das demais localizações. Uma vez que a localização só o é por referência à qualificação e identidade que lhe deem uma outra localização do seu quadro interativo. O que só ocorre dentro da grelha da distribuição. E a localização em si mesma, isolada e posta como um caso único, não tem qualquer valor e sentido. Note-se que embora Brunhes compartilhe da noção de que o fato único e/ou isolado não seja passível de explicação científica, concordando com Vidal que os fenômenos só agem em grupo, não é disso que ele está falando, mas da impossibilidade ontológica de uma localização isolada e única. E que embora as localizações descritivamente sigam sendo pontos fixos na grelha da distribuição, abstraída qualquer migração em si, não é disso que está falando, mas da natureza epistemológica do olhar, sua responsabilidade de pensar o movimento. Por outro lado, há um segundo propósito, o de realizar a captação do espaço agora como um todo dinâmico, em que a localização vai significar um ponto fixo, base de apoio da distribuição em seu caráter de um conjunto de localizações em permanente estado de interação e troca de posições correlativas.

Para Brunhes, é pelo espaço que a relação homem-natureza se torna geografia. E é por esse ato de organizar esta relação homem-natureza pelo desenho estrutural do seu arranjo, em que ao mesmo tempo incorpora e dá um sentido novo que modifica o conteúdo dela, que o espaço por seu turno torna-se um espaço geográfico.

Visualizado num plano abstrato, numa ilação talvez abusiva da ideia original de Brunhes, podemos montar aí o que poderíamos chamar um esquema de entendimento. É assim que tudo começa na localização. Em seguida, vista na sua repartição, a localização se multiplica para formar a distribuição. E localização e distribuição passam desde então a mover-se como um par categorial diante do movimento do olhar recíproco. A localização e a distribuição como um andar de baixo, à guisa de dois mirantes que se entreolham num espelho respectivo de olhares. Em função de que um qualifica o outro ao mesmo tempo que se autoqualifica. Vista do andar da distribuição, a localização muda de natureza qualitativa, cada localização virando uma localização posicional relativamente à posição umas das outras dentro do tabuleiro da distribuição. E, vista do andar da localização posicional, a distribuição muda de natureza qualitativa igualmente, tornando-se um sistema de arranjo, um todo definido como uma estrutura de pontuações. O que era localização-distribuição torna-se, pois, posição-arranjo. Olhada agora do andar do arranjo, a localização posicional de novo muda qualitativamente; o quadro das posições vira uma situação. E, olhada do andar da situação, o arranjo, por sua vez, torna-se um sítio. O par posição-arranjo muda agora para o par situação-sítio. Olhado, por fim, do andar do sítio, a situação vira uma configuração espacial. E, olhado da configuração espacial, o sítio torna-se uma escala (no sentido da espacialidade diferencial de Lacoste).

Assim o par situação-sítio vira o par configuração-escala, culminando a sequência de metamorfoses das categorias da localização e da distribuição em que a localização muda de qualidade categorial sucessivamente em localização posicional, situação e configuração diante do olhar da distribuição, que correlativamente se transforma em arranjo, sítio e escala, sempre numa transformação aos pares e combinada dentro da reciprocidade dos olhares. O espaço geográfico assim surge, montado como uma complexa conjugação de correlatos categoriais. O ponto essencial da metamorfose é o arranjo espacial, o plano de junção das localizações inicialmente aparecidas sem distinção e que a partir dele ganha a condição do determinado e que no fundo na sequência vai mudando de nome. Diante dele, o quadro das localizações – aqui como um sistema posicional, ali como um plano de situações e acolá como um quadro de configuração espacial – forma uma paisagem. E esta paisagem, arrumada aqui como sítio e ali como escala, ganha o caráter de um todo de organização de espaço. Paisagem e espaço assim aparecem como organização e conceito.

O ponto de partida é que é o olhar geográfico que a tudo dá origem. É ele que governa o movimento processual. E é este movimento processual especular que leva à criação do conceito do espaço geográfico. O mirante do olhar que troca de posição, mudando seguidamente o sentido de tudo, num deslocamento entre o imediato e o mediato que aos poucos tudo preenche de estrutura e significado. Enriquece de nuances o universo conceitual do espaço. E interliga pelo movimento transfigurativo a pletora das categorias do espaço que sem isso é apenas um amontoado desconexo de palavras. Tudo, enfim, ordenando num esquema de entendimento discursivo, num movimento categorial cujo resultado final é o espaço geográfico configurado. O quadro de indeterminação caminha para culminar na totalidade integrativa do determinado.

No começo, quando é uma pontualidade de localizações o que o olhar examina, o que se tem é o ainda indeterminado. O deslocamento do mirante transforma o que são pontuações num marco ainda indefinido, mas demarcado, de distribuição. A localização indetermina-se ainda, mas o olhar já pode vê-la sob outro prisma, o de um conjunto de localizações correlativamente disseminadas. É este princípio de arranjo que dá início à metamorfose transfigurativa. A grelha ordenada do arranjo das posições locacionais que aos poucos vai levando a distribuição de localizações a ganhar o sentido de um espaço geográfico. É assim que o arranjo vê as localizações posicionais transformarem-se na situação, e esta num todo de arrumação extensional definidamente configurada, à medida que vê a si mesmo sucessivamente transformado em sítio e escala. O esquema do entendimento pode agora olhar o espaço geográfico e por meio dele traçar o processo analítico que vê o movimento fenomênico do real em seu caráter de um real territorialmente recortado em toda extensão de seu conteúdo. E assim, não mais como um recorte indeterminado de área na superfície terrestre.

DA ESPACIDADE À ESPACIALIDADE

É o procedimento que segue o próprio Brunhes, para quem, posto dentro da tríade homem-espaço-natureza a partir da estrutura de relação triádica que estabelece com a planta e a água, o homem deve saber mover-se dentro dela, considerada a inconstância trazida a esta estrutura pela presença simultânea de três ordens de contradição. A primeira é a que vem da oposição entre a força louca do Sol e a força sábia da Terra, a energia termodinâmica da primeira que desordena toda a organização da superfície terrestre existente, e a energia gravitacional da segunda que de novo ordena a sua organização até que nova ação de desordenação solar aconteça. O homem deve, por sua vez, mover-se na capacidade de conviver e submeter à dinâmica de seus próprios termos orgânicos esse enorme campo de forças que o obriga a permanentemente refazer seu modo geográfico de vida. A segunda vem dessa ação humana, consistente em organizar espacialmente esse modo de vida num processo de construção-destruição em que destrói para construir e constrói destruindo o espaço, e nesse termo torna-se ele mesmo uma força que reativa o movimento de instabilidade-estabilidade da ação de ordem-desordem do Sol e da Terra em caráter igualmente permanente. A terceira e última vem da estrutura que dá a essa ordem espacial montada, feita de uma distribuição de cheios e vazios que o próprio processo de construção do espaço cria, e a ação reiterativa desse sistema de três contradições remaneja em redistribuições dos cheios que viram vazios e dos vazios que viram cheios na mesma constância de seus acontecimentos.

É o procedimento que igualmente segue Tricart. O esquema empírico e do seu entendimento é o mesmo da localização posicional assentada como dinâmica de arranjo da tríade homem-espaço-natureza que forma o centro de visualidade de Brunhes. Mas se Brunhes culmina seu sistema no movimento categorial convertido na paisagem, é desta já em sua forma concreta de existência por onde o de Tricart começa, como num caminho das escalas de configuração ao par localização-distribuição às avessas.

São os recortes de paisagem as unidades de meio ambiente para Tricart, por ele visualizadas segundo três possíveis maneiras. Uma primeira é a estrutura vertical integrada pela ação de fitoestasia da vegetação. Uma segunda é o plano horizontal dos meios diferenciados na comparação do parâmetro da relação estabilidade-potencialidade. E uma terceira é o plano da escala vertical dos embutimentos.

O elemento de centração do olhar não é aqui o par localização-distribuição e seus movimentos transfigurativos, mas a escala, em seu jogo estrutural para baixo e para cima da regulação fitoestásica, a função nuclear da vegetação segundo a qual o meio ambiente se distingue em estável, intergrade e instável. Tal como em Brunhes, é a relação centrada nas plantas a referência do sentido geográfico do conceito do espaço, mas nos termos da geografia das plantas de Humboldt. O que significa o papel norteador do arranjo espacial. É no arranjo espacial das plantas – a geografia das plantas – que, tal como na relação homem-planta-água de Brunhes, mas na visão de relação verticalizada para baixo e para cima de Humboldt, que as relações do homem e da natureza mediadas e ordenadas pelo espaço vão se dar. E também aqui são governadas por um ativo movimento de contradições combinadas em suas escalas de ocorrência e incidência. A escala global da superfície terrestre é o plano da ação oposta das forças internas e externas do planeta que respondem pela constante mudança da paisagem terrestre através da remodelação das formas do relevo. A escala local é o plano da ação oposta amplamente disseminada pela superfície terrestre da morfogênese e da pedogênese. E a escala regional, o plano da ação contraditória do ecótopo e da biocenose. Estas três contradições são atravessadas no âmbito dos recortes territoriais dos Estados nacionais pela ação oposta do modo de produção dominante e dos ecossistemas a ele nacionalmente submetidos.

Se em Brunhes é o homem em sua ação de construção-destruição do espaço o elemento de nucleação do movimento de integração e ordenação espacial do todo, em Tricart este elemento é o intemperismo, um processo de decomposição/fragmentação das rochas realizado pela ação climática que se espalha numa multiplicidade de pontos de mantos na superfície terrestre. São os mantos de intemperismo a matéria-prima das contradições morfogênese-pedogênese, ecótopo-biocenose e modo de produção-ecossistema, às quais junta-se a ação das forças internas-forças externas, que pela combinação substrato rochoso e superestrato climático está na sua própria origem. E que sendo o objeto central da fitoestasia acaba por ser o ponto do equilíbrio de todo o jogo de forças da superfície terrestre.

A ESPACIDADE

A distância e o afastamento a que o conceito de espaço foi jogado da realidade espacial concreta das paisagens da superfície terrestre pela forma como foi erigido na modernidade cartesiana é uma das fontes da indistinção a que nos referimos. A abstratividade geométrica que o funda como um conceito geral e a concreticidade que o traz para o real da superfície terrestre como uma forma de variação específica raramente são percebidas. E assim obsta a compreensão da diferença qualitativa que separa o conceito do espaço do conceito do espaço geográfico.

Se Descartes e Newton formam a dupla essencial dessa conceitualidade moderna, neles mesmos encontra-se a explicitação da distinção necessária. Em Descartes reina o espaço da abstratividade pura. Em Newton, a facticidade do espaço físico. A forma de acomodação dos dois conceitos ou das duas dimensões do conceito que dá Newton através da distinção e acoplagem do espaço absoluto e do espaço relativo apenas confirma a percepção por este do caráter e da necessidade distintiva. Fosse Newton operar com a abstratividade cartesiana e não teria podido formular e afirmar o discurso da física.

A presença do corpo não o permitiu. A autonomização que desloca o espaço genérico da instância concreta do corpo, onde existe, para a instância abstrata da matemática onde passa a existir – e o retorno daí de volta ao corpo para então subalternizá-lo e vesti-lo de sua pele e seu manto como um vassalo dependente – é o exercício que Newton se vê obrigado a fazer para visibilizar a física que se propõe a criar. Assim introduz a distinção entre espaço e espaço físico que não só irá dar visibilidade, mas erguerá a física como um paradigma dos paradigmas no universo discursivo das ciências.

Newton é, assim, a fonte de origem dessa noção do espaço geral que se faz espaço específico, quando formula a noção do espaço absoluto que se faz espaço relativo no ato da sua ocupação físico-matemática pelo corpo. Ora, o espaço relativo de Newton tem sido o espaço geográfico clássico, o espaço elaborado pelo corpo a partir do espaço-continente, receptáculo, fornecido pelo espaço absoluto. Percebendo isso é que os clássicos buscaram remediar os efeitos dessa vassalagem do espaço geográfico para com o espaço geral newtoniano, embora numa relação de pequena (a teoria geográfica) e grande teoria (a teoria físico-newtoniana do movimento dos corpos) nem sempre de grandes resultados. Brunhes talvez seja a expressão-limite. A ideia da ordenação e da organização com que aos poucos o universo categorial vai qualificando de conteúdo geográfico o que nasce de início como um geograficamente indeterminado vem nesse sentido.

Já Kant, nos albores da geografia moderna, minimiza o caráter de mero receptáculo do espaço externo e mecânico de Newton, argumentando pela ideia da ordem espacial conferida aos corpos pela percepção humana. O espaço, no entanto, é para ele igualmente em si um já-dado. Por meio da captação sensível é que os corpos chegam a nós como entes espacialmente ordenados, nunca aparecendo caotizados à nossa frente. Há, entretanto, um pressuposto de existência necessário, mas Kant evita delimitar o caráter ontológico concreto dessa existência. Embora continuadores do enorme impulso epistemológico dado por Kant à Geografia, Humboldt e Ritter são devedores do romantismo filosófico, compartilhando da noção orgânica do naturalismo de Schelling, em si uma tentativa de ruptura com o naturalismo mecanicista da física newtoniana. Daí que o espaço neles apareça como mais que um ponto de sítio e assentamento de relação solidária do corpo. Mesmo que o arranjo da geografia das plantas, de Humboldt, e o mosaico dos recortes de espaço, de Ritter, não vão para além do sentido ordenador do espaço. Com Brunhes há um ensaio de construção. O espaço surge da cumplicidade da relação de destruição-construção do homem com as três contradições da natureza a partir da base da relação homem-planta-água. E o modo geográfico de vida se define como fruto do nascimento de um espaço geográfico à base desse fundamento triádico. Seja como for, o sentido do geográfico surge assim de um duplo combinado de relação homem-espaço-natureza e relação homem-planta-água arrumadas ao redor e através do arranjo do espaço construído. Noção que George vai requalificar no conceito da organização, o espaço cujo conteúdo geográfico vem do efeito organizador do seu arranjo sobre as relações da sociedade com a natureza no âmbito processual da História. Num aprendizado que George tira de Brunhes e dos economistas (Moreira, 2006 e 2008).

São formulações que aparecem encimadas num grau de exigência conceitual mais crítica nos anos 1970, incomodada com a relutante permanência do espaço-continente de Newton. Nasce assim o conceito do espaço-instância, o espaço como uma estrutura autônoma na relação com a estrutura total, de Milton Santos. E o espaço-espacialidade, o pontuado da forma como as relações cotidianas vão se moldando no passo concreto do dia a dia da sociedade, de Soja. É o espaço-produto-da-história, que para ambos é introduzido pela sociedade em seu momento de autoconstrução permanente, a ela retornando em sobredeterminação, numa reciprocidade de relação sociedade e espaço que tanto para Milton Santos quanto para Soja organicamente se confunde como um todo solidário de vida societária dos homens e da natureza na marcha dos movimentos da História. Mas que um e outro evitam situar no campo na problemática obstaculizadora do receptáculo por eles mesmos levantada. Milton Santos busca separar o que chama nosso espaço do espaço do filósofo. E Soja, a espacialidade do espaço *per se*. Num drible que mal esconde a intolerabilidade do incômodo. Incômodo que Harvey e Smith buscam de algum modo incorporar. Harvey decalcando sobre o espaço absoluto e o espaço relativo o espaço relacional, de nítida derivação brunhiana. Smith, decalcando sobre eles o movimento transfigurativo das esferas econômicas da produção e da circulação numa operação que inverte os sinais do absoluto e do relativo newtoniano, e nesse passo, associa o absoluto à universalidade do valor de troca e o relativo à empiricidade do valor de uso. O espaço relativo é identificado à esfera da produção (espaço de localização das fábricas e fazendas em seu movimento de geração do valor) e o espaço absoluto, à esfera da circulação (espaço de localização das trocas que realizam o valor no lucro) e que a integração D-M-D' reciprocamente interliga no ciclo contínuo da reprodutibilidade ampliada (Moreira, 2009).

A GRANDE E A PEQUENA TEORIA

A inserção do pensamento específico da geografia no plano geral do pensamento, em sua busca de visualizar na peculiaridade do geográfico os fenômenos da superfície terrestre, levou os geógrafos da tradição clássica a pensarem o espaço pela abstração do conceito cartesiano-newtoniano, mas ao mesmo tempo a verbalizá-lo pela facticidade empírica de suas práticas de colar esses fenômenos às formas concretas das paisagens. Daí o espaço geográfico estar sempre confundido a espacidade, espaço e espacialidade em seus textos. Mesmo que desconfiados da necessidade de distinção como diferentes conceitos no campo indiviso das ideias. Problema que aparecia justamente no momento de saltar da descrição que o anteparo visual da superfície terrestre instrumentava para a interpretação analítica que a formulação discursiva pedia, este salto nunca se realiza a contento. Era quando a distinção e conexão do conceito geral e do espaço geográfico se mostravam necessárias, mas nunca realizadas diante da dificuldade ontológica de colocar um diante do outro como numa relação de espelho. E bem assim o clareamento do rol e movimento das categorias de mediação, as que costuram as ligações de um com o outro num vaivém de mão dupla que os transpusesse como bases respectivamente da grande e da pequena teoria.

Brunhes talvez tenha sido o que melhor dimensionou e logrou encontrar a solução para essa dificuldade. E o discurso da grelha do arranjo espacial é a base do seu achado. Nunca como nele o valor etimológico da palavra geografia – o sentido

DA ESPACIDADE À ESPACIALIDADE

de superfície terrestre do prefixo *geo* e de arranjo descritivo do sufixo *grafia*, e o fundamento de essência do conteúdo da relação homem-natureza e de existência da forma de concreção do espaço – significou tanto. O conteúdo empírico da superfície terrestre que informa e a forma do arranjo da paisagem que enfoca o caráter de qualidade geográfica do espaço. A razão da determinação que, pelo acréscimo da palavra geográfico, qualifica o espaço como um espaço geográfico.

Tanto Vidal quanto Brunhes e Tricart partem desse princípio de caráter distintivo. George o percebe na mesma linha, acrescentando o resgate da tela de base do arranjo espacial como o plano da passagem das mediações necessárias. E que Harvey mostra perceber elegendo a posição como a categoria diretiva e de pavimentação que orienta a passagem do fundamento absoluto e relativo para o geográfico do espaço, e que por isso designa de espaço posicional. Como que a advertir que geográfico é o espaço que entreolha o mundo pela categoria de arrumação da localização dentro da grelha distributiva da paisagem na superfície terrestre, o campo por excelência da localização posicional como determinação geográfica. E que sobre sua base ordena e organiza os fenômenos da superfície terrestre como sítio, situação, configuração e escala espacial a um só tempo.

Em todos os clássicos, por isso mesmo, o conceito do espaço é algo sempre casado com os da natureza e do homem. Como a revelar estar na relação homem-espaço-natureza o traço ontológico por excelência da sintaxe geográfica. Daí que nas diferentes recuperações sintáticas que estes clássicos produzem visem sempre esclarecer que em geografia a natureza e o homem, para ser, estão sempre a se organizar em suas relações no e como espaço. Que é precisamente na ordenação espacial da relação homem-natureza que está a determinação da forma de existência histórico-concreta dos homens. E que assim o é porque o homem concreto é o concreto porque se define por seu modo espacial-geográfico de existência.

E se não se chegam a um conceito tão claro de espaço geográfico é porque, a despeito do garante da superfície terrestre, têm na mente a guiá-los a abstratividade da extensão e distância da extração cartesiano-newtoniana. O todo antes de mais isotrópico, isonômico e isotudo, cujos lugares são localizações geométricas e assim pontos fixos postos aos fenômenos na forma de uma trama física de rede de distribuição que, por mais que contra ela lutem, esta se lhes impõe como um constrangimento de essência ôntica da distância. A trama da extensão-distância que faz então do espaço uma estrutura matemática, que daí se antepõe aos entes fenomênicos como a estrutura e organização que os ordena e protege contra a atuação e determinação cega e alheia da lei científica que os domina. É assim que a localização é o já-dado que os predetermina e os encerra na grade do arranjo que tudo qualifica e define na ordem identitária do mundo. E que no fundo acaba na cadeia isovazia das constantes matemáticas que à ciência basta apenas descrever.

É na contramão desse modelo cujo conteúdo é o próprio nada geométrico que de certo modo vamos surpreender Brunhes. Sua busca de qualificar a localização, a distribuição, a posição, a situação, o sítio, o arranjo, a configuração, a escala do espaço como os processos transfigurativos da relação homem-natureza em seu movimento de fazer-se um espaço geográfico. Um concreto historicamente definido. E de dar-lhes um caráter de categorias estruturadas e estruturantes do fenômeno humano-natural em seu movimento de realização concreta. Daí que de certo modo a posição assuma o papel relevante. Se o arranjo espacial é quem intermedia, é a localização posicional que irradia o processo transfiguracional. Tornada uma localização posicional, a categoria da localização transforma-se e, a partir daí, transforma a distribuição no conceito mais complexo e completo da totalidade. E assim distancia-se do cartesianismo-newtonianismo mais puro e simples, fruto do olhar entrecruzado que observa e tudo por fim qualifica como espaço geográfico.

Três, todavia, são as categorias que conferem a possibilidade do salto para um além da pura espacidade, rumo à arrumação configurativo-dinâmica da espacialidade: a extensão, a distância e a escala. Todas acopladas à distribuição enquanto um quadro de localizações posicionais. Por ser um sistema de localizações posicionadas, a distribuição implica ser um âmbito e um marco-limite de abrangência, de que nasce a extensão. Por ser uma grelha de situações, a extensão é assim um plano reticular de interações, de que nasce a distância. E, por ser a distância um plano multidirecionado, é por isso mesmo um quadro de níveis que se entrecruzam, de que nasce a escala. Extensão e distância compõem, pois, dois planos horizontais que se sobrepõem, numa abrangência que culmina no plano vertical da escala. De modo que a escala, expressando a extensão e a distância a um só tempo, assim vem a ser o ponto de essência em que o espaço geográfico real se afasta e supera o puro viés cartesiano.

O fato é que, soma e culminância, a escala é a categoria que emerge como centro de gravidade e alma do conceito e do todo empírico-concreto do espaço geográfico. O elemento que faz do fenômeno um fato espacial-geográfico efetivamente. O todo de abrangência que põe todas as demais categorias e atributos na qualidade global de uma estrutura complexa. E que contrarresta a leitura habitual do espaço geográfico como um ente de constituição lisa, isotrópica e abstrata. Na enorme confusão dos conceitos do espaço e do espaço geográfico é então o conceito coagulante da totalidade, porque ponto estrutural de conversão do fenômeno em fato geográfico, caminhando para ser a categoria de centro das leituras geográficas. A chave real, pois, que ilumina a geograficidade.

Deslocada, entretanto, dessa gênese e genealogia, a escala geográfica raramente tem tido essa acepção, seja pelas razões anteriormente expostas, seja pelas leituras em geral muito rápidas dos clássicos. Sobretudo Brunhes. Categoria do olhar geográfico por excelência, porque, encerrando seja o sentido horizontal e seja o vertical das conexões e abrangências, o conceito da escala foi adulterado. E nesse passo levado para o baú do esquecimento.

E, no entanto, a escala tem sobrevivido graças a três atributos que a acompanham no pensamento clássico: o embutimento, a sobreposição e o entrecruzamento, num misto do conceito liso e estrutural horizontal-vertical de que falamos. A visualização da inserção dos pontos da localização no plano horizontal da distribuição da teoria de Brunhes é um exemplo de embutimento. A relação de ação regulatória sobre as

DA ESPACIDADE À ESPACIALIDADE

tensões de base da morfogênese e pedogênese, que pela presença comum da vegetação é ecótopo – daí é passada acima para o plano da relação ecótopo-biocenose e deste para o da relação ecossistema-modo de produção da teoria de fitoestasia de Tricart –, é um exemplo de sobreposição. E a sequência de interseções de planos da posição que se abre no sítio e deste, na situação, ainda da teoria de Brunhes, é um exemplo de entrecruzamento. Três dimensões que de certo modo se hierarquizam: o embutimento está implícito na sobreposição e esta, no entrecruzamento que enfeixa tudo.

Quando Tricart arruma numa superposição de três planos o ecótopo (o par morfogênese e pedogênese), a cobertura vegetal (o plano da geografia das plantas) e a biocenose (o todo da relação flora-fauna-homem) e os apresenta como uma totalidade de contradições administradas pela fitoestasia em seus entrecruzamentos recíprocos, não está mais que aplicando e ultrapassando nesse entendimento integrado o conceito a um só tempo fragmentado e ambíguo dos clássicos, porque já no viés do olhar brunhiano. E numa clara combinação com o papel integrador para baixo e para cima da geografia das plantas de Humboldt. A noção do arranjo do espaço aqui comanda todo o processo de descrição e análise. E todo o movimento de mediação categorial que pede a transposição da grande teoria para a pequena teoria geográfica. A distribuição da vegetação, fixando com suas raízes o material intemperizado e liberando assim, nos limites do necessário, o movimento recíproco da morfogênese e da pedogênese dentro do todo da paisagem, age de cima para baixo. Ao extrair desse mesmo solo os sais minerais para ir juntá-los ao carbono que extrai do ar, transformando substâncias inorgânicas em orgânicas na forma de proteínas, açúcares e gorduras que pela cadeia trófica manterá a vida do todo da biocenose em que se inclui o próprio homem, essa distribuição vegetacional age por sua vez de baixo para cima. Posta nessa posição intermediária de unir as pontas da "infraestrutura" ecotópica e da "superestrutura" biocenótica num só todo ecossistêmico, a vegetação está na arrumação do seu arranjo realizando o global da escala geográfica no seu sentido mais completo. A que não falta o elo circunstanciante dos modos de produção.

É Lacoste, entretanto, que vai sistematizar o elo conceitual do olhar através do conceito da espacialidade diferencial, o exemplo talvez mais rico da escala como entrecruzamento posicional. Lacoste estrutura a extensão do espaço segundo os recortes territoriais, que designa de conjunto espacial. Cada fenômeno se identifica pela localização e extensão de seu recorte espacial. E que pelo entrecruzamento se relaciona com o todo do plano de conjunto. Esse todo de múltiplos entrecortes que se entrecruzam é a espacialidade diferencial. O embutimento e a sobreposição se fazem aqui não por superposições horizontais, mas por diagonais que se cortam, favorecendo a formação de um jogo de entrelaçamento posicional de olhares em transversal em que cada recorte atua como um mirante caleidoscópico diante dos demais. O todo da paisagem aparece, assim, diferente segundo a perspectiva do olhar, um olhar transversalizado, porque posicionado como um nível de representação e de conceitualização, olhar com sentido de jogo de escala. Conceito essencialmente subjetivo, escala é para Lacoste, assim, um fato qualitativo, a perspectiva do olhar sensível orientando o ato da razão. Mas Lacoste

|91|

não abandona a escala tradicional, antes propondo um perfil a um só tempo qualitativo e quantitativo. A leitura empírica da qualidade combinando-se à abstrata do *quantum* da ordem de grandeza que por embutimentos se desdobra na ordem de extensão de metros a de milhares de quilômetros. Tal como em Tricart, na esteira de Georges Bertrand, se escalonam os níveis de meio ambiente em zona, domínio natural, região natural, geossistema, geofácies e geótopo na ordem do local ao global (Lacoste, 1988).

QUALIFICANDO O FUNDO DO PROBLEMA

Todo o problema de passagem da grande para a pequena teoria assim está presente na ação de reiterar-romper a barreira mental do limite cartesiano. De distinguir espaço e espaço geográfico. Ao lado de circunscrever o rol e modo do movimento de mediações categoriais, potencialmente resolvido no esquema do entendimento de Brunhes.

Para isso, teve que metodologicamente se estabelecer de antemão, numa ciência tão intensamente fragmentada no curso do século XX, o recorte de referência da totalidade que deverá tomar-se por base. Um estudo de relevo poderá considerar o quadro das camadas geológicas da Terra. Um estudo de clima, o quadro das massas de ar. Um estudo de solo, o circuito das trocas de nutrientes das plantas. Um estudo da indústria, o quadro da divisão territorial do trabalho e das trocas. Um estudo de população, a grade socioeconômica da sociedade. Um estudo de contraespaço, os recortes do espaço da ordem. Seja que fenômeno for, sempre há um nível de escala de partida que diz do rol das mediações e do trajeto de passagem do plano da grande para o da pequena teoria. Como a teoria geológica para a teoria geográfica do relevo, a teoria meteorológica para a teoria geográfica do clima, a teoria agronômica para a teoria geográfica do solo, a teoria econômica para a teoria geográfica da indústria, a teoria demográfica para a teoria geográfica da população, a teoria da luta de classes para a teoria geográfica do contraespaço. Naquilo que tem sido o plano de geral e de transfiguração no quadro fragmentário da geografia setorial do século XX. A fragmentação, todavia, frequentemente acrescentou um terceiro problema àqueles dois. Ainda mais porque anuviou o horizonte mais geral da passagem da escala da grande teoria à mais específica da pequena teoria geográfica, tomando-se os grandes planos da teoria da natureza e da teoria das sociedades, e mais ainda da filosofia e da ciência, como referência, a exemplo da teoria da termodinâmica solar e da dinâmica gravitacional terrestre de Brunhes, da dialético-marxista de Tricart ou do positivista-neokantiana do gênero de vida de Vidal de la Blache.

É um dado de herança que entra como peso de chumbo nas tentativas de visão integrada mais recentes, cuja relação do marxismo como grande teoria e da geografia ativa e da chamada geografia crítica como pequena aparece com grande expressão nos anos 1950 e 1970, respectivamente. Em que a relação homem-espaço-natureza nucleou o movimento de transposição. Durante muito tempo entendeu-se a relação homem-natureza e a relação homem-espaço como um duplo distintivo. Epistemologicamente partia-se de uma ou de outra para assim centrar o olhar geográfico nesta ou naquela. A tentativa marxista é a de juntar uma e outra, embutindo a relação homem-natureza na histórico-concreta da relação homem-espaço, resolvida na junção triádica homem-espaço-natureza. Uma leitura mais atenta ao próprio modo como a bibliografia clássica lidou com estes parâmetros mostra, entretanto, nem sempre se teorizar como um duplo na teoria dos fundadores e dos clássicos. Muitos deles encaram mais como dois momentos metodológicos sucessivos que dois caminhos paralelos de tratamento. Um dado passado ao largo da percepção do olhar marxista dos anos 1970, embora compreendido e praticado por Tricart e George nos anos 1950.

Deu-se, assim, que o diálogo do sistema de ideias mais amplo (a grande teoria) e a ciência geográfica (a pequena teoria) até mesmo involuiu no passado recente. De um lado bloqueado na indistinção espaço e espaço geográfico não rompido mesmo a despeito de toda carga de reconceitualização dada pelos geógrafos marxistas ao tema do espaço. E de outro na tibieza do esquema categorial do entendimento, deixado completamente de fora. Só aos poucos a sensação de paralisia foi criando sua própria contrarrestação. Sobretudo pela dimensão que vai ganhando o problema da transfiguração e da mediação entre a Geografia e as demais modalidades de ciências enraizadas na leitura espacial dominante nos anos posteriores a 1990. Transpassar mostrou-se, então, um difícil desafio, entendendo-se vir do problema da mediação a origem da dificuldade.

São as categorias de base – a paisagem, o território e o espaço – que centram, entretanto, a atenção, o esforço concentrando-se e enraizando-se nelas. Desde os clássicos sabe-se vir do olhar sobre a arrumação da paisagem o olhar sobre o ordenamento do território, e do olhar sobre o ordenamento do território o olhar sobre a organização do espaço. Mas foi a busca de superação da fase da definição da Geografia ora como ciência do estudo das paisagens (que durante bom tempo faz a fortuna intelectual de Sauer), ora como ciência do estudo dos povos em seus territórios (que faz a fortuna intelectual de Gottman) e ora como ciência da organização do espaço (que faz a fortuna intelectual de Pierre George), entendida como raiz do problema, que de início dominou. Na base dessa centração está a concepção da Geografia como o estudo do movimento da produção recíproca da sociedade e do espaço, quando entende-se que a paisagem, o território e o espaço se movem numa relação mais clara de transfiguração.

Aos poucos passou-se, no entanto, a entender ocorrer entre estas três grandes categorias o mesmo movimento de gradação transfigurativa que se vê para o esquema do entendimento das pequenas. A paisagem é o ponto do começo. O campo do indeterminado, cujo olhar categorial vai encontrar a grade da capilaridade que conduz o estado caótico da localização ao estado organizado do arranjo da distribuição posicional dos fenômenos. O território vem a seguir. É o quadro do arranjo paisagístico visto como um campo de recortes de domínio dos fenômenos dentro da grelha distributiva, a categoria que inicia os passos de superação do indeterminado da paisagem. O espaço, por fim, é o concreto-pensado que vai nascendo do crescendo da determinação que os domínios de território vão anunciando, a resultante que, por intermédio da configuração dos domínios, ganha o sentido que o esclarece como o real-real geográfico da sociedade à base dele construída (Moreira, 2007).

A questão das categorias de mediação e da forma como a realizam, entretanto, parelha com a questão da distinção. E num cruzamento de múltiplas implicações. Há o plano do conceito geral e do específico do conceito geográfico. Além disso, há o espaço da física, o espaço da química, o espaço da música, o espaço da arquitetura, o espaço da literatura, o espaço da antropologia, o espaço da economia, o espaço da psicanálise e outros tantos modos de existir do espaço, todos diferentes do espaço da geografia. E assim como para a relação do plano geral e o específico do espaço geográfico, há o problema da transposição de cada uma dessas modalidades de espaço específico para a forma própria do espaço geográfico. É onde tudo tem empacado, em face do problema da espacidade.

OS LIMITES DA TRANSPOSIÇÃO

Todo problema de fundo da epistemologia tem sua raiz na obrigação de pôr em linha de correspondência a relação necessária entre a filosofia e a ciência enquanto plano global de toda relação da grande e da pequena teoria. Um problema que depois se põe de modo próprio para cada forma de ciência e se resolve no campo próprio das suas categorias de mediação. Problema que se reedita quando a transposição é uma relação que se faz entre formas particulares de ciência.

É o que acontece em geografia na relação de espelho com as ordens gerais do pensamento como o positivismo, o neokantismo, a fenomenologia, o anarquismo, o marxismo, que historicamente têm-lhe servido de plano geral de referência. Repetindo-se, depois, com a particularidade da física, da geologia, da economia, da literatura, em que nos temos perdido à falta do pente-fino da primeira ordem. Tarefa que tem sido difícil, sobretudo quando o universo vocabular do geral do pensamento e específico parece coincidir nas categorias centrais de referência. A paisagem, o território e o espaço, consequentemente. E hoje se aprofunda no leque da generalidade dos campos da aparência congêneres. A indistinção dos conceitos respectivos de espaço e a indiferença da mediação categorial correspondentes levam a fazer-se geologia no lugar de uma geografia do relevo, meteorologia no lugar de uma geografia do clima, crítica literária no lugar de uma geografia cultural, formalismo político no lugar de uma geografia da ação.

BIBLIOGRAFIA

BRUNHES, Jean. *Geografia humana*. Rio de Janeiro: Fundo de Cultura, 1962.
LACOSTE, Yves. *A geografia:* isso serve, em primeiro lugar, para fazer a guerra. São Paulo: Papirus, 1988.
MOREIRA, Ruy. *Para onde vai o pensamento geográfico?* São Paulo: Contexto, 2006.
_____. As categorias espaciais da construção geográfica das sociedades. In: _____. *Pensar e ser em geografia*. São Paulo: Contexto, 2007.
_____. *O pensamento geográfico brasileiro:* as matrizes clássicas originárias. v. 1. São Paulo: Contexto, 2008.
_____. *O pensamento geográfico brasileiro:* as matrizes da renovação. v. 2. São Paulo: Contexto, 2009.
TRICART, Jean. *Ecodinâmica*. Rio de Janeiro: IBGE/Supren, 1977.

O RACIONAL E O SIMBÓLICO:
O DE FORA E O DE DENTRO NA GEOGRAFIA

Divididos em um mundo exterior construído na lógica da razão matemática e um mundo interior edificado nos símbolos do imaginário, crescemos num todo tensionado por essa dualidade. Prisioneiros da nossa rígida formação lógica, rejeitamos indagar se somos a razão ou o símbolo, ou admitir que somos razão e símbolo.

A dúvida se torna tema essencial na Geografia, considerado a ligação dessa questão com a forte tradição empirista que a foca num conceito de espaço como a nossa relação com o de fora, numa enorme dificultação de igualmente por meio dela pensarmos o de dentro. E junte num só discurso o de fora e o de dentro numa unidade fora-dentro que abarque a totalidade da condição humana.

Toma-se nesse texto que o campo privilegiado da fusão é a imagem – o fruto do corpo enquanto o espaço do fora-dentro verdadeiro –, a qual, vista como relação de fora, é objeto e, como relação de dentro, é signo. Objeto e signo nela se encontram numa unidade de apreensão racional e simbólica ao mesmo tempo.

O ESPAÇO COMO OPOSIÇÃO OBJETO-SIGNO

Trata-se de vencer a dualidade eu-mundo que se instala como cultura do Ocidente e que se implementa no campo epistêmico como uma dualidade racional-simbólica. O conceito do espaço foi o campo de eleição desse implemento. E isto segundo duas vertentes: a dual e a integrada. Na vertente dual o espaço fala a linguagem dos conceitos ou a dos significados, dois campos de fala de fronteira nem sempre claramente identificada. Na vertente integrada fala ele as duas linguagens integradamente, numa interação também não muito clara do de dentro e do de fora. Numa e noutra vertente, é a imagem o plano da fronteira.

A imagem tem a propriedade de ser um idêntico e um diferente do espaço, fruto de um conceito da imagem como um de dentro e o espaço como um de fora. Mas que têm na percepção seu campo de encontro.

---

* Texto apresentado em mesa-redonda do Encontro Nacional de Pós-Graduação em Planejamento Urbano e Regional, realizado pela Anpur-Associação Nacional de Pós-Graduação em Planejamento Urbano e Regional, em 1993, e publicado originalmente com o título "O racional e o simbólico na geografia" no volume *O novo mapa do mundo: natureza e sociedade hoje*, Editora Hucitec/Anpur, dos anais do encontro.

É corrente o entendimento de que nosso primeiro contato com o mundo é realizado por intermédio dos nossos sentidos. A sensação que leva à percepção. Percebemos o mundo externo por meio das sensações múltiplas e caóticas que chegam até nós por intermédio dos sentidos e que, depois por junção e conexão, se configuram como imagem internamente. Imagem aqui é um conceito derivado da percepção cuja matéria-prima é o objeto físico externo. A imagem que fala a linguagem da razão. E dela pode-se dizer a expressão de um espaço objetivo marcado seja pela posição e seja pela ordem locacional. A posição é o espaço visto numa ótica situacional. A ordem locacional é o espaço visto numa ótica topológica. Na ótica situacional os objetos da percepção posicionam-se numa relação de reciprocidade, cada objeto se situando na perspectiva espacial do outro, e assim um definindo o outro no que cada qual é comparativamente. Já na ótica topológica os objetos da percepção localizam-se numa arrumação distributiva de pontuação distinta, o todo sendo ordenado em pares do tipo perto-longe, acima-embaixo e esquerda-direita. A imagem perceptiva reproduziria essa externalidade, retraduzindo-a numa linguagem de dentro. O espaço é esse campo externo da percepção, a que se relaciona a imagem que apenas o reproduz.

Reprodução das experienciações acumuladas e transformadas em um campo amplo de estado de subjetividade, que conduz o ato da percepção de fora, ao mesmo tempo que é por esta ativada, numa reciprocidade biunívoca de espaço e imagem que leva a que se formem seja uma imagem externa e uma imagem interna, seja um espaço externo e um espaço interno, que só no seu movimento e transposição linguística se bifurcam como um de dentro e um de fora distintos. Frutos que são o de fora o mundo do sujeito e o de dentro o mundo subjetivado, porque no fundo são o produto de um corpo que experiencia o todo do mundo com sua múltipla dimensão do sujeito real. E que a razão e o símbolo arrumam ao seu distinto feitio, dicotomizando o espaço, tal qual a imagem, num duplo de um espaço externo (mundo objetivado) e um espaço interno (mundo subjetivado), mal escondendo tratar-se de uma vivência integralizada, ao tempo que diferenciada do todo pelo corpo, seja no sentido do percebido e seja do concebido. Portanto, num entendimento a um só tempo onto-epistêmico e que razão e signo tendem sempre a ver como uma relação dicotômica de próximos-distanciados. Mesmo que, mais à frente, corrigido pela reafirmação unitária do corpo, tudo por fim dialeticamente se resolva num só movimento de dentro-fora idênticos.

Daí o espaço, sempre acompanhado da imagem, formar a diversidade de concepção que atravessa os diferentes campos gerais do pensamento. Na *Fenomenologia da percepção*, de M. Merleau-Ponty, é o mundo da nossa experienciação corpórea o espaço vivido que é tanto objetividade externa quanto subjetividade interna (Merleau-Ponty, 1971). No *Ser e tempo*, de M. Heidegger, é a mundanidade do corpo a rede de significação que a existência corpórea empresta aos objetos em que se apoia e dos quais se cerca, o espaço-mundanidade definindo-se como o plano da estrutura ôntica que abre para a revelação do ser do ente (Heidegger, 1991). Na *Fenomenologia do espírito*, de Hegel, é o mundo da alienação material da ideia, da separação interno-externa, que se supera no reencontro das ideias consigo mesma no sujeito-objeto idêntico da autoconsciência (Hegel, 1992). E no *Manuscrito econômico-filosófico*, de Marx, e em *A ideologia alemã*, dele e de Engels, é o modo de ser da relação metabólica do homem e da natureza enquanto âmbito da hominização do homem pelo próprio homem através do trabalho, e, então, da existência real-concreta da história de cada forma de sociedade (Marx, 1993; Marx e Engels, s/d). E é na compulsão dessas *démarches* que o espaço então aparece como topológico, percebido, produzido, concebido, vivido, simbólico; a diversidade de formas que a imagem aglutina no ponto do encontro da mente que faz dessas formas momentos do movimento do espaço ele mesmo. E que o paradigma fragmentário da ciência moderna vai separar, em uma percepção dos cenários internos, o espaço de dentro, e numa percepção dos cenários externos, o espaço de fora, em seu afã de demarcar campos do real como territórios de atribuição próprios, o espaço-percepção-imagem interno sendo considerado atribuição das ciências mais introspectivas (como a Literatura e a Antropologia) e o espaço-percepção-imagem externa, das ciências mais extrospectivas (como a Arquitetura e a Geografia).

O signo é um compartilhante dessa compartimentação da experiência em si uno-diferenciada do corpo. O de dentro simbólico que se opõe ao de fora objetual. E então ente de uma descolagem espacial, privilégio do objeto. O corpo fala, entretanto, de falas de estados distintos da consciência, em sua relação de captura do mundo por intermédio da percepção e formatação de entendimento na unicidade compreensiva aqui da imagem e ali do espaço. Todavia, o espaço seria o campo do conceito, linguagem falante da objetividade. O signo dele se alimentando, mas, linguagem falante da subjetividade, não seria por natureza um ente espacial. Signo e objeto expressam mundos distintos.

A imagem aqui pouco interviria, marcada por sua associação com a percepção sensória. O sentido da compreensão sígnica do mundo passando por outro percurso que não o canal senso-perceptivo, por isso o da imagem e, então, do espaço.

O corrente seria o entendimento do contato fazer-se por intermédio da consciência subjetiva via um conjunto de símbolos definidos por seus significados. O campo sígnico, entretanto, acaba por ser com o tempo levado a aproximar-se do plano ordenativo do espaço. Dito espaço simbólico, em sua ligação geratriz com o espaço vivido. O espaço é aqui um campo sígnico derivado do sentido de significação que por meio do símbolo o vivido então se expressa. Sua matéria é o objeto ausente ou inexistente. O que leva o signo a tomar por trânsito o amplo caminho simbólico da imaginação e do imaginário. E a assim se aproximar da imagem. A imagem com faculdade de representar e substituir pela imaginação o objeto ausente ou inexistente. Imaginação reprodutora, quando imagem de algo senso-percebido. E imaginação criadora, quando de um algo fabulado, e que frequentemente mal se distingue da faculdade da memória, e assim usa as vestes do imaginário. O imaginário que é a fala de um todo associado de imagens.

Visto nesse patamar tão amplo, o espaço deixa, pois, de ser um ente cindido numa fronteira indevassável entre o signo e o objeto, para vir a ser um campo pelo qual o pensamento transita seja como uma fala racional (conceitual), seja como uma fala sígnica (simbólica) da estrutura do mundo, uma vez que adquire a propriedade da imagem, de não dissolver-se no racional e não dissolver-se no simbólico mesmo quando não necessita da razão ou do símbolo para legitimar-se como ente declarante da existência. Do mesmo modo que, por essa colagem com o espaço, a imagem, por sua vez, pode deixar de ser o puro reflexo das formas do mundo objetivo ou o puro afloramento da subjetividade de um mundo recôndito, arrumada num modo de espacialidade pelo qual faça ir o mundo se abrir e se explicar.

O ESPAÇO COMO DE FORA E DE DENTRO

O espaço não dicotomizado é, assim, tanto a externalização da subjetividade longamente confinada nos vãos da internalidade das criações culturais do homem, quanto a internalização da objetividade longamente escravizada na externalidade da rede fatual dos objetos materiais saídos ou não da ação do homem. E que o discurso geográfico tantas vezes sentiu ver presente no âmago das paisagens, paralisado no umbral da fala dos objetos externos.

Daí que nesse discurso a imaginação e o imaginário não raro circulem no campo estranhamente estimulante da fantasia, carregados das metáforas e imagens da fala espacial do mundo. E assim transformados na companheira mais fiel e constante de suas andanças pelo de dentro e o de fora deles. Classificada pelo pensamento estritamente racionalista como a fuga ao real, o seu mais absoluto oposto, a fantasia bem pode ser a maneira crítica como nossa fase de criança, justamente nosso momento mais rico de simbologias, olha o espaço e por meio dele inquire o mundo. Pois poderia haver maior realismo que a atitude indagadora da criança diante do mundo que a circunda? Tal como quando adultos procedemos através da atitude política? Mas que, no entanto, mesmo quando aceita, é tomada, e só assim tolerada, como invencionice, uma mediação que, diz-se, se pedagogicamente bem explorada, pode induzir a criança a interessar-se por passar a olhar por fim o real, mas que perigosamente não o é. No entanto, qual o significado do olhar? E qual o significado do real que pelo olhar se nos apresenta? E nunca nos passa em nossa armadilha do real-racional que a fantasia bem pode ser na criança o que no adulto é a utopia de uma sociedade humanamente mais igual. Manifestando-se desde cedo na sua oposição de rebeldia contra um mundo excessivamente obediente a regras convencionais e estáticas. Tal qual a ciência rigorosa. Na percepção da possibilidade de realizar o desejo de um mundo livre de amarras. Na despojada atitude, que nós adultos já receamos ter, de romper com os empecilhos que bloqueiam, numa sociedade de dominantes e dominados, o rumo a um humanismo enfim realizado. Tal como desejamos com a ciência.

Uma situação por isso insólita se passa então em nossa relação com o símbolo. Negamo-lo como realidade no momento mesmo em que, em face da teoria quântica, sabemos que a ordem do mundo real é a que construímos à imagem e semelhança da lei da gravidade com o fim de consumá-la como realização técnica. Não nos damos conta de que, se pudemos por tanto tempo ter feito desfilar diante do nosso olhar (dito observação científica) a lei da gravidade como o real-real indiscutível, sedimentando como mundo uma cultura assentada na ideia de uma ordem social tão centrada num polo, como a natural centrada no sol (o pai na família, o professor na sala de aula, o presidente no país, a cidade na região, Deus no cosmos), não podemos ter estado a fazer o mesmo que a criança e com o mesmo valor de realismo em seu ato de criar pela imaginação o que para ela é o próprio espaço vivido? Nosso mundo científico teria tanta distância em seus princípios epistemológicos que o dos símbolos da imaginação e do imaginário da criança? A ciência com assento na razão e a criança com assento no signo. Mas não é a linguagem da razão tão semiológica quanto a linguagem do signo? O que é a realidade senão tomar por real, portanto, fazer realizar, o dizer seja da razão e seja da fantasia no cotidiano da vida? Se sem imaginação não há real, porque não há pensamento criativo, a fronteira pode não ser assim tão rígida! (Moreira, 2007)

A REVOLUÇÃO MIDIÁTICA: A PAISAGEM COMO INTERFACE

E se assim aparece perante a paisagem, é porque esta justamente é o veículo da transitação recíproca da imagem e do espaço, do signo e do objeto, do de dentro e do de fora. Materialidade da relação espaço-imagem, a paisagem é o vínculo que tudo une. Pode ter sido este precisamente o sentido da afirmação de Vidal de la Blache da região como a efígie cunhada de um povo. A região como o domínio da tênue linha fronteiriça da subjetividade-objetividade da ação humana culturalmente recortada no marco territorial da paisagem (Vidal de la Blache, 1954).

Espelho do ato racional-simbólico da criação das sociedades pelo homem em sua relação com a natureza, a paisagem é o registro das tensões político-culturais dessas sociedades. Nela se guardam todas as marcas da evolução do povo. Sucessos e fracassos. O filtro do tempo. Como um arquétipo vivo do seu inconsciente coletivo. E, por isso, tal qual o arquivo documental de uma cidade ou a memória do computador mais potente, por meio dela se pode (re)ler o mundo. Mas com a propriedade de ser corpo e consciência confrontados. Aí está no visível e invisível de seus aspectos a linguagem de fala do homem com o mundo. Guardada e extravazada no significado-significante dos arranjos espaciais. E, assim, a semiologia e a efígie que contêm toda a possibilidade de rumos.

Eis porque a paisagem é tanto um texto científico quanto ideológico. Já alguém advertira para a intencionalidade da estética urbana. A rede da espreita que olha, por trás das fachadas monumentais da maliciosa nomenclatura de esplanada e do arranjo em dominó da avenida dos Ministérios em Brasília, os projetos de classes. O plano dos dominantes inscrito na majestosidade imponente dos prédios dos órgãos do Estado de nossas cidades. O cosmopolitismo da velha casa alpendrada do Brasil colônia. E a utopia da fraternidade solidária do "lar doce lar" do frontispício das casas do subúrbio.

Percebendo essa força de veículo de mensagem é que a mídia incorporou a paisagem definitivamente em seus desígnios, usando da montagem de suas imagens como o simulacro que faz vir à tona nossas pulsões do desejo. A estetização que induz e conduz ao consumo. O imaginário que pela telinha da TV, outdoors e neons das cidades (vide o logotipo da Coca-Cola em *O caçador de androides*) vende a imagem simbólica como mercadoria, pondo assim a confundir signo e objeto num mesmo campo de espaço sem constrangimento ou dicotomia. Daí a insistente reprise de imagens com que a publicidade converte nosso cotidiano num mundo de puro jogo semiótico. A imagem da paisagem fabricada em série, em massa e padronizada, que invade o dia a dia da cidade e a leva a não mais saber distinguir se é a paisagem que faz o cotidiano ou se é o cotidiano que faz a paisagem. Mundo e simulacro fundidos na mesma linguagem (Baudrillard, 1981; Debord, 1972; Lefebvre, 1969).

O ESPAÇO DO PRESENTE

É assim que o discurso mediático de um de fora virado o de dentro e de um de dentro virado o de fora espacial rompe com toda a cultura de externalidade do conceito tradicional. Levando o espaço a mergulhar num novo quadro epistêmico do conceito tornado signo e do signo tornado conceito. E então a dissolver-se a fronteira da objetividade-subjetividade indissolúvel do velho discurso. Tal qual a imagem movente de uma tela de cinema em que, sob o império da imagem, o de fora e o de dentro não existem enquanto reais.

Lacoste já chamara a atenção para a explosão da geografia científica diante da geografia do espetáculo. O efeito da longa insistência histórica de produzir verbalizações do de fora e nada acumular de verbalizações do de dentro. E que cobra agora fortemente seus dividendos. A Geografia que sabe trabalhar com um lado e não sabe como se relacionar com o outro. Autobloqueada na junção de ambos. E que tem agora que reaprender seu ofício com a arte (Lacoste, 1974).

As paisagens assim apareciam aos seus olhares como imagens de localização fixa. Os espaços se demarcavam em moderno e atrasado, presente e ausente, conhecido e ignorado, público e privado. E quando esses traços cambiavam de lugar, era para manter o significado dicotômico existente. Eram vistos como traços de espaços vizinhos, trocados de lado apenas para repisar distinções de equivalente. Assim como a rua e a casa para o cidadão pacato (para o qual a rua é o público e a casa é o privado), o boteco para o boêmio (para o qual o bar é o lugar da celebração e a rotina, a negação da vida), o trabalho para o operário (para quem o lar é a liberdade e a fábrica, a prisão). Quando estes recortes se entrecruzam, o mapa cartográfico cuida de restabelecer as diferenças. A fluidez do cotidiano, que a mídia expressa ou fabrica, hibridizando espaços e paisagens tanto embaralhou que as distinções dessas instâncias nessa geografia assim animada não mais existem. Tudo se funde e confunde-se num espaço vivido sem as fronteiras do de fora e do de dentro. Conceitual e o simbólico se interpenetrando em definitivo.

Daí que a mídia vai à escola no lugar da Geografia. E numa forma de linguagem geográfica. E nessa embaralhada esta se descubra alicerçada no divórcio do racional e do simbólico, do real e da fantasia, da razão e da utopia, e mal esconda o gosto amargo do incômodo. Há então que juntar os espaços de dentro e de fora como um só espaço. Formatar numa só semiologia ao mesmo tempo o objeto e o signo, o conceito e o símbolo. O que pede uma relação com a imagem que a libere dos limites de sua antiga via de mão única.

Enquanto a reciclagem não vem, entrecruzam, por mais interessante, os livros didáticos ultrapassados e enfadonhos com os livros mais saborosos e imaginativos de um Andersen ou de um Lewis Carol fantasistas.

BIBLIOGRAFIA

BAUDRILLARD, J. *Para uma economia política dos signos*. Lisboa: Edições 70, 1981.

DEBORD, Guy. *A sociedade do espetáculo*. Lisboa: Afrodite, 1972.

HEGEL, G. W. *Fenomenologia do espírito*. 2 v. Rio de Janeiro: Vozes, 1992.

HEIDEGGER, M. *Ser e tempo*. 2 v. Rio de Janeiro: Vozes, 1991.

LACOSTE, Yves. A geografia. In: CHATELET, F. (org.). *História da filosofia, ideias, doutrinas*. – A filosofia das ciências sociais: de 1860 a nossos dias. 7 v. Rio de Janeiro: Jorge Zahar, 1974.

LEFEBVRE, H. *A vida quotidiana no mundo moderno*. Lisboa: Ulisseia, 1969.

MARX, Karl. *Manuscritos econômico-filosóficos*. Lisboa: Edições 70, 1993.

_____.; ENGELS, F. *A ideologia alemã*. Lisboa: Presença/Martins Fontes, s/d.

MERLEAU-PONTY, M. *A fenomenologia da percepção*. Rio de Janeiro: Freitas Bastos, 1971.

MOREIRA, Ruy. Ser-tões: o universal no regionalismo de Graciliano Ramos, Mário de Andrade e Guimarães Rosa. In: _____. *Pensar e ser em geografia*. São Paulo: Contexto, 2007.

VIDAL DE LA BLACHE, Paul. *Princípios de geografia humana*. Lisboa: Cosmos, 1954.

O MODO DE VER E PENSAR
A RELAÇÃO AMBIENTAL NA GEOGRAFIA

Um surto de gastrenterite ocorrido em 1984 no estado da Bahia teve por área de incidência o recôncavo baiano, incluindo Salvador. Mas o estudo da causa do surto da doença mostrou estar ela ligada a um período recente de seca e, consequentemente, à invasão de insetos a várias cidades da região. O que mostra que um fato local nunca é de existência local, porque o local o é por ser um ponto de uma interação espacial. O surto de gastrenterite ocorreu numa área, mas sua extensão de abrangência real foi todo o entorno espacial do recôncavo.

Peguemos outro exemplo, o tema à mesma época exaustivamente explorado dos agrotóxicos. O uso de agrotóxicos é apresentado como tendo a finalidade de elevar a produtividade da agropecuária, mas seu emprego acabou surtindo uma espécie de efeito bumerangue, pois as pragas a que visavam destruir acabaram se habituando com o produto, se reproduziram em escala muito maior e, com a quebra da cadeia ecossistêmica, originaram novas pragas, tornando a lavoura mais cara e, ao fim, neutralizando os ganhos de produtividade. A multiplicação das pragas se somou ao da propagação do veneno pelas águas e pelos solos, ocasionando uma diversidade de doenças na população dos campos e das cidades. E o que era um problema econômico com a disseminação espacial virou um problema ambiental e de saúde pública por sua escala territorial de abrangência.

A rede de interações espaciais é o aspecto comum à geografia desses dois exemplos. O que significa uma espécie de lei de organização geográfica básica na qual os fenômenos se irradiam e intercambiam de lugares, e nesse movimento se expandem em escala e mudam de qualidade. De econômica em ecológica e de ecológica em social, em ambos os casos.

A RELAÇÃO AMBIENTAL
COMO REDE DE INTERAÇÕES ESPACIAIS

Tanto quanto o pressuposto de que o meio ambiente não existe descolado de seu quadro de arranjo de espaço geográfico em dado pedaço da superfície terrestre, é

---

* Texto de transcrição de palestra publicado inicialmente no *Boletim Campo-Grandense de Geografia*, n. 1, 1986, da AGB-Seção Campo Grande, e reescrito em 2007 para subsidiar debate sobre o modo de olhar da Geografia com professores da rede de escolas públicas do município do Rio de Janeiro.

O MODO DE VER E PENSAR A RELAÇÃO AMBIENTAL NA GEOGRAFIA

essencial perceber que ele não existe desligado das práticas de reprodutibilidade da vida dos homens. De vez que seu fundamento é a necessária incorporação da natureza à existência social dos indivíduos. E isto já a contar da própria dimensão biológica dessa existência, a qual interage por sua reciprocidade de relação com a dimensão social. Porque é uma reciprocidade que tem no centro a relação metabólica do trabalho.

É elementar compreender-se que tanto a natureza pela natureza quanto o social pelo social não fazem parte da vida e das preocupações do ser humano. Natural e social são determinações da existência, que só entram nos seus planos enquanto um processo metabólico no qual a natureza e a sociedade são incorporadas pela necessidade da reprodução dos homens enquanto seres vivos. Falamos então de socialização da natureza e naturização da sociedade para nos referir a esse processo, no qual a natureza é transformada em sociedade, à medida que a sociedade é transformada em natureza. A produção do espaço, que na reciprocidade é um processo de produção da sociedade, aparece nesse passo como um processo também de produção da natureza (Smith, 1988), sendo este todo processual o real meio ambiente.

Sucede que essa interação metabólica homem-natureza se realiza a partir das relações que os homens estabelecem dentro da interação entre si mesmos, o caráter do conteúdo social da relação homem-homem orientando o da relação homem-natureza e todo o seu curso. É esse conteúdo que passa a impregnar seja a dimensão natural e seja a dimensão social da sociedade, de modo que não é mais a lei social ou a lei natural em estado puro que daí para diante existe, mas as duas fusionadas como processo ecológico, imbricadas. É onde entra o espaço enquanto um híbrido social-natural, que, depois de surgir como uma resultante, a seguir entrelaça e traz para com ele confundir-se o todo da dinâmica global do metabolismo. Foi o que vimos no exemplo da seca nordestina e do envenenamento por agrotóxicos.

De forma que é o modo de arranjo do espaço a determinante efetiva da relação ambiental. A determinante que não substitui, antes doravante define como vão ser e atuar a natureza e a sociedade enquanto expressão física e social do todo metabólico. O fato é que somos natureza do ponto de vista da reprodução orgânica, em nossas necessidades reiteradas de nos alimentarmos, vestirmos e habitarmos. O que só obtemos mediante o ato reiterado do intercâmbio metabólico do trabalho. Mais que isso, enquanto herdeiros de uma história ambiental que retrocede à própria presença terrestre dos homens, remetendo às interações abiótico-bióticas realizadas pelas formas elementares de vida desde o período de formação do planeta e que evoluem até chegar à forma de interação homem-natureza de hoje (Sahtouris, 1991). E que cada forma de vida organiza em seu nicho ambiental segundo o modo de arranjo de espaço que estabelece para si. Assim ocorre com as formas de vida do passado. E hoje com o homem, mas num quadro histórico-social de ação consciente.

É justamente em decorrência desse caráter espacial da evolução natural-social do planeta que o meio ambiente surge como problema. E em face do modo capitalista do arranjo do espaço ganhou o caráter catastrófico que conhecemos. Entra aqui seu aspecto de uma relação metabólica que, ao invés do valor de uso das antigas comunidades, leva a relação homem-natureza a orientar-se pelo valor de troca. A orientação que arruma o espaço no arranjo da divisão territorial mercantil-produtiva do trabalho e das trocas que não acompanha as leis da reprodução natural da natureza, mas a espacial da acumulação do capital, numa configuração negativa de arranjo do processo metabólico do trabalho.

Diante disso é que homem e natureza passaram a se relacionar como entes reciprocamente estranhos no processo metabólico, separados pelo valor de troca em uma sucessão interminável de outras separações, sobretudo da rede social dos lugares com a rede natural dos ecossistemas. Independentemente da globalização, lugares e homens são levados a deixar de ter uma relação ambiental com o ecossistema local, porque a relação de mercadoria faz com que cada lugar viva do produto que a ele chega por meio da rede de trocas. Numa orientação do consumo, das técnicas de produção e da reprodução da vida humana sem o sentido do pertencimento que identifica os homens entre si e com a natureza em outras formas de sociedade.

O QUE É O MEIO AMBIENTE EM GEOGRAFIA?

É o fluxo da relação mercantil que assim sobrepõe-se e orienta a rede das interações espaciais naturais na sociedade moderna. Engendrando uma relação local determinada por aquilo que Sorre designava uma relação derivada (Sorre, 1961). E Brunhes, uma relação mais destrutiva que construtiva do espaço (Brunhes, 1962).

Todavia, são as interações espaciais uma condição geográfica necessária do desenvolvimento dos fenômenos. As rochas se movem do seu ponto originário de localização para irem se posicionar em novas localizações através dos processos da erosão e sedimentação. A água das chuvas cai num lugar para daí percolar ou infiltrar-se no solo rumo a outro lugar. O rio nasce nas cabeceiras das montanhas e corre para morrer no mar. A massa de ar se forma nas áreas de alta pressão para redistribuir-se em busca das de baixa. A árvore dá frutos num local, mas suas sementes são transportadas pelos animais para se reproduzirem noutro canto. Do mesmo modo que um bem ou serviço é produzido numa fazenda ou numa fábrica para ser usado ou consumido noutras fazendas, fábricas ou habitações em outros lugares. Tudo flui. E tudo se alterna no que Brunhes chama uma troca dos cheios e vazios. O movimento de relocalização redistribui os cheios e vazios das rochas. A morfogênese altera e redistribui os cheios e vazios das formas do relevo terrestre. A pedogênese troca e redistribui os cheios e vazios químicos e físicos dos nutrientes entre os horizontes do seu perfil. As migrações redistribuem os cheios e vazios de homens. E tudo já como efeito da redistribuição dos cheios e vazios das águas através das chuvas e dos rios, fruto da redistribuição dos cheios e vazios das massas de ar formadoras dos tipos de clima. No que acompanham os mantos da cobertura da vegetação que, em seus movimentos de troca de cheio e vazio de plantas, regula as interações espaciais como um todo, é o que Tricart chama fitoestasia (Tricart, 1977). A sociedade humana necessariamente repete esse movimento contínuo de arrumações e rearrumações espaciais que o advento do capitalismo recria com sua divisão territorial de trabalho e de trocas, mas reordenando tudo à luz da lógica do valor de troca.

Tudo em Geografia é, assim, movimento de ação e retroalimentação de interação de espaço. Tudo redundando num processo de reacomodação de escala. É o que vimos para o surto de gastrenterite no recôncavo baiano e o efeito sanitário do agrotóxico no todo do espaço brasileiro. É isso o meio ambiente. E a leitura ambiental em Geografia. É esta dinâmica de interações e estrutura de escala que movimenta os fenômenos entre os lugares e faz do espaço geográfico um todo de arranjo dinâmico o alicerce de uma Geografia ambiental. Que faz de todo problema ambiental um problema de origem espacial. E do meio ambiente, um todo socioespacial-ambiental.

O MEIO AMBIENTE COMO UMA CONSCIÊNCIA ESPACIAL-GEOGRÁFICA

Daí que o arranjo ambiental deva ser um assunto diretamente vinculado aos poderes de decisão espacial da sociedade, a ela cabendo o direito da determinação sobre o tipo de formato de organização espacial que lhe interessa de metabolismo homem-natureza, orientada na consciência espacial dos problemas do meio ambiente. A consciência espacial norteando a consciência ambiental. E assim toma para si a função de orientar o todo da sua própria constituição geográfica.

Compreender o ambiental como arranjo espacial supõe compreender o próprio arranjo como um duplo de caráter social e natural ao mesmo tempo. E cuja escolha significa a escolha de um modo societário-estrutural de vida essencialmente. Uma sabedoria que parte do princípio de que toda questão ambiental é uma questão de modelo de geografia da saúde, geografia do saneamento, geografia do lazer, geografia da água tratada, geografia da habitação, de intervenção mobilizada na orientação do modo de arranjo do espaço. Já Vidal compreendia a vida como um modo de coabitação espacial (Vidal de la Blache, 1954).

À medida que a educação escolar geográfica vire a prática dessa consciência, temas como surto de epidemias e de envenenamentos agrícolas encontram de antemão a antecipação estrutural necessária. Da percepção passada do arranjo do espaço como uma relação autodeterminada e na qual ter uma solução duradoura dos problemas é possível.

BIBLIOGRAFIA

BRUNHES, Jean. *Geografia humana*. Rio de Janeiro: Fundo de Cultura, 1962.

SAHTOURIS, Elisabet. *Gaia:* do caos ao cosmos. São Paulo: Interação, 1991.

SMITH, Neil. *Desenvolvimento desigual:* natureza, capital e a produção do espaço. São Paulo: Bertrand Brasil, 1988.

SORRE, Max. *El hombre en la tierra.* Barcelona: Editorial Labor, 1961.

TRICART, Jean. *Ecodinâmica.* Rio de Janeiro: IBGE/Supren, 1977.

VIDAL DE LA BLACHE, Paul. *Princípios de geografia humana.* Lisboa: Cosmos, 1954.

REPENSANDO A GEOGRAFIA:
A FORMAÇÃO SOCIOESPACIAL E O ESPAÇO
E O MÉTODO GEOGRÁFICOS

O debate atual da Geografia tem passado pelo conceito de formação socioespacial introduzido na teoria geográfica por Milton Santos. A partir daí novas formulações foram se dando, sobretudo no papel do espaço e no método geográfico.

Dissemos alhures que o espaço geográfico pode ser concebido como uma metáfora (Moreira, 1982). Se observarmos uma quadra de futebol de salão, notamos que o arranjo espacial do terreno reproduz as regras desse esporte. Basta aproveitarmos a mesma quadra e nela superpormos o arranjo espacial de outras modalidades de esporte, como o vôlei, o basquete ou o *handball*, cada qual com "leis" próprias, para notarmos que o arranjo espacial diferirá para cada uma. Diferirá porque o arranjo espacial reproduz as regras do jogo, e estas regras são próprias a cada modalidade de esporte considerado. Se fossem as mesmas "leis" para todas, o arranjo seria um só. Assim também é o espaço geográfico com relação à sociedade. Além de que aqui o espaço geográfico está à relação homem-natureza como regulação e conteúdo.

Diferindo do espaço da quadra de esportes, o espaço geográfico organizador das leis da sociedade exprime e contém o conteúdo do modo que aí se dá de socialização da natureza. Tal o modo de relação homem-natureza e dentro dela tal será o modo de relação homem-espaço. E vice-versa. Tal o modo de relação homem-espaço e dentro dela tal será o modo de relação homem-natureza, numa sobredeterminação comandada pela forma do arranjo espacial. É isso o que difere espaço e "leis" espaciais da prática dos esportes do espaço e "leis" espaciais da sociedade.

O plano geográfico da relação homem-natureza relaciona-se ao processo de socialização da natureza pelo trabalho, ou seja, da transformação da história da natureza em história dos homens e da história dos homens em história da natureza, reciprocamente, derivando um tipo conceitual de espaço – o espaço geográfico – que implica ser uma estrutura de relações homem-natureza sob determinação social.

O espaço geográfico e a sociedade formam então uma só unidade, em que o espaço geográfico é aparência com que se exprime a essência estrutural da sociedade,

---

* Texto originalmente publicado em *Novos rumos da geografia brasileira*, Editora Hucitec, 1982, sob o título "Repensando a Geografia", retomando e esclarecendo ideias e formulações apresentadas em trabalhos anteriores.

o modo estrutural de existência e aparecimento visual desta. Esta relação encerrando o fundamento da teoria e do método geográficos.

Em sua trajetória histórica, todavia, a ciência geográfica, enraizada por longo tempo no positivismo e no funcionalismo, descolou-se da sociedade ao afastar-se de qualquer propósito de contribuir para o seu conhecimento no sentido da transformação. Firmou-se como um discurso oficial e escolar. E alienou-se dos próprios fundamentos sociais que encarna, para em muitos casos voltar-se contra eles. Quem não confunde o discurso geográfico com o dos aparelhos de Estado? – a escolástica acadêmica, a cartografia militar, a máquina do governo –, indagam os interlocutores desse debate recente.

ESPAÇO E MODO DE SOCIALIZAÇÃO DA NATUREZA

Contudo desde Marx sabe-se que a história dos homens e a história da natureza são inseparáveis. A razão reside na naturalidade da história e na historicidade da natureza, que fundem homens e natureza numa mesma tela de fundo de história. Daí ser a totalidade sociedade-espaço uma relação homem-natureza envolvendo a presença ordenadora do espaço de conformidade com o tempo histórico. E podermos conceber o espaço como uma totalidade estruturada de relações múltiplas e o chamarmos de uma totalidade homem-meio.

Isto significa entender a natureza socializada como a natureza natural socialmente transmutada. Numa relação dialética em que a primeira natureza, a natureza natural, permanece na segunda natureza, a natureza socializada, passando a haver entre as duas uma forma de unidade em que a primeira e a segunda natureza são e não são, a um só tempo, a mesma coisa. O processo do trabalho, expresso na forma geográfica da divisão territorial do trabalho, é o agente real desse movimento de transfiguração. De modo que assim temos na relação homem-meio, antes que dois lados que entram em relação, uma unidade dialética em que sociedade (a segunda natureza) e natureza (a primeira natureza) se imbricam historicamente numa nova forma de totalidade. Uma forma material, a forma-natureza, transmutada em presença do homem em uma segunda, a forma-sociedade, que ao mesmo tempo se contêm e se negam mutuamente. O ponto dessa junção contraditória é o espaço. E é justamente este conteúdo que o torna um espaço geográfico.

A história dos homens torna-se aos olhos da geografia, assim, a história da transformação permanente e continuamente acumulativa da natureza em sociedade pela mediação do espaço, num salto de qualidade de uma forma natural para uma forma social via o processo do trabalho. Um movimento de forma e conteúdo em envergadura global de escala.

De início a natureza define-se como uma totalidade estruturada de elementos naturais, arrumados num arranjo de espaço físico. O homem é um de seus entes. A ação deste converte-a em uma totalidade estruturada de elementos sociais, arrumados agora num arranjo de espaço social. Presente em ambas as formas de totalidade, o homem é o sujeito da transfiguração, e a sociedade humana encarna, assim, o sentido do salto da história natural em história social da natureza por ele realizada e dele mesmo enquanto ente, seja da primeira e seja da segunda natureza. Daí podermos dizer que, no plano concreto da história, a relação homem-natureza é uma relação sociedade-natureza na medida em que esta sociedade assim a transforma em seu processo de construção como espaço.

É o homem, pois, o sujeito, o ser regente das determinações que age a um só tempo sobre a natureza e a sociedade, através da mediação do espaço geográfico. De modo que se pode falar da sociedade espacialmente organizada como um sistema de determinações, englobando num todo articulado e integrado determinações naturais e determinações sociais, ultimadas nas sobredeterminações espaciais, com o primado das histórico-sociais sobre o conjunto. Um todo que é tão maior em volume estrutural quanto mais conteúdo histórico-concreto contenha o espaço geográfico.

O ARRANJO ESPACIAL E A FORMAÇÃO SOCIOESPACIAL

Esse movimento de socialização da natureza é o processo de gênese e desenvolvimento de toda formação econômico-social e da organicidade desta como uma formação socioespacial, cujo cerne é modo de socialização da natureza movido pelo metabolismo social do trabalho.

Isso porque é o modo de produção que determina o caráter da formação econômico-social em toda a sua multiplicidade de aspectos. Como uma formação econômico-social pode comportar mais de um modo de produção, quando um só modo de produção conforma o todo da formação econômico-social, é o caráter da relação de produção desse único modo que a determina qualitativamente na sua totalidade; quando é, porém, mais de um, é a relação de produção do modo de produção hegemônico que dá o caráter qualitativo do todo, as relações de produção dos demais modos de produção e a totalidade da formação econômico-social se integralizando à base daquela do modo de produção principal. A finalidade é fazer das formas hegemonizadas uma rede de capilaridade que canalize as diferentes formas de excedente que elas administrem, transferindo-as para acumulação no polo central.

Estruturalmente por isso a formação econômico-social organizar-se-á a partir de todas as formas de conflito que emanam desse quadro de relações internas, numa tarefa de aglutinação de interesses que mobiliza seja o todo da sociedade civil (os segmentos sociais das classes nucleares e os das demais classes), seja o todo da sociedade política (as relações jurídico-políticas e as ideológico-culturais). O todo então da infraestrutura e da superestrutura passa a reger-se conjunturalmente a partir da correlação de forças que assim se estabeleça, de modo que a totalidade da formação a cada momento assim se compõe de uma combinação de estrutura e conjuntura que é justamente o que vai convertê-la numa formação socioespacial.

O arranjo espacial é a expressão formal dessa relação de correspondência em que se entrelaçam, se distinguem e se integram, em termos de estrutura e conjuntura as formações econômico-social e socioespacial. Um arranjo que paisagisticamente é tão complexo quanto mais complexa for a multiplicidade de modos de produção que a formação econômico-social contenha, e cujo fio vermelho é o modo metabólico de socialização espacial da natureza. O todo do modo do arranjo se expressa, assim, como um modo integralizado de totalidade homem-meio ordenado na base metabólica.

É nessa interface do arranjo e por seu intermédio que sociedade e espaço então reciprocamente se relacionam e se sobredeterminam no fio da história. Uma vez que a estrutura da formação econômico-social determina a estrutura do arranjo espacial conjuntural, é esse arranjo espacial conjuntural que comanda a estrutura em seus movimentos, processos e formas no tempo. O espaço aparece, assim, nos termos do seu arranjo como a expressão do todo articulado da estrutura-conjuntura ao mesmo tempo que como o termo da mediação da realização de todo movimento contraditório da formação econômico-social. Razão pela qual, em sua interação dialética, é ele a forma real de existência da sociedade em cada tempo, fazendo dela uma realidade histórico-concreta efetivamente.

A DIALÉTICA DO ESPAÇO E O LUGAR PROCESSUAL DO ARRANJO

O espaço não seria, entretanto, esse dado mediador e estruturante se a correlação estrutura-conjuntura não fosse em verdade um vetor de comando do processo da reprodução da sociedade. Uma vez que a estrutura da sociedade é uma totalidade que se movimenta em reprodução continuamente, há que haver o elemento de permanência que oriente o *continuum* dessa reprodutibilidade, o arranjo espacial sendo este elemento que orienta, ao mesmo tempo que se reproduz com a reprodução da sociedade continuamente. Sem a presença reprodutora do arranjo, a reprodução da totalidade social seria efêmera. Bem como seria efêmero o próprio arranjo. E assim a história das sociedades humanas como um *continuum* de socialização da natureza não existiria. A história não chegaria a materializar-se em formas sociais definitivas e duradouras. Terminado o ciclo do trabalho, extinguir-se-ia a organização do espaço criada pelo processo da produção dos meios de subsistência e extinguir-se-ia o próprio processo organizado de produção. Isso porque, não se dando o ciclo de socialização da natureza, o da reprodução societária também não ocorreria. Tudo se dá porque o processo do trabalho elege o espaço geográfico como condição de organização de sua própria reprodução ininterrupta, o espaço organizando a reprodução da produção num *continuum* de repetição permanente e garantindo com sua permanência a permanência da sociedade na História.

Acresce que, como a reprodução extrapola os limites específicos do plano do trabalho e da produção dos bens materiais, de vez que se define como um movimento de reprodução da totalidade das relações da formação econômico-social como um todo, a reprodução da totalidade é o limite da dialética do espaço (Poulantzas, 1975; Lukács, 1970; Lefebvre, 1973; Amin, 1976).

GEOGRAFIA E PRÁXIS

Em termos societários a produção de bens é feita em razão do consumo, realizando-se, todavia, tanto a produção quanto o consumo na conformidade das leis históricas próprias a cada modo de produção. Como os bens produzidos se esgotam no próprio ato do consumo, e o consumo de bens necessita repetir-se continuamente, a produção dos bens deve repetir-se num moto contínuo, arrastando consigo nessa re-produção em reprodução a totalidade da infraestrutura para ela montada. Sucede que a produção é um processo cooperativo de trabalho social. E o consumo, um processo antecedido da repartição social do estoque produzido. Isso implica a reprodução em conjunto da totalidade das relações segundo as quais se organiza a sociedade, reativando suas tensões estruturais e assim levando à repactuação constante das conjunturas, de modo que a reprodução ocorra em uníssono da infra à superestrutura e não lhe obstem as tensões reativadas. A condição é, pois, um quadro do arranjo já arrumado num estado de permanência, o espaço ganhando, como diz Lefebvre, o mesmo significado emprestado à infraestrutura e à superestrutura, por Engels, de elemento-chave da organização de toda sociedade (Lefebvre, 1973).

Se, pois, as partes superestruturais e as partes infraestruturais se impõem reciprocamente, vencendo por suas reprodutibilidades solidárias as próprias tensões estruturais da sociedade, é porque, podemos dizer, o espaço se faz presente como elemento regulador, as partes espaciais se impondo junto com as infra e superestruturais, via seu modo de arranjo material. A presença espacial se estabelece como a regulação da própria regulação infra e superestrutural.

Esclarecendo. Para que o encadeamento do processo de reprodução se dê sem rupturas ou prejuízo de continuidade do funcionamento corrente da sociedade, o arranjo do espaço é já montado previamente num intuito de regulação, o que significa lhe dar um papel a um só tempo de infraestrutura, por isso com esta se confundindo através de objetos espaciais como usinas hidrelétricas e ferrovias, e de superestrutura, com esta se confundindo através de objetos como escolas e igrejas, com elas dividindo funções de comando e com elas se reproduzindo na mesma simultaneidade e globalidade de ocorrência. Por isso mesmo, é na medida da reprodução da formação socioespacial que se dá todo o movimento reprodutivo da formação econômico-social. Toda a dialética das múltiplas determinações. O peso do arranjo define como meio de regulação toda relação de interioridade e exterioridade da relação de determinação e sobredeterminação existente entre sociedade e espaço.

Essa reciprocidade de determinação manifesta-se pelo lado do espaço como dupla e articulada forma de mediação: mediação da reprodução das relações de produção (chamemo-la relação de correspondência básica) e mediação da reprodução das relações da totalidade (chamemo-la relação de correspondência necessária). Situação a ele permitida pela condição de uma exterioridade ao mesmo tempo que uma interioridade da sociedade com a qual interage.

Eis por que na formação socioespacial infra e a superestrutura se atravessam continuamente, permitindo-nos ver na interação dos respectivos arranjos as formas de entrecruzamento e tensões totais da formação econômico-social. Visualizadas na paisagem pela presença de seus objetos espaciais, a infra e a superestrutura se diferenciam em três instâncias que o movimento reprodutivo ora separa, ora amalgama numa unidade: as estruturas econômica, ideológico-cultural e jurídico-política. Isso faz do espaço uma totalidade que é uma unidade na diversidade por seus modos de organização e intervenção na dinâmica de conjunto da sociedade. Uma vez que nesse movimento cada uma encerra as demais, há entre elas autonomia e simultaneidade de ação. Primeiro diante da relação a um só tempo de gênese e regulação que entre elas se estabelece nos entrelaçamentos da infra e da superestrutura. Segundo pela intrincada relação de estrutura e conjuntura que a formação socioespacial encerra. Por isso, na paisagem, ao mesmo tempo que um objeto ou uma relação espacial é um fenômeno econômico, jurídico, político, ideológico, representacional ou cultural individualmente, é econômico, jurídico, político, ideológico, representacional e cultural conjuntamente no sentido dialético da unidade da diversidade do concreto, o todo atuando como uma diversidade que é uma unidade e uma unidade que é uma diversidade, não um sistema ou uma combinação, ou um todo articulado de partes.

E se são instâncias que se individualizam ao tempo que se totalizam umas nas outras, é porque justamente são estruturas que se diferenciam e se fundem na unidade simultânea do movimento reprodutivo do espaço em sua relação com a sociedade. Contendo todas as demais instâncias nessa simultaneidade de diferentes e mesma coisa, o espaço dá-lhes enquanto forma concreta de existência global o traço de vida que só a condição socioespacial confere. Contendo as três a um só tempo, de vez que está contido em cada uma delas dado o fato do caráter ao mesmo tempo básico e necessário das relações intraestruturais, o espaço pode por isso mesmo fazer o jogo dialético de interferir na estrutura, na organização e nos movimentos de cada uma e de todas elas conjuntamente, ao mesmo tempo que cada uma individualmente e todas no conjunto nele interferem.

É sob a forma, pois, de um arranjo espacial econômico que a infraestrutura aparece, arranjo que resulta do modo como as forças produtivas e as relações de produção se organizam em formas espaciais distintas, ao mesmo tempo que se unem numa contradição de base – que Marx considera a força motora geral do desenvolvimento das sociedades e principal causa dos momentos de revolução na História – no âmago da infraestrutura econômica. As forças produtivas aí reúnem a força de trabalho, os objetos do trabalho e os meios do trabalho. As relações de produção, as formas de propriedade, de cooperação (divisão social e técnica do trabalho) e de geração-distribuição dos bens materiais requeridos pela sociedade. Juntas formam a base sobre a qual se ergue, a partir da superestrutura, a totalidade da sociedade. E juntas ao mesmo tempo agem, por seu entrelaçamento contraditório, como movimentos respectivamente de aceleração e freio que se chocam, as forças produtivas tendendo a desenvolver-se numa expansão contínua e as relações de produção, a atuar como seu muro de contenção. Essa função de freio das relações de produção vem, com o tempo, a emperrar a aceleração para frente das forças produtivas, tensionando a marcha do desenvolvimento da sociedade e levando as classes emergentes desta sociedade à necessidade da alteração radical que mude seu conteúdo e abra o caminho interditado, num momento de ruptura de revolução.

É nesse âmbito de arranjo que justamente se dá a transformação da primeira natureza (o campo dos valores de uso formado pelas matérias-primas brutas) na segunda natureza (o campo dos artefatos da produção e circulação dos bens produzidos) a partir das quais se ergue como uma totalidade homem-meio. E se montam com base nas relações de produção, particularmente de propriedade das forças produtivas, as relações de superestrutura que se erguem rumo à edificação da totalidade e nesse passo agem para regulá-la como um todo, da infraestrutura ao Estado.

É a relação de propriedade o dado de origem que, ao mesmo tempo que une, opõe as forças e as relações de produção no seu todo. O ponto de junção que a partir de dentro da infraestrutura aponta para dois sentidos, o para dentro da raiz e o para fora de desdobramento. O sentido de raiz na forma do controle das forças produtivas, determinando a forma do seu uso enquanto objeto e meio de trabalho. Enquanto objeto do trabalho, na forma do elenco dos recursos naturais do solo, água, madeira, minérios. E enquanto meio de trabalho, na forma dos aparatos físicos dos prédios, construções, caminhos, estradas e plantações criados, organizados e acumulados na perspectiva logística da realização da reprodução das relações de produção em caráter permanente. Já o sentido de desdobramento, na forma da plêiade das demais relações de produção que se erguem rumo à edificação superestrutural. Aí se inclui a estrutura de segmentos sociais comunitários ou estratificados em classes que, enfileirados da raiz ao topo da edificação, atravessa e define verticalmente como viga social mestra os termos societários da totalidade da sociedade globalmente.

É assim o arranjo espacial econômico o resultado e o impulsor de base da construção das sociedades. Resultado enquanto a infraestrutura que a sociedade cria para organizar na solidez dos seus movimentos reprodutivos a consistência da totalidade do todo. E impulsor enquanto o chão que nesse movimento de reprodutibilidade cíclica leva a totalidade a desenvolver-se para frente num *continuum* evolutivo. Relação que se materializa na paisagem na forma do armazenamento acumulativo das coisas vindas da socialização da primeira natureza via os objetos espaciais que nela se distribuem diferenciadamente dentro da divisão territorial cooperativa do trabalho. Divisão de trabalho que se qualifica pelo caráter histórico das relações e forças de produção, cujo exemplo vivido é o arranjo espacial do modo de produção capitalista.

Trata-se de um todo governado pela necessidade de introduzir na relação homem-natureza, como uma "lei" de desenvolvimento, um arranjo espacial infraestrutural assentado na superioridade e na uniformidade da técnica sobre o todo do meio natural, levando essa configuração a se mundializar como modelo geral de totalidade homem-meio. E assim, por via desta, se generalizarem, de forma mais aguçada, a contradição entre forças e relações de produção por todos os lugares, jogando as tensões sociais da relação homem-natureza para dentro da relação homem-natureza em escala planetária. Primeiramente porque o que se garante através dos elementos extraídos à primeira natureza não é a conversão da despensa primitiva em meios de produção e de subsistência que concretizem o salto da liberdade da necessidade que em outras formações socioespaciais orientam os processos produtivos, mas a produção de mercadorias. Em segundo lugar, porque o que está mediando a relação homem-natureza através do emprego desses meios de produção não são estruturas geográficas de reprodução que ponham em consonância de equilíbrio dinâmico a totalidade homem-meio, mas uma divisão territorial do trabalho que modele essa totalidade homem-meio como um arranjo espacial exclusivamente reprodutor da acumulação do capital.

Podemos então imaginar esse arranjo econômico arrumado da seguinte forma: aqui o espaço industrial articulado a um espaço agrário localizado no derredor imediato e a um espaço mineiro localizado mais além, tudo centrado na relação de comando de um espaço urbano e, por força desse comando, estruturado em círculos concêntricos por um amplo espaço de circulação. Poderia este todo ser o arranjo de uma formação regional enquanto parte de um todo de arranjo mais amplo de regiões hierarquizadas encimado na abrangência do arranjo do Estado-nação que rege no topo da superestrutura o todo da formação socioespacial. E teríamos assim a sucessão hierárquica das porções de um tabuleiro de xadrez no qual cada formação regional se integra uma à outra por escalas de dominância-dependência e cujo fio condutor é o fluxo dos excedentes que cada qual produz e envia pelos meios de transporte para o ponto metropolitano central, em que se encontra o lócus da acumulação e de hegemonia da formação econômico-social inteira.

É um tipo de arranjo de espaço econômico altamente desenvolvido e, por isso, composto por: a) uma arrumação do espaço estruturado na diversidade das formas do capital em seu movimento reprodutivo hierárquico e diferenciado: o capital industrial (espaços industrial e mineiro), o capital agrário (espaços agrícola, pastoril e agropastoril), o capital mercantil (espaço urbano) e o capital financeiro (a rede hierárquica dos espaços regionais); b) uma rede global de circulação ordenadora da migração das frações de mais-valia e das disputas de apropriação por estas frações de capital dentro do movimento acumulativo global; e, c) uma estrutura espacial total arrumada em seu arranjo pela combinação desigual como lei geográfica fundamental desse espaço. Complexidade que cresceria nas formações capitalistas formadas por diferentes modos de produção, em que as formações regionais poderiam estar expressando esses modos de produção diferentes, regionalizados segundo o nível de desenvolvimento de suas forças produtivas.

A hierarquia dos arranjos espaciais expressaria a forma de organização da produção-expropriação-transferência dos tipos de excedente aí extraídos. E a combinação desigual, a hierarquia dos modos de produção entre si e o modo de produção dominante. Como é um espaço também hierarquizado em diferenças de classes sociais, a desigualdade social igualmente se expressa no visual da paisagem. A concentração da riqueza na metrópole da hierarquia regional tem sua contrapartida na concentração da pobreza nos demais recortes de espaço. Relação que se repete internamente no arranjo do espaço das porções perdedoras de excedente, a riqueza se concentrando nas mãos da elite local e a pobreza nas classes sociais restantes, o todo da formação econômico-social marcando-se globalmente por uma extrema desigualdade social.

Também é sob a forma de um arranjo que vamos ver organizando-se as instâncias da superestrutura, num formato estrutural em que o arranjo espacial cultural-ideológico geralmente se situa na interposição do arranjo espacial econômico e do arranjo espacial jurídico-político. Arranjos sobre e a partir dos quais se erguem as sociedades civil e política em seu amálgama da estrutura e da conjuntura de cada momento (Gramsci, 1968; Althusser, 1974).

Olhados no relance, esses arranjos não se distinguem na paisagem, dissolvidos na distribuição heterogênea dos objetos. Olhados pelos olhos educados na decifração dos significados, a própria localização vai indicando a distinção instancial: a fábrica, as fazendas, as estradas e as lojas de comércio são os objetos do arranjo espacial econômico; a igreja, o clube e a escola são os objetos do arranjo espacial ideológico-cultural; e o quartel, o tribunal, o parlamento e o palácio do governo são os objetos do arranjo espacial jurídico-político. Se a distinção visual separa e distingue, a articulação estrutural dos esquemas reprodutivos integra e unifica, numa relação de visível e invisível que sempre é uma característica distintiva do espaço geográfico (George, 1978). É o que se passa entre os objetos da instância jurídico-política e os objetos da instância econômica da infraestrutura em suas relações intermediadas pelos objetos da instância ideológico-cultural. Foucault fala deles como as capilaridades do micropoder que vinculam saber e poder através do ordenamento do espaço. E Gramsci e Althusser, como os aparelhos ideológico-culturais, postos entre os aparelhos jurídico-políticos e os aparelhos econômicos pela sociedade civil para o fim de integrar-se para baixo com a infraestrutura econômica e para cima com a superestrutura jurídico-política com o Estado, servindo assim de colchão de amortecimento dos conflitos de infra e superestrutura. Os objetos espaciais de todas as instâncias, todavia, traduzem-se como aparelhos dos micropoderes de suas respectivas instâncias, a exemplo da relação hospital e saber médico, asilo e saber psiquiátrico, prisão e saber carcerário, fábrica e saber econômico, escola e saber pedagógico, nação e saber político, natureza e saber físico, homem e saber antropológico – objetos que nessa condição emergem do chão espacial para sintetizar o todo complexo da socioespacialidade capitalista na globalidade (Foucault, 1979; Gramsci, 1968; Althusser, 1974).

DESCOBRIR VIA ARRANJO DO ESPAÇO O CARÁTER DE UNIDADE-DIVERSIDADE DO MUNDO

É através dessa possibilidade de poder distinguir e integrar pelo olhar das paisagens de cada formação socioespacial de qualquer época da História o caráter e o significado dos objetos que podemos chegar ao conhecimento do modo como a formação socioeconômica se organiza em sua totalidade. Essa totalidade se expressa através: a) do arranjo espacial econômico formado pelos objetos espaciais da produção, da infraestrutura e da circulação em sua atenção voltada para o controle da geração e repartição da riqueza; b) do arranjo espacial político-administrativo formado pelos objetos espaciais de governo, do parlamento e do judiciário voltados para o controle das relações societárias da sociedade civil; c) do arranjo espacial policial-militar formado pelos objetos espaciais da polícia, das forças armadas e instituições correcionais voltados para o controle da ordem social; d) do arranjo espacial ideológico-cultural formado pelos objetos espaciais escolares, religiosos e midiáticos voltados para o controle simbólico das representações de mundo.

Este último arranjo, em particular, tem a função de intermediar na linguagem dos signos – enquanto mediação estrutural que se interpõe entre a primeira e as demais instâncias para o fim de ligar num todo unitário a ordem material de uma (a infraestrutura econômica) e a ordem institucional das outras (a superestrutura administrativa, política e jurídica) – a ideia da unidade da diversidade no sentido do significado que seus signos buscam passar. Daí que ordene sua arrumação sempre em escalas de círculos concêntricos de modo que leve a ver, do mais próximo ao mais distante, a estrutura hierárquica da sociedade vivida como uma normalidade projetada ao infinito: a concentricidade da família-nação-universo formando a ideia hierárquica da comunidade; a do indivíduo-sociedade-estado, a hierárquica da humanidade; a da empresa-mercado-mundo, a hierárquica do modo de vida; a do bairro-país-continente, a hierárquica da ordem espacial; e a do pai-presidente-Deus, a hierárquica do próprio ordenamento de mundo.

A naturalidade com que a arrumação dessa concentricidade é apresentada junta, pois, através da função a um só tempo ideológica, cultural e representacional desse arranjo, as estruturas da natureza e da sociedade como instâncias elas mesmas amarradas na unidade geográfica desde a infraestrutura econômica à superestrutura ideológico-cultural. Num viés de integralidade estrutural que estabelece a totalidade homem-meio como a própria ossatura socionatural vertical da formação econômico-social no seu todo.

Daí o papel categorial histórico da paisagem na trajetória do método geográfico, o plano que pelo desenho do arranjo leva a leitura dos objetos espaciais a transformar-se na própria leitura do real. Estamos no âmbito da concretude que faz a relação sociedade-espaço qualificar-se como uma formação econômico-social apoiada em cada canto numa totalidade homem-meio determinada, a paisagem dando o tom geográfico desse todo espacial.

A epistemologia positivista-funcionalista enraizou-nos a noção de campos específicos das ciências segundo os quais "a Geografia faz *isto*, somente *isto* e somente ela estuda *isto*". E assim cada ciência. Esquecendo-nos, ao assim pensarmos, que o "isto" da Geografia, da História, da Sociologia, da Economia política, da Antropologia, de cada ciência em suma, numa palavra, é a mesma coisa: a sociedade, em sua estrutura, totalidade e movimentos. Mas se o "isto" de todas é este mesmo real, o modo de concreção e aparecimento desse real geral comum não é o mesmo. O modo de concreção-aparecimento para a Geografia é o espaço geográfico, uma especificidade entre as formas particulares de espaço determinada pela essencialidade estrutural da viga vertical da totalidade homem-meio.

GEOGRAFIA E PRÁXIS

Por este sentido é que igualmente há um método geográfico distinto do histórico, econômico ou geológico, com sua forma própria de olhar em meio à pluralidade dos métodos de cada campo. E que, tal como os outros, transita ao seu modo entre os métodos e fundamentos dos campos do pensamento marxista, funcionalista ou positivista, compartilhando junto às outras formas de ciências dos seus modos de pensar e ver seus temas cruzados no plano epistêmico do conhecimento. No tocante à relação com o método marxista, centrado no princípio de apreender "a essência nas aparências" para com isso ir às leis internas que governam as formas, as estruturas e os processos, o correlato é justamente o veículo das paisagens com seus objetos e arranjos espaciais próprios, sabendo que em Geografia o arranjo dos objetos espaciais é o plano imediato do modo de aparecimento do concreto. O método geográfico, com isso, consiste em partir do arranjo para apreender nos encaixes estruturais dos objetos espaciais da paisagem a essência dialética que rege a partir de dentro o todo da formação econômico-social que se tem à frente. Um método que combina o visível dos arranjos e o invisível das estruturas ao ir da exterioridade da paisagem para chegar à interioridade da estrutura, como proposto por George, numa já hoje tradição do método marxista na Geografia de tomar o método que Marx formulou na sua teoria do modo de produção capitalista de partir da visibilidade da mercadoria: partindo-se da mercadoria como o objeto mais comum, indo de mediação simples em mediação simples – como a relação de compra e venda e a circulação do dinheiro –, chega-se às entranhas mais íntimas da relação de produção e expropriação da mais-valia como a essência sistêmica do capitalismo.

Ora, nada mais visual e espacialmente semelhante à mercadoria que um objeto espacial dos arranjos da infra e superestruturais que tal qual ela encarna em sua peculiaridade de produto sintético toda a totalidade estrutural da ordem do invisível. Um "concreto que é o concreto porque é a síntese das suas múltiplas determinações, logo a unidade do diverso" (Marx, 1974). E que por analogia assim revela e exemplifica toda a riqueza que, por seu caráter de concreticidade da relação homem-meio, o objeto paisagístico do espaço geográfico encerra do real-concreto em Geografia.

BIBLIOGRAFIA

ALTHUSSER, Louis. *Ideologia e aparelhos ideológicos de estado*. Lisboa: Presença, 1974.

AMIN, Samir. *O desenvolvimento desigual:* ensaio sobre as condições sociais do capitalismo periférico. Rio de Janeiro: Forense-Universitária, 1976.

FOUCAULT, Michel. Entrevista com Foucault. In: _____. *Microfísica do poder*. Rio de Janeiro: Edições Graal, 1979.

GEORGE, Pierre. *Os métodos da geografia*. São Paulo: Difel, 1978.

GRAMSCI, Antonio. *Maquiavel, a política e o estado moderno*. Rio de Janeiro: Civilização Brasileira, 1968.

LEFEBVRE, Henri. *A re-produção das relações de produção*. Porto: Publicações Escorpião, 1973.

LUKÁCS, Georg. *Introdução a uma estética marxista:* sobre a categoria da particularidade. Rio de Janeiro: Civilização Brasileira, 1970.

MARX, Karl. O método da economia política. In: _____. *Contribuição para a crítica da economia política*. Lisboa: Estampa, 1974.

MOREIRA, Ruy. A geografia serve para desvendar máscaras sociais. In: _____ (org.). *Geografia, teoria e crítica:* o saber posto em questão. Rio de Janeiro: Vozes, 1982.

POULANTZAS, Nicos. *As classes sociais no capitalismo de hoje*. Rio de Janeiro: Jorge Zahar, 1975.

A TOTALIDADE HOMEM-MEIO

Ao se levar em conta as referências vindas das mais diversas fontes sobre a forma como a sociedade moderna se organiza geograficamente, esta forma é a que resulta do que para Quaini se pode chamar uma ruptura ecológico-territorial (Quaini, 1979), para Deleuze e Guattari, uma desterritorialização (Deleuze e Guattari, 1976 e 1995), e Moreira, um mal-estar espacial (Moreira, 2007a). A estrutura que a atravessa verticalmente é o que designamos a totalidade homem-meio hoje.

O fato é que há uma estruturação geográfica da sociedade centrada na tríade homem-espaço-natureza, em que do modo da mediação espacial vai brotar a forma de existência concreta da sociedade no contexto da História. Na base dessa relação homem-natureza espacialmente intermediada e estruturada está a forma de troca metabólica em que homem e natureza se envolvem no processo do trabalho. E no cerne da formatação concreta desse metabolismo, o modo espacial como este se arruma em cada contexto de época.

É onde a função de viga vertical da totalidade homem-meio entra na composição ordenada do conjunto estrutural, definida ao redor da forma como a fitoestasia pelo ecossistema e as relações de produção pelo modo de produção se combinam na regulação do movimento reprodutivo do todo.

A ESQUEMATIZAÇÃO DA TOTALIDADE

Humboldt já havia observado que o todo do arranjo global do espaço reproduz a geografia das plantas – a forma da grelha da localização e distribuição territorial da vegetação – em sua ação de realizar em suas relações para baixo com a base inorgânica e para cima com a estrutura de vida orgânica que culmina na esfera do homem a integralização desse todo. Sabemos hoje, por conta de Brunhes, que esse arranjo

---

* Texto de mesa-redonda do IV ENG-Encontro Nacional dos Geógrafos Brasileiros, realizado pela AGB-Associação dos Geógrafos Brasileiros, em 1980, e publicado originalmente nos anais do encontro sob o título "Geografia, ecologia, ideologia: a 'totalidade homem-meio hoje' (espaço e processo do trabalho)", em 1982, e inteiramente reescrito para esta edição.

GEOGRAFIA E PRÁXIS

geobotânico é a base da tríade homem-planta-água, de onde historicamente os homens em geral partem para organizar geograficamente suas formas de vida em sociedade, agindo para baixo e para cima a partir dessa base de distribuição hidrovegetacional. São fórmulas de teorização do modo da formatação geográfica das sociedades na História que hoje soma a geografia das plantas de Humboldt, a geografia das civilizações de Vidal de la Blache a geografia dos cheios e vazios de planta-água de Brunhes, a geografia dos complexos de espaço de Sorre, até chegar à geografia da regulação fitoestásica de Tricart e à geografia das sociedades espacialmente desorganizadas-organizadas de George (Moreira, 2008 e 2009).

Em todas elas, pensar a formatação geográfica das sociedades é pensar o modo de integralidade da totalidade relacional do homem e do meio. O movimento de constituição dialética do que na síntese da teoria daqueles clássicos chamaremos níveis de estrutura, pontes de ligação, circuitos de reprodução e esquemas de regulação. Movimento estrutural-estruturante da totalidade homem-meio, formado de cinco níveis, cinco pontes de ligação, quatro circuitos de reprodução e dois esquemas de regulação.

A base geral é o nível do ecótopo, a combinação contraditória de morfogênese e pedogênese articuladas pela ponte ligadora do intemperismo que forma o chão que pisamos. Acima deste e com ele inter-relacionado está o nível da biocenose, articulado ao nível do ecótopo pela ponte ligadora da vegetação. Num terceiro nível está o ecossistema, a combinação contraditória do ecótopo e da biocenose articulados pela ponte ligadora da cadeia trófica. No quarto nível está o modo de produção em sua relação de contradição sociometabólica com o todo do ecossistema, articulada pela ponte ligadora das relações de produção. E no topo como um nível geral está a sociedade, articulada na sua estrutura interna pela ponte ligadora da reprodução global a partir da reprodução do metabolismo do trabalho. Situados nos planos de interseção dos níveis e pontes de ligação estão os circuitos dessa reprodução, o circuito da fotossíntese-remineralização posto entre o ecótopo e a biocenose, o circuito da cadeia trófica posto na ligação flora-fauna-homem dentro do ecossistema, o circuito das relações de produção posto entre o modo de produção e o ecossistema, e o circuito da superestrutura-infraestrutura posto dentro do todo da sociedade. Arrumados em pares de opostos, estes planos de níveis, pontes de ligação e circuitos de reprodução são em suas escalas de interseção igualmente planos de contradição, sobre os quais intervêm dois grandes sistemas de regulação, voltados para manter o todo num estado de equilíbrio dinâmico: a fitoestasia, atuante por dentro do movimento ecossistêmico, e a ação societária, atuante por dentro do todo integralizado da organização geográfica da sociedade. E formam no conjunto o que alhures chamei o problema da entrada da integralidade (Moreira, 2010).

O movimento da totalidade homem-meio é assim essa combinação de níveis, pontes de ligação e circuitos de reprodução que se move no todo como um sistema de contradições contornadas pelos esquemas de regulação, integralizando-se à luz desses campos de forças e modo de regulação, a exemplo da integralização para baixo e para cima da geografia das plantas da teoria holista de Humboldt, e que Tricart vai traduzir como o movimento de integralização intermediada pela ação fitoestásica da vegetação, ambos numa sistemática de entrada pelo meio.

Daí que Tricart tome o ecótopo como a primeira etapa dessa cadeia de integralizações, como numa espécie de infraestrutura da natureza. Aqui se movem em contraponto a morfogênese e a pedogênese, interligadas pela ponte de ligação do intemperismo e reguladas pela intervenção fitoestásica da cobertura vegetacional. O intemperismo é um processo que, por ação mecânica ou química, altera a estrutura e consistência das rochas, predispondo-as ao movimento seja da morfogênese, seja da pedogênese. Genealogicamente é o fenômeno resultante da interface na superfície terrestre do substrato geológico e do sobreposto climático em suas ações contrárias, o substrato geológico fornecendo o material de base que a ação climática sobreposta vai alterar. Nos trópicos esse material intemperizado forma o regolito, o manto de decomposição posto em repouso sobre a base geológica sã que se oferece como matéria-prima seja para o ataque erosivo-deposicional da morfogênese, seja para o ato da transformação biogeoquímica da pedogênese. E a cobertura vegetal é o elemento que põe em consonância esses dois movimentos opostos, permitindo através de seu enraizamento no âmago do ecótopo que tanto se dê a morfogênese quanto a pedogênese, o trabalho erosivo-deposicional da morfogênese e o de transformação do regolito em solo da pedogênese se realizando em simultâneo e num quadro de equilíbrio dinâmico (Tricart, 1977 e 1978).

A combinação ecótopo-biocenose é a segunda etapa, a edafologia de um lado e a fotossíntese de outro lado fazendo a ponte de ligação, e a fitoestasia estendendo até aqui sua função de regulação. É o quadro combinado da esfera do inorgânico (o ecótopo), a esfera de baixo, e da esfera do orgânico (a biocenose), a esfera do meio, da teoria de Humboldt, a que este acrescenta a esfera do humano (a sociedade), a esfera de cima, que logo Tricart vai incorporar ao seu esquema de duas esferas. E que faz da biocenose num contraste com o ecótopo como que um plano de superestrutura do todo ecossistêmico da natureza. A mediação edafológica é a ponte que interliga o ecótopo e a cobertura vegetal da biocenose, num casamento solo-flora incumbido de incorporar, para baixo, a camada geológica e, para cima, a globalidade das formas biológicas de vida do planeta. E com isso estabelece a formatação originária dos arranjos de espaço que as civilizações vidalianamente e as sociedades brunhianamente irão tomar como sua base de organização geográfica inicial. A geografia das plantas de Humboldt e fitoestásica de Tricart, que em Waibel pode ser vista como a geografia do complexo vegetação-solo-terreno (vegetação, solo e formato topo-geomorfológico do chão, dito de outro modo), integralizado no que sinteticamente designa de terra (Waibel, 1958). A mediação fotossintética e da remineralização forma o circuito da reprodução que reativa num *continuum* a ponte de ligação geologia-solo-vegetação e reproduz e transforma a integralidade da ligação do ecótopo e da biocenose ciclicamente num todo de um bioma a caminho da incorporação da esfera de cima num só ecossistema. A vegetação segue sendo o elemento regulador do todo contraditório do ecótopo-biocenose, equilibrando com seu controle fitoestásico seja a ação de revolvimento do solo pelos micro-organismos, seja o efeito das atividades econômicas dos modos de produção dominantes, e assim o todo relacional. Aqui numa combinação com a ação da reprodução fotossintética que realiza incorporando os elementos nutrientes que retira do solo junto à intervenção morfopedogenética que desempenha dentro do ecótopo numa síntese metabólica dentro de si com os elementos que retira do ar circundante, desse modo produzindo os componentes que por sua vez vão formar os elementos nutrientes da fauna e do homem (como espécie que vira gênero dentro da relação socionatural da sua própria história) e, uma vez expelidos, se remineralizam numa equilibração geológico-pedológico-edafológico-biogeográfica global da relação ecotópico-biocenótica.

A combinação biocenose-ecossistema é a terceira etapa, a cadeia trófica fazendo a ponte de ligação, e a mediação fitoestásica, a função de regulação do todo. A cadeia trófica completa, na ponta extrema superior da relação planta-animal, a ligação realizada na ponta extrema inferior da relação planta-ecótopo começada pela fotossíntese. E o ponto do retorno ao começo do circuito da reprodução realizado pelo ciclo da fotossíntese-remineralização, permitindo que o movimento da reprodução se globalize no *continuum* da troca recíproca do biótico-abiótico que caracteriza o todo ecossistêmico dentro da totalidade homem-meio.

A combinação ecossistema-modo de produção é a quarta etapa, a relação de produção-distribuição sobreposta à cadeia trófica fazendo a ponte de ligação, e o metabolismo do trabalho sobreposto à fitoestasia, a função da regulação. A presença dúplice do homem – de um lado como componente da biocenose e de outro como componente do modo de produção – é o elemento que leva a operar-se essa dupla sobreposição. E que surja o realinhamento de todo o ecossistema, do plano do ecótopo ao da interseção da infraestrutura e da superestrutura dentro do modo de produção, numa verticalidade estrutural de totalidade homem-meio. É assim que o centro de gravidade da reprodução se desloca do circuito da relação fotossíntese-remineralização para o circuito do trabalho metabólico. E o da função de regulação da fitoestasia para a forma de propriedade que está à base do caráter das relações de produção. A estrutura conjunta dos níveis, pontes de regulação e circuitos de reprodução próprias do ecossistema segue existindo e atuando em seus modos de movimentos naturais, mas, embaixo do modo como a depender do caráter das relações histórico-estruturais do modo de produção, o homem é levado a relacionar-se com o todo da natureza.

A combinação modo de produção-sociedade, por fim, é a etapa final, a relação societária fazendo a ponte de ligação, e a forma de propriedade, a função de regulação. O circuito da reprodução superestrutural da infraestrutura se estende como o circuito de reprodução global do todo. O modo de produção se explicita como a esfera de cima de Humboldt. O circuito da fotossíntese segue sendo a chave do movimento de reprodução das plantas a partir da relação metabólica para baixo com a esfera inorgânica do ecótopo, e para os lados e para cima com a esfera também inorgânica do ambiente atmosférico. O circuito da cadeia trófica é a chave do movimento de nutrição dos animais vegetarianos, estes dos animais carnívoros e estes últimos, por fim, dos animais onívoros entre os quais está o homem-parte-componente-da-biocenose a partir do retorno à base fotossintética das plantas. E o circuito da fotossíntese-remineralização segue sendo a chave do movimento da reprodução biótico-abiótico da vida, retroalimentando o circuito ecossistêmico como um todo. Mas o circuito da acumulação ampliada, que é próprio do desenvolvimento das sociedades de qualquer modo de produção, move o ciclo reprodutivo do conjunto da natureza como um circuito de ida e volta de primeira-segunda, de impregnação sucessivamente crescente da primeira no conteúdo social da segunda. Cada vez que esta segunda volta à função de primeira faz com que esta primeira dissolva seu estoque de natureza original a cada dobra de retorno do circuito.

Não deixa de ser disso que Vidal fala quando analisa os gêneros de vida como o motor do desenvolvimento das civilizações. Brunhes, quando fala da transformação do binômio planta-água na tríade homem-planta-água, aí vê a base do erguimento de todo um *habitat* espalhado na superfície terrestre a partir da ação intratriádica do homem em sociedade. Em que este, tomando para si a distribuição consorciada das plantas e águas, ergue suas casas e caminhos, adensa e transforma as casas em cidades nos cruzamentos desses caminhos e ocupa seus interstícios com as cores das manchas da lavoura e da pecuária, transformando a geografia das plantas-água em novos arranjos com apoio na força da indústria, dos meios de circulação e das trocas. E assim altera os biomas e rearruma nos termos reprodutivos de seus modos de produção o todo funcional dos níveis, pontes de ligação, circuitos de reprodução e esquemas de regulação da totalidade homem-meio. E George aí vê a sociedade da natureza sofrida transformar-se na sociedade de espaço organizado (Vidal, 1954; Brunhes, 1962; George, 1968).

A INTEGRALIDADE ONTOLÓGICA

O sentido, em princípio, é fazer este todo geográfico emergir como a integralidade do mundo do homem, de modo a este ver-se como um homem no mundo. Uma integralidade centrada no trabalho ontológico. São as suas necessidades vitais impelindo-o seminal e reiteradamente ao metabolismo intranatural, no qual entra como espécie e sai como gênero, entra como natureza e sai como sociedade. E cuja essência é o homem que hominiza-se a si mesmo através do processo do trabalho e tem na coabitação espacial seu modo de existência.

Essa condição ôntica de espécie é a ponte geral de ligação que o põe a continuamente mergulhar nos níveis instanciais da natureza, inserir-se nos fácies de suas interseções e circuitos de reprodutibilidade e regulação, e assim conduzir o movimento da totalidade do meio no sentido de integralizá-lo como seu modo de vida. E assim estabelecer uma relação de troca metabólica que o leve de espécie à condição de gênero. Rumo ao homem total do dizer de Marx (Lefebvre, 1967).

Nesse giro de integralização o homem age por cooperação. Uma decisão que faz a hominização integral já vir com a marca da coabitação espacial, em toda sua investidura de um modo de ser-estar geográfico do homem-no-mundo. A circularidade metabólica da relação homem-natureza é aqui a condição necessária. Natural, o homem move-se para o social. Social, o homem move-se para o natural. Tal qual nos circuitos reprodutivos da primeira-segunda natureza. Porque parte dela, as necessidades de espécie trazem o homem para o metabolismo natural, mergulhando em envolvimentos com os níveis escalares da morfogênese, pedogênese, fitoestasia, biocenose, ecossistema, coparticipando das interfaces de pontes de ligação do intemperismo, da edafologia, de fotossíntese, de trofismo e de ecossistema, e interferindo nos circuitos reprodutivos da fotossíntese-remineralização e da cadeia trófica, relações de produção e relação superinfraestrutura, aqui agravando e ali contornando os quadros das contradições estruturais.

O resultado é a dialética de história natural e história social do processo de hominização. Que leva a natureza a mover-se como uma história natural impregnada do social do homem. E o homem, a mover-se como uma história social impregnada do natural da natureza. Uma história natural que por salto de qualidade se faz história social, seja para o homem e seja para a natureza. E na interação metabólica muda o homem, na medida em que este muda a natureza.

O vetor desse movimento é o trabalho metabólico. O trabalho visto por Marx como o intercâmbio intranatureza de forças que se dá entre o homem e os outros entes naturais (Marx, 1985). O circuito que faz as componentes externas da natureza se internalizarem à corporeidade do homem, e as componentes externas do homem à corporeidade da natureza. E dessa forma leva a girar e integralizar o todo dos demais circuitos de reprodução da totalidade homem-meio.

A consequência espacial desse processo é o efeito recíproco-global. A natureza que não permanece a mesma, junto ao homem que não permanece o mesmo. E cujo resultado é ôntica e ontologicamente o espaço. Toda troca metabólica se dá entre corpos e em um dado ponto da superfície terrestre. Assim surge um ponto espacial que podemos intitular um lugar transcorpóreo, este organizado como uma prática espacial dos corpos – o corpo natural do homem e os demais corpos naturais – em coabitação. E que faz da transcorporeidade uma transespacialidade. Um todo de interação no qual os corpos se veem por suas localizações recíprocas. E os faz sujeitos e objetos de uma mesma coabitação espacial, compartilhantes de uma coabitação de que a distância, a extensão e a distribuição territorial são o dado estruturante. Os dados são arrumados como um conjunto cujo todo se visualiza como um arranjo de corpos organizados na fisionomia paisagem.

Mais que marco visual, a paisagem é, entretanto, o marco estrutural da coabitação espacial. A estrutura captada na transversalidade dos olhares cruzados dos corpos localizados. Daí sua clássica concepção de plano da percepção sensível. O âmbito do qual o espaço emerge como o campo interatuante da ação metabólica. E em que a troca metabólica se estrutura como uma totalidade homem-meio.

E assim é porque, arrumado pela dinâmica das relações de troca entre homem e natureza, é o arranjo espacial a estrutura material que organiza e coordena os movimentos do metabolismo. Cada elemento metabólico aí se apresenta e age por sua localização específica. E as interações entrecruzadas completam a formação do quadro. Toda a dinâmica de conjunto passa a reger-se a partir daí por esse quadro de arranjo. E é sobre essa base que se ergue todo o edifício espacial restante, desde a viga mestra da totalidade homem-meio até o todo das formas de sociabilidade.

É quando o metabolismo do trabalho completa seu circuito. E a sociabilidade se diferencia e se autonomiza da base metabólica para ganhar vida própria na medida em que se multiplica em formas na ascendência da edificação espacial do ecótopo ao topo da superestrutura do modo de produção dominante. Estruturada como uma sociabilidade diversificada e complexa, a integralidade ontológica necessita, assim, passar pelo filtro real das concretudes e estruturar-se nos termos críticos da vida mundana, em que a relação metabólica vai manter-se através da complexificação da totalidade homem-meio e a relação homem-natureza vai ganhar a forma ôntico-ontológica da existência espacial historicamente concreta.

A INTEGRALIDADE HISTÓRICO-CONCRETA

É precisamente este o ponto da geograficidade. O ponto do real geográfico em que contrastam a integralidade solidária das sociedades comunitárias e a integralidade rupturada das sociedades modernas.

A integralidade comunitária é uma forma de sociabilidade assentada numa relação homem-natureza orientada no valor de uso, no copertencimento e na cooperação. E cujo exemplo histórico é a comunidade de economia autônoma, integral e familiar do período do pré-capitalismo. A divisão de trabalho é aqui estruturada por sexo e por idade. E o nível pouco desenvolvido das forças produtivas determina um universo de matérias-primas praticamente limitado às plantas e animais, a que se acrescenta a matéria inorgânica maleável da cerâmica e de uma metalurgia precária.

Tudo isso demarca uma relação com o entorno natural de mediação societária fortemente confundida com o mecanismo das pontes de ligação e dos circuitos reprodutivos e reguladores naturais da fitoestasia e da cadeia trófica. E uma relação com o entorno espacial que vai pouco além da aldeia e habitações esparsas do grupo comunitário, onde, projetados sobre a tela rural das casas, caminhos e manchas agropastoris e orientados na localização da aldeia, produção e consumo, consumo e mercado, mercado e produção se confundem num todo indiferenciado ante a integração de base da agricultura e da indústria.

A sociedade cindida que conhecemos vem da fragmentação dessa integralidade solidária pelo processo da acumulação primitiva, o processo que introduz na estrutura comunitária a divisão territorial do trabalho e das trocas atual. A finalidade do processo de acumulação primitiva é a concentração da riqueza na forma monetária em poucas mãos, de modo a instituir a produção para o mercado como vetor axial e orientar a relação homem-natureza-homem para a lógica do valor de troca. E nesse passo quebrar a integralidade da estrutura comunitária pela separação em setores dissociados e autônomos a produção, o consumo e o mercado a partir da separação estrutural da agricultura e da indústria em setores de atividades distintos e territorial na forma da separação cidade-campo.

A base dessa sequência de quebras estruturais e territoriais é a separação, de um lado do camponês-artesão da terra e, de outro, da natureza em partes até então unitárias por sua relação orgânica com o modo de vida integrado do campesinato-artesão. Despojado da terra, retira-se desse ente comunitário a base que alimenta a integralidade do seu modo de vida, perdendo com ela o meio de produção e os gêneros de subsistência e matérias-primas da indústria artesanal que sustentam o todo da reprodução da vida. O desvinculamento da terra significa o desvinculamento de todas as demais partes da natureza e o chão territorial que habita. Despojada, por sua vez, da relação orgânica com o modo de vida integrado do camponês-artesão, a natureza igualmente vai perdendo sua integralidade, dividida e separada em tantas partes quantas as que vão surgindo com o aprofundamento da divisão do trabalho nascida da separação entre a agricultura e a indústria, a produção; o consumo e o mercado; o campo e a cidade gerada pela acumulação primitiva; solo, subsolo, águas e matas se desvinculando do todo unitário que junto ao homem formavam dentro da sociedade comunitária desmontada.

E o móvel é a centração da sociedade na relação do mercado, fruto do desenvolvimento da intermediação mercantil que vai se dando entre os comerciantes habitantes dos burgos, os burgueses e a massa da comunidade campesino-artesã. O habitual de vida dos camponeses-artesãos é levar as sobras do consumo de sua economia de subsistência para troca com os habitantes das aldeias mais próximas, aí realizando uma relação de mercado simples que Marx designa uma troca de circuito M-D-M, em que, tornadas mercadorias (M), tais sobras são trocadas mediante a intermediação do dinheiro (D), então funcionando como um puro e simples meio de troca, por outras (Marx, 1985). A esperteza dos comerciantes, habituados à realização de compras dessas sobras a preços baixos para revenda por preços mais altos entre os diferentes lugares, é ver na possibilidade da intermediação uma chance de rápido enriquecimento. Passando a intervir assiduamente no circuito, aos poucos vão eles mudando as práticas dos camponeses-artesãos substituindo-os em seus deslocamentos em escala crescente. O aumento da produção que a economia do tempo então gasto nos deslocamentos e estada na aldeia permite intensifica o ritmo das trocas e leva o campesinato-artesão a adquirir novos hábitos, jogando-o com o tempo numa imprevista situação de dependência do intermediador. Manipulando essa dependência em seu benefício, o intermediador mercantil orienta a produção campesino-artesã para a troca e a especialização em nível crescente, quebrando sua antiga integralidade. A esfera da produção campesino-artesã vai assim se moldando às necessidades e ditames da esfera da circulação do intermediador mercantil, mercê um estado de sujeição cujo ato final é o endividamento, a perda da terra e a morte da economia familiar-comunitária.

É quando a agricultura e a indústria se separam, dividindo o espaço em campo e cidade e engendrando as demais separações estruturais que levam a sociedade como um todo a substituir a antiga divisão do trabalho natural pela divisão técnica do trabalho em ramos especializados. A especialização produtiva que assim se estabelece entra em cunha na relação homem-natureza separando e, a seguir, fragmentando ao infinito o universo respectivo do homem e da natureza. De um lado a natureza fragmenta-se segundo seus valores de uso transformados em valores de troca e subordinados a ramos respectivos de especialização produtiva – o solo agrícola é separado para se vincular à agricultura; o pasto, à pecuária; os minerais, à indústria de mineração; o rio, à produção de energia; a mata, à indústria madeireira; a fauna, à indústria de utensílios –, cada parte se separando para respectivamente organizar-se estrutural e territorialmente em forma paralela segundo a localização de seus ramos. E de outro lado o homem é quebrado em numerosos entes segundo esses mesmos segmentos de ramos produtivos pela especialização profissional do trabalho e com eles é reterritorializado numa mobilidade de migração antes desconhecida.

É quando Quaini vê aí nascer uma sociedade de ruptura ecológico-territorial. Deleuze e Guattari, uma sociedade desterritorializada em seu sentido psicanalítico de culturalmente desenraizada. E Moreira, uma sociedade desespacializada via a desterreação trazida pelo despojamento da terra, a desterritorialização trazida pela perda do chão de morada definida e a desnaturização trazida pela totalidade homem-meio completamente desintegrada que daí decorre.

A TOTALIDADE HOMEM-MEIO HOJE

O todo da constituição geográfica atual das sociedades é a combinação dessa triplicidade estrutural. A desintegralidade total difundida como a forma espacial de vida na superfície terrestre, mas que necessita dividir a superfície do planeta com a totalidade de integralidade solidário-comunitária, mantida aqui isolada e ali embutida na espacialidade daquela, com maior ou menor intensidade de alteração provocada pela ação do movimento da acumulação primitiva. Num todo planetário assim duplicamente estruturado.

Coube a Rosa Luxemburgo chamar a atenção para esta aparente ambiguidade. E oferecer a explicação plausível: a dependência da reprodução ampliada capitalista de incorporar as formas de produção não capitalistas no seu processo de realização do valor. Dissolvida aqui e ali onde o avanço da acumulação primitiva foi avassaladora, também foi apenas alterada numa diversidade de lugares por essa mesma acumulação primitiva ali onde as formas não capitalistas ofereceram maior resistência ou a emergência da reprodução capitalista em sua fase madura recolheu-a e mesmo recriou-a como periferia (Luxemburgo, 1983).

Seja como for, é sob essa forma de coabitação e coexistência de modos de integralidade que o espaço mundial hoje se organiza. Não escapou, porém, ao olhar empírico do geógrafo a percepção desse fato. Bem como a diferencialidade ontológica das formas de integralidade e do trabalho dessas distintas formas de sociedade, a comunitária marcada pela integralidade e pelo trabalho solidário, e a moderna capitalista, pela integralidade e trabalho ecológico-territorialmente cindidos.

Daí a ênfase ao olhar de totalidade, mesmo quando este olhar vê-se prejudicado pela ausência teórico-metodológica da particularidade, a unidade concreta de espaço formada na síntese dialética da universalidade e da singularidade. Um problema de método que sempre esbarra na tautologia de querer ver o todo pela via do próprio todo, ou do polo oposto de ver o todo pela via da soma das partes como se fossem entre si autônomas. O olhar de totalidade acaba por conferir ao universo fragmentário da integralidade fragmentada um certo estado de naturalidade, fruto de uma visão do trabalho como uma pura mediação que se interpõe entre homem e natureza naturalmente separados numa unidade de espaço.

É um problema de olhar que se resolve no conceito da totalidade como um sistema. Ora, totalidade é movimento e contradição, movimento como contradição. Movimento que se cristaliza em formas e que sempre revertem de volta ao movimento para mediar sua continuidade e nele se incorporar renovadas (Lukács, 1968; Goldmann, 1967). Por isso que no âmago da totalidade homem-meio encontramos morfogênese e pedogênese, ecótopo e biocenose, ecossistema e modo de produção arrumados enquanto níveis estruturais em pares dialéticos e contraditórios, articulados por suas pontes de ligação e coesionados pelos esquemas de reprodução, como a fotossíntese, e regulação, como a fitoestasia. É por esta condição de pares que no processo total global o todo é unidade e diversidade, unidade na diversidade, manifestando-se a diversidade na unidade e vice-versa. E a razão porque a unidade, o todo contraditório e complexo, tem na diversidade não partes, mas aspectos opostos do movimento conflitivo dos pares. Motivo porque o todo não é um composto agregado de diferentes partes, uma totalidade sistêmica, embora um sistema seja um todo, mas um movimento de integralidade. Mesmo que de uma integralidade fragmentada. O todo que é o movimento dos opostos numa composição estrutural em que os aspectos dos pares se transformam uns nos outros ao redor de um tipo determinado de unidade. Por outro lado, é um fato que o espaço é um elo-chave de conferimento de unidade. O plano em que as partes se unem em coabitação. O trabalho metabólico em geral servindo de linha processual de costura.

É esta noção de totalidade que leva a leitura clássica a ver a Geografia como uma ciência de síntese. E totalidade e integralidade a geralmente se confundir. E que igualmente a levará a seus recorrentes problemas de teoria e de método. Uma delas é a própria imprecisão de autoimagem. As perguntas de identificação que levam Pattison a ver na história do pensamento geográfico o desenvolvimento simultâneo de quatro distintas direções de discurso: a "tradição de ciência da Terra", a "tradição de estudos de área", a "tradição espacial" e a "tradição de estudos homem-terra". E que Taaffe reduz a três formas de visão: a "visão ecológica", a "visão regional" e a "visão espacial" (Pattison, 1976; Taaffe, 1975). Misturas ou não de imprecisão, o fato é que por outro lado nestas "diferentes" geografias inscreve-se a totalidade homem-meio como uma espécie de raiz comum.

Mesmo que lhes escape que a relação homem-natureza só existe como dicotomia nas condições histórico-estruturais na integralidade fragmentada introduzida na organização geográfica das sociedades pelo modo de produção capitalista. Inexiste nos modos de produção anteriores por não fazer parte da existência real-concreta do modo espacial de vida dos homens, para as quais o homem e a natureza compõem perceptivelmente uma unidade identitária de copertencimento.

O que diz sobre a totalidade homem-meio o arranjo espacial das sociedades de ruptura ecológico-territorial? Antes de mais, um metabolismo de relação homem-natureza comandado pelo circuito da reprodução ampliada do capital. Fruto da profunda interferência do valor de troca ao longo de toda linha vertical da totalidade homem-meio. Interferindo no funcionamento ecossistêmico desde a "infraestrutura" ecotópica até a "superestrutura" biocenótica. E assim arrumando na sua lógica de mercado todo o seu mecanismo de pontes de ligação, circuitos de reprodução e esquemas de regulação estrutural.

Isso significa uma integralização da totalidade desintegrada pelo e para os fins do esquema da acumulação do capital. Daí que, impedido de suprir-se de meios de subsistência com seu próprio trabalho por não mais possuir a terra como seu meio de produção, restou ao campesinato pôr à venda sua força de trabalho. Ao contrário, já sendo por conta da acumulação primitiva o possuidor dos meios de produção, bastou ao capital comprar essa força de trabalho para assim reconstituir sob a tutela da propriedade a unidade das forças produtivas, reunificando sob seu mando o homem e a natureza separados justamente pela instituição da propriedade privada e retotalizando nesse prisma a totalidade homem-meio.

De início essa lógica estrutural é de escala restrita no espaço planetário. Logo a seguir, entretanto, se mundializa. Põe-se em cada canto ao lado das comunidades de integralidade solidária sobreviventes dos desmontes da acumulação primitiva. E difunde como modelo seu modo de organizar-se como uma totalidade homem-meio, assim estabelecendo como modo de organização planetária a coabitação espacial de formas de integralidade analisada por Rosa Luxemburgo.

Atenta Rosa Luxemburgo para o fato de que por trás dessa relação está a ação combinada da lei tendencial de declínio da taxa de lucros e da lei da criação e incorporação de periferias típicas da totalidade homem-meio capitalista. Duas leis que atuam integradas. E a empurrá-las, o aguçamento dos conflitos capital-trabalho e capital-capital pela disputa desenfreada de mercado que justamente leva a acumulação capitalista a mundializar-se. A pressão dos trabalhadores pela elevação do salário real concorre para a mobilização da lei tendencial da taxa de mais-valia (mv/v), forçando para baixo a taxa do lucro (mv/c+v). Tendência que a empresa busca transferir para o mercado, resolvendo-a na concorrência. Ou para dentro, resolvendo-a pela elevação da taxa de produtividade do sistema produtivo com investimento em tecnologia mais avançada. O que significa mergulhar toda a totalidade homem-meio nos parâmetros de estruturação espacial da mais-valia relativa, consistente em ir buscar na integração do todo sistêmico da divisão territorial do trabalho e das trocas, em particular na relação indústria-agricultura, a base que reduza aos extremos e continuamente a taxa geral do custo de produção e aumente sempre a taxas superiores a produtividade e o rendimento, jogando para baixo os preços relativos dos salários industriais. Disso resulta uma estrutura geográfica de fortes interações espaciais de uma multiplicidade crescentemente alargada de lugares (Moreira, 2010b).

Engendrado pelas empresas mais afetadas no imediato pelo duplo dos conflitos e cedo incorporado por todas as demais, esse mergulho leva a uma abarcagem de escala que generaliza o arranjo espacial da integralidade fragmentada capitalista para a totalidade dos recortes de espaço de todo mundo, numa internacionalização pelo todo do espaço terrestre da própria relação de ação-contrarrestação da lei tendencial que justamente aprofunda em escala planetária o movimento de criação-incorporação de periferias antes territorialmente restrito a alguns lugares. Essa incorporação chega aos lugares através da propagação dos meios de transferência – a infraestrutura de capital fixo materializada nos objetos espaciais de transporte, comunicação e transmissão de energia –, empurrada pelas mãos do Estado. Assim forja a arrumação entrecruzada da totalidade homem-meio do capitalismo e do extracapitalismo como uma mesma "aldeia global". A forma de totalidade homem-meio dominante é, entretanto, a da ordem espacial capitalista. Dentro da qual se alojam em conflito de contraespaço as totalidades homem-meio do extracapitalismo (Moreira, 2007).

O arranjo desse espaço planetarizado é o que arruma num combinando de concentração e dispersão de localização a forma de configuração geográfica que melhor convenha às empresas em sua competição pela recolha do máximo de *quantum* da mais-valia relativa, agora produzida em escala mundial. Organizado geralmente em forma conglomerada, cada grupo de empresa espraia-se em rede de filiais mundo afora, numa ação de alcance escalar também cada vez mais planetário. Nos anos 1970, quando esta escalada se acelera, a Exxon possuía perto de 200 filiais distribuídas por quase todos os países; a General Motors, 200 filiais por 30 países; a Roche, 60 filiais por 17 países; a Shell, 280 filiais por 100 países; a Nestlé, 100 filiais por 40 países; a Colgate-Palmolive, 50 filiais por 32 países; a Goodyear, 137 filiais por 27 países (Barnet e Muller, 1974; Bosquet, 1976; Freire, 1979).

Cada grupo organiza sua totalidade homem-meio atraindo dos vários lugares fantástica massa de mais-valia, às expensas da pauperização mundial de homens e da natureza e por meios os mais variados de operações triangulares, sobre e subfaturamento, especulação cambial, intervenções políticas, financeiras e militares, despersonalização cultural. A propaganda da Coca-Cola dirige e condiciona o comportamento de consumo de homens e mulheres em todos os cantos do mundo. Os enlatados americanos de TV reproduzem-se em cadeia simultaneamente por dezenas de países.

Peça de uma engrenagem enorme, cada filial é membro de uma "eminente família" que engloba complexos industriais, financeiros, mercantis, científicos, tecnológicos, ideológicos, políticos, militares. Cada "família" se estrutura como uma potência internacional. São Estados dentro de Estados, às vezes maiores que muitos dos Estados em cujo território se abriga, tal a força dos seus aparatos e o volume de seus negócios. Só a Exxon, a Ford e a General Motors atingiram em 1975 um faturamento conjunto de 118 milhões de dólares, volume superior aos orçamentos somados da Argentina e do Brasil naquele ano. Época em que seus tentáculos penetram por todos os ramos da produção, estruturando por dentro da totalidade homem-meio de seu domínio e à base do uso dos mais dispersos e diversos recursos uma gama de geração de diferentes produtos. A Coca-Cola inclui uma lista de 250 mil; a General Motors, 250 mil; a Dow-Chemical, 1 mil; a Du Pont, 1,2 mil. Na estrutura vertical de sua organização de trabalho incluem-se departamentos de pesquisa dotados dos mais sofisticados laboratórios de pesquisa de novas técnicas de produção e novos materiais e produtos, nos quais se empregam centenas de técnicos e cientistas de nível elevado: a Bayer emprega um corpo de 2 mil pesquisadores; a Westinghouse, 1,7 mil!

No seu todo, eram então um conjunto de trezentas corporações empresariais entrecruzadas em complexas articulações de ação política em vista de conter e dissolver movimentos de caráter nacionalista e popular enquanto obstáculos à livre mobilidade territorial do mercado. E que se valiam de seu arranjo global de espaço para isoladas ou em consórcios minimizar o impacto de ações grevistas, reduzindo a produção de bens em um país para aumentá-la em outros, numa fragilização dos movimentos operários organizados em escala nacional. Usa-o igualmente para forçar a baixa de salários. Do mesmo modo que para exercer o controle das frentes de produção e das fontes de matérias-primas de base em nível internacional, de que o petróleo é o exemplo conspícuo. É conhecida a forma de reação dos grupos empresariais aos movimentos de nacionalização dos lençóis petrolíferos pelos governos árabes do Oriente Médio.

Numa escala tão generalizada de intervenção, aguçam-se, entretanto, as contradições estruturais do todo da totalidade homem-meio em cada canto, carregando-a de novos tensionamentos. É assim que crescem junto ao desenvolvimento dos mecanismos de produção e realização do valor de troca os problemas da fragmentação do homem e da natureza territorialmente e dentro da relação metabólica. Já não mais intervém a ação fitoestásica. E não mais funciona a ação natural da cadeia trófica. Um problema de autorregulação que atinge a totalidade homem-meio em escala de globalidade planetária. E já não mais surte o efeito esperado a integralização espacial da ordenação contrarrestante da própria mais-valia relativa. Homem e natureza se degradam em escala mundial. E levam de roldão igualmente a recomposição da realização do valor pela incorporação de periferias. A medicação somente serve agora ao agravamento do mal clínico.

BIBLIOGRAFIA

Barnet, Richard J.; Muller, Ronald. *O poder global:* a força incontrolável das multinacionais. Rio de Janeiro: Record, 1974.

Bosquet, Michel. *Ecologia e política*. Lisboa: Editorial Notícias, 1976.

Brunhes, Jean. *Geografia humana*. Rio de Janeiro: Fundo de Cultura, 1962.

Deleuze, G.; Guattari, F. *O anti-Édipo:* capitalismo e esquizofrenia. Rio de Janeiro: Imago, 1976.

_____. *Mil platôs:* capitalismo e esquizofrenia. São Paulo: Editora 34, 1995, 5 v.

Freire, Paulo. *Multinacionais e trabalhadores no Brasil*. São Paulo: Brasiliense, 1979.

George, Pierre. *A ação do homem*. São Paulo: Difel, 1968.

Goldmann, Lucien. *Ciências humanas e filosofia*. São Paulo: Difel, 1967.

Lefebvre, Henri. *Para conhecer o pensamento de Karl Marx*. Lisboa: Martins Fontes, 1967.

Lukács, Georg. *Existencialismo ou marxismo*. Rio de Janeiro: Senzala, 1968.

Luxemburgo, Rosa. *A acumulação do capital*. 3. ed. Rio de Janeiro: Jorge Zahar, 1983.

Marx, Karl. *O capital*. Rio de Janeiro: Civilização Brasileira, 1985.

Moreira, Ruy. O mal-estar espacial do fim do século xx. In: _____. *Pensar e ser em geografia*. São Paulo: Contexto, 2007a.

_____. Sociabilidade e espaço: as sociedades na era da terceira revolução industrial. In: _____. *Pensar e ser em geografia*. São Paulo: Contexto, 2007b.

_____. *O pensamento geográfico brasileiro:* as matrizes da renovação. São Paulo: Contexto, 2008.

_____. *O pensamento geográfico brasileiro:* as matrizes da renovação. São Paulo: Contexto, 2009.

_____. *O pensamento geográfico brasileiro:* as matrizes brasileiras. São Paulo: Contexto, 2010a.

_____. *O que é geografia*. 2. ed. São Paulo: Brasiliense, 2010b.

Pattison, William. As quatro tradições da geografia. *Boletim Carioca de Geografia*. Rio de Janeiro: AGB-Seção Rio, 1976.

Quaini, Massimo. *Marxismo e geografia*. Rio de Janeiro: Paz e Terra, 1979.

Smith, Neil. *Desenvolvimento desigual:* natureza, capital e produção do espaço. São Paulo: Bertrand Brasil, 1988.

Taaffe, Edward J. A visão espacial em conjunto. *Boletim Geográfico*. Rio de Janeiro: IBGE, n. 247, ano 34, 1975.

Tricart, Jean. *A terra, planeta vivo*. Lisboa: Presença, 1978.

_____. *Ecodinâmica*. Rio de Janeiro: Supren/IBGE, 1997.

Waibel, Leo. *Capítulos de geografia tropical e do Brasil*. Rio de Janeiro: IBGE, 1958.

Vidal de la Blache, Paul. *Princípios de geografia humana*. Lisboa: Cosmos, 1954.

O TABULEIRO DE XADREZ

O PARADIGMA E A NORMA:
A SOCIEDADE CAPITALISTA E O SEU ESPAÇO

O espaço tornou-se uma determinante-chave da história do presente. Lefebvre fala de uma escala espacial da reprodutibilidade capitalista. Soja, de uma espacialidade socialmente gestada. Lacoste, da espacialidade diferencial. E Santos, do tempo tecnicamente empiricizado num espaço-mundo. De tanto tomar o espaço para organizar-se, a história nele por fim se transformou.

É assim que a sociedade capitalista empicizou-se sensorialmente nas paisagens terrestres, organizou-se politicamente nos recortes do território e, por fim, estruturou-se socionaturalmente no todo do arsenal categorial do espaço. Fez-se, pois, geografia. E sob essa forma passou a existir em termos concretos efetivamente. Um processo que tem seus inícios na virada da história medieval para a história moderna, seu auge nas revoluções políticas e industriais do século XVIII e sua consolidação na fase recente de mundialização.

O LABORATÓRIO MANUFATUREIRO

O embrião está na sociedade do trabalho instituída no âmbito inaugural da manufatura. É neste âmbito que o trabalho e a natureza modernos nascem como categorias. E se juntam para formar a cosmologia que culturaliza e mentaliza os homens num quadro de razão universal. Uma espécie de destino manifesto que contém em si a totalidade-mundo estruturada no padrão de leis de valor geral para todos os tempos e lugares que viemos a conhecer.

A representação moderna

Thompson chama-nos a atenção para a mudança radical da forma de percepção de tempo que está se dando entre os séculos XII e XVI no Ocidente (Thompson, 1989),

---

* Texto que reúne os capítulos 5 e 6 da tese de doutoramento *Espaço, corpo do tempo*, defendida na USP em 1997, e publicado originalmente no número 13, ano v, 1999, da revista *Ciência Geográfica*, da AGB-Seção Bauru, sugerindo-se ao leitor ser lido junto aos textos publicados nos números 6 (de 1997), 9 (de 1998) e 10 (de 1998), da mesma revista, na ordem 9, 6, 13 e 10, fechando a sequência da leitura.

cuja origem Szamozi relaciona à necessidade prática de se regularem as oscilações tonais da música polifônica numa pauta musical instituída entre os monges no século XII (Szamosi, 1988). E Mumford, à destes, além disso, padronizarem o momento das orações (hora canônica) que fosse de cumprimento simultâneo por todos eles em suas celas isoladas no monastério no século XIII (Mumford, 1992).

O fato é que uma noção cronométrica e matemática de tempo está sendo aí intro-duzida no cotidiano dos monges, que – via o ensino da música à elite leiga, obrigação que se punha a todo membro da corte à época – pelas mãos da música se difunde pela sociedade mais ampla e culmina no século XVI na invenção do relógio mecânico. Então, o que era uma percepção de tempo musical, sedimenta-se como um conceito comum de tempo do espaço vivido, e assim transforma-se no padrão universal, absoluto, exterior e uniforme de tempo que ganha o mundo (Mumford, 1992; Cipolla, 1992).

Uma mudança correspondente se dá com a percepção do espaço. Até esse momento, observa Boorstin, o que conta para os homens "é saber esperar a chuva, a neve, o sol e o frio". O tempo é o ritmo sazonal da natureza, uma dimensão que só se apreendia no espaço quando das mudanças do colorido das paisagens (Boorstin, 1983). Ao virar o tempo do relógio, o tempo se descola dos momentos sazonais das paisagens do espaço, este se desfazendo do encantado e do simbólico que a paisagem encarnava, para passar a ser o espaço da simultaneidade sincrônica do tempo métrico, a extensão marcada pelas distâncias a vencer-se pelas coisas que aí se localizam e se movem.

Não são mudanças de representação simultâneas, todavia. Primeiro o tempo se descola do espaço para ganhar vida própria, Depois se institui na forma e nos termos cronométricos do relógio. Só após isso nasce a representação correspondente do espaço. E o espaço igualmente se descola da paisagem para se estabelecer como um suporte desta e do sincronismo do tempo.

De início, é a instituição do sincronismo temporal do relógio a mudança de percepção que ocorre. Um relógio de som indica o momento comum das orações e marca o sincronismo do ato espiritual que organiza, unifica e disciplina o ritmo de vida e do trabalho dos monges na coabitação espacial dentro dos mosteiros. Já em-butida no ato da sincronicidade, a percepção do espaço como ordenadora do tempo logo a seguir então se explicita.

A laicização desse tempo-espaço igualmente não demora. Mas, agora, como um todo de ossatura geométrica e isormórfica que se instala como padrão de ordem abstrata por dentro das coisas e paisagens. Uma mudança de conceito que se dá primeiro na pintura.

E é da pintura, mais que da música, dado seu caráter de paisagem, que este tempo-espaço genérico-abstrato de valor universal se irradia e se mentaliza como uma nova cultura. Mumford (1992: 36) assim o resume:

> O espaço como hierarquia de valores é substituído pelo espaço como sistema de magnitudes. Uma indicação desta nova orientação foi o estudo mais atento dos objetos e seu descobrimento dentro das leis da perspectiva e da organização sistemática, com marco de referência no plano do horizonte e das linhas paralelas. A

perspectiva converte a relação simbólica dos objetos de antes em uma relação visual; o visual por sua vez se converte em uma relação quantitativa. No novo quadro do mundo, a dimensão não mais significa importância humana ou divina, mas distância. Os corpos deixam de existir em separado como magnitudes absolutas, para estarem coordenados dentro de um mesmo campo de visão, pondo-se num mesmo âmbito escalar uns com outros corpos.

Transportado da pintura quase que de imediato para a representação cartográfica (o mapa-mundo de Mercator data do século XVII), o espaço em definitivo se descola do sentido do encantado, simbólico e sacralizado da paisagem vivida do homem, para ganhar o sentido do sincronismo geométrico negado pelos corpos em luta para vencer seus constrangimentos de distância no movimento acelerado do tempo métrico.

Visto como dimensão perceptiva da natureza através do movimento sazonal das paisagens, o tempo era uma dimensão subentendida do espaço, do qual agora se descola; desse modo natureza, espaço e tempo passam a relacionar-se numa ordem de externalidade e determinação inversa entre si e com as coisas. O tempo se torna a medida principal da vida. O espaço, a medida neutra da extensão e distância de tempo. E a natureza, o corpo a quem o espaço e o tempo emprestam suas coordenadas. E passa a ser isso o universo.

São as razões de ordem prática, vinculadas às necessidade da criação do valor capitalista, todavia, que ditam e determinam essas mudanças e a emergência da nova ordem perceptiva que aí se instala. Em primeiro lugar, há que ordenar-se a necessidade de normatização das trocas. Toda relação mercantil significa uma operação matemática exata, tanto no que diz respeito ao aspecto contábil das trocas quanto aos seus ciclos de espaço-tempo. Em segundo lugar, há que se responder à necessidade prática de organizar e coadunar os movimentos combinados da indústria e das trocas. Assentados então numa espaço-temporalidade cronometrada, indústria e comércio veem-se assim ordenados num só sincronismo de movimentos. E junto à indústria e ao comércio, a clausura, a aldeia, os corpos terrestres e o universo são ordenados na mesma consonância pelas marcações matemáticas, primeiro pelo sino no alto da torre da igreja e depois pelos ponteiros do relógio.

A sociedade do trabalho

Mas o relógio é apenas o instrumento. A emergência do valor, saindo de dentro do movimento das trocas do mercado e movendo-se por trás do movimento dos ponteiros, é o real ente instituidor da nova ordem. Fluido e de natureza matemática, por definição, o valor é o ente que está por trás do movimento das trocas e, através deste, do movimento dos ponteiros do relógio, usando para esse fim da materialidade da mercadoria, o ente que pelo fluxo da mercadoria se materializa como espaço. Expandindo-se para ganhar corpo e vida própria quanto mais se expande o espaço em que se materializa, assim cria-o emprestando-lhe seu conteúdo e essência, pois, se é na troca da mercadoria que se revela, escondido na forma do dinheiro, é na forma do espaço que existe. Daí que necessite de uma modalidade histórica de espaço que ao mesmo tempo que o contenha como movimento também o contenha como corpo, contemplando seu caráter multifacetário de ente dialético.

Por isso é o relógio, a mercadoria e o dinheiro que assim aparecem invadindo os poros e lugares da sociedade na forma tanto representacional quanto material do tempo e do espaço que estão se formando. Figuras do valor que empurram para trás a forma velha e imprecisa de percepção de tempo-espaço pré-capitalista em troca da nova e rigorosamente precisa da percepção métrica. Sob pena de territorial e culturalmente a emergência da nova ordem ver-se obstaculizada pela cultura não métrica de trabalho e de troca ainda espacialmente prevalecente. Mas é a manufatura seu maior agente geográfico.

Nas sociedades que o valor está ultrapassando, o trabalho é uma atividade de ritmo irregular e não métrico. Regula-o o movimento dos afazeres. A forma de realização do trabalho que se materializa num *quantum* de produtos que pede um tempo determinado, mas sazonal e não cronometricamente simétrico. Referenciada no valor e no mercado, sua demanda de encomendas e prazos, a manufatura rejeita essa cultura de tempo. E necessita trocá-la pela do trabalho disciplinar do tempo preciso, simétrico e regular do relógio. Acresce que, indústria baseada no trabalho feito à mão, a manufatura segue ciclos longos de ritmo de produção, que só um padrão de divisão técnica de trabalho espacialmente encadeado e sincrônico pode organizar com eficiência e economia de tempo, assim levando-a ao instituto do trabalho disciplinar. Modo de organização que Marx (1988 I: 244) assim resume:

> A produção capitalista começa, como vimos, de fato apenas onde um mesmo capital individual ocupa simultaneamente um número maior de trabalhadores, onde o processo de trabalho, portanto, amplia sua extensão e fornece produtos numa escala quantitativa maior que antes. A atividade de um número maior de trabalhadores, ao mesmo tempo, no mesmo lugar (ou, se se quiser, no mesmo campo de trabalho), para produzir a mesma espécie de mercadoria, sob o comando do mesmo capitalista, constitui história e conceitualmente o ponto de partida da produção capitalista.

Num primeiro momento, todavia, nota Marx, a manufatura não é mais que um prolongamento do artesanato:

> Com respeito ao próprio modo de produção, a manufatura mal se distingue, nos seus começos, da indústria artesanal das corporações, a não ser pelo maior número de trabalhadores ocupados simultaneamente pelo mesmo capital. A oficina do mestre-artesão é apenas ampliada. (1988 I: 244)

Mas com ela se dá o movimento de concentração do espaço, que será uma das características centrais da organização geográfica do capitalismo. Enquanto o artesanato se baseia na cooperação simples, um processo espacialmente disperso, a manufatura tem por base a cooperação complexa, que é a própria divisão social de trabalho dos artesãos levada para o âmbito do galpão da manufatura como uma divisão técnica. Há, assim, um triplo aspecto – a cooperação complexa, a relação capital-trabalho e a lógica integrativa do valor – constitutivo do fundamento do espaço manufatureiro, que Marx descreve minuciosamente:

> Mesmo não se alterando o modo de trabalho, o emprego simultâneo de um número relativamente grande de trabalhadores efetua uma revolução nas condições objetivas do processo de trabalho. Edifícios em que muitos trabalham, depósitos para matéria-prima etc., recipientes, instrumentos, aparelhos etc., que servem a muitos simultânea ou alternadamente, em suma, uma parte dos meios de produção é agora consumida em comum no processo de trabalho. Por um lado, o valor de troca de mercadorias, e, portanto, também de meios de produção, não aumenta por uma exploração qualquer aumentada de seu valor de uso. Por outro lado, cresce a escala dos meios de produção utilizados em comum. Um quarto em que trabalham vinte tecelões com seus vinte teares deve ser mais espaçoso do que o quarto de um tecelão com dois ajudantes. Mas a produção de uma oficina para vinte pessoas custa menos trabalho do que a produção de dez oficinas para duas pessoas cada uma, e assim o valor de meios de produção coletivos e concentrados massivamente não cresce em geral na proporção de seu volume e seu efeito útil. Meios de produção utilizados em comum cedem parte menor do seu valor ao produto industrial, seja porque o valor global que transferem se reparte simultaneamente por uma massa maior de produtos, seja porque, comparados com meios de produção isolados, entram no processo de produção com um valor que, embora seja absolutamente maior, considerando sua escala de ação, é relativamente menor. Com isso diminui um componente do valor do capital constante, diminuindo também, portanto, na proporção de sua grandeza, o valor total da mercadoria. O efeito é o mesmo que se os meios de produção da mercadoria fossem produzidos mais baratos. Essa economia de emprego dos meios de produção decorre apenas de seu consumo coletivo no processo de trabalho de muitos. E eles adquirem esse caráter de condições do trabalho social ou condições sociais do trabalho em contraste com os meios de produção dispersos e relativamente custosos de trabalhadores autônomos isolados ou pequenos patrões, mesmo quando os muitos apenas trabalham no mesmo local, sem colaborar entre si. Parte dos meios de trabalho adquire esse caráter social antes que o próprio processo de trabalho o adquira. (1988 I: 245)

A manufatura transporta assim a novidade das forças produtivas, das categorias econômicas do custo e produtividade e da lógica nova de ordenamento, que conduzem a uma economia política do espaço de características inteiramente novas. E que Marx descreve nos seguintes termos:

> Do mesmo modo que a força de ataque de um esquadrão de cavalaria ou a força de resistência de um regimento de infantaria difere essencialmente da soma das forças de ataque e resistência desenvolvidas individualmente por cada cavaleiro

e infante, a soma mecânica das forças individuais difere da potência social de forças que se desenvolve quando muitas mãos agem simultaneamente na mesma operação indivisa, por exemplo, quando se trata de levantar uma carga, fazer girar uma manivela ou remover um obstáculo. O efeito do trabalho combinado não poderia, neste caso, ser preenchido ao todo pelo trabalho individual ou apenas em períodos de tempo muito mais longos ou mesmo em ínfima escala. Não se trata aqui apenas do aumento da força produtiva individual por meio da cooperação, mas da criação de uma força produtiva que tem de ser, em si e para si, uma força de massas. Abstraindo da nova potência de forças que decorre da fusão de muitas forças numa força global, o mero contato social provoca, na maioria dos trabalhos produtivos, emulação e excitação particular dos espíritos vitais (*animal spirits*) que elevam a capacidade individual de rendimento das pessoas, de forma que uma dúzia de pessoas juntas, numa jornada simultânea de 144 horas, proporciona um produto global muito maior do que 12 trabalhadores isolados, cada um dos quais trabalha 12 horas, ou do que um trabalhador que trabalhe 12 dias consecutivos. Isso resulta do fato de que o homem é, por natureza, se não um animal político, como acha Aristóteles, em todo caso um animal social. Embora muitos executem simultânea e conjuntamente o mesmo ou algo semelhante, o trabalho individual de cada um pode ainda assim representar, como parte do trabalho global, diferentes fases do próprio processo de trabalho, as quais o objeto de trabalho percorre mais rapidamente em virtude da cooperação. Assim, por exemplo, quando pedreiros formam uma fila de mãos para levar tijolos do pé ao alto do andaime, cada um deles faz o mesmo, mas não obstante as operações individuais formam partes contínuas de uma operação global, fases específicas, que cada tijolo tem de percorrer no processo do trabalho, e pelas quais, digamos, as 24 horas do trabalhador coletivo o transportam mais rapidamente do que as duas mãos de cada trabalhador individual que subisse e descesse o andaime. O objeto de trabalho percorre o mesmo espaço em menos tempo. Por outro lado, ocorre combinação de trabalho quando, por exemplo, uma construção é iniciada, ao mesmo tempo, de vários lados, embora os que cooperam façam o mesmo ou algo da mesma espécie. A jornada de trabalho combinado de 144 horas, que ataca o objeto de trabalho espacialmente de vários lados, porque o trabalhador combinado ou trabalhador coletivo possui olhos e mãos à frente e atrás e, até certo ponto, o dom da ubiquidade, faz avançar o produto social mais rapidamente do que 12 jornadas de trabalho de 12 horas de trabalhadores mais ou menos isolados, obrigados a atacar sua obra mais unilateralmente. Partes do produto em locações diferentes amadurecem ao mesmo tempo. (1988 I: 246)

Se, portanto, a troca governa a instauração do novo, a manufatura determina-lhes o conteúdo e as formas. Que podemos resumir como um encadeamento em que: 1) com a manufatura, a cooperação simples é substituída pela cooperação complexa; 2) a cooperação complexa combina e converte os trabalhadores parciais num trabalhador coletivo ao selecioná-los e reuni-los segundo suas especialidades num mesmo espaço de divisão de trabalho; 3) a divisão técnica do trabalho sincroniza numa unidade de espaço-tempo os movimentos parciais de cada trabalhador; 4) a força da unidade dos movimentos se transfere do âmbito do trabalho coletivo para transformar-se numa potencialidade congênita do espaço do capital.

A concentração espacial é assim um atributo da manufatura e que a transforma num embrião da sociedade capitalista em formação. De início, a manufatura só difere das oficinas artesanais por instalar artesãos de diferentes ofícios num mesmo prédio. Localizada em lugares próximos a um rio ou ao litoral, normalmente fora da cidade, em razão do bloqueio que lhe movem as corporações de ofício, a manufatura neste momento só difere do artesanato na forma. Mas a presença disciplinar do relógio, que coordena os movimentos intercomplementares da sua cooperação complexa, já dá o tom da radical mudança societária que a manufatura representa. Depois, à medida que a divisão técnica do trabalho avança, decompondo o trabalho artesanal nas suas formas de operação mais elementares, a manufatura ganha forma própria de organização e, aos, poucos se apropria dos mercados e dos lugares urbanos, seja do artesanato campesino, seja das corporações de ofício. Apoiada na alteração da relação técnica (a manufatura "simplifica, aperfeiçoa e diversifica as ferramentas, adaptando-as às funções exclusivas especiais do trabalhador parcial", diz Marx), na performance do valor e na desumanização progressiva do trabalho, a manufatura distancia-se das formas de organização do espaço e do trabalho do artesanato, para lançar-se rumo à forma da fábrica.

A metamorfose da técnica é o grande salto. Até a fase do artesanato, nota Marx:

> [...] ferramentas da mesma espécie, como instrumentos cortantes, perfuradores, pilões, martelos etc., são utilizadas em diversos processos de trabalho, e o mesmo instrumento se presta para executar operações diferentes, no mesmo processo de trabalho. Mas tão logo as diversas operações de um processo de trabalho se dissociam e cada operação parcial adquire na mão do trabalhador parcial a forma mais adequada possível e, portanto, exclusiva, tornam-se necessárias modificações nas ferramentas anteriormente utilizadas para fins diferentes. O sentido de sua mudança de forma resulta da experiência das dificuldades específicas ocasionadas pela forma inalterada. A diferença dos instrumentos de trabalho, que atribui aos instrumentos da mesma espécie formas fixas particulares para cada emprego útil particular, e sua especialização, que faz com que cada um desses instrumentos particulares só atue com total plenitude na mão de trabalhadores parciais específicos, caracterizam a manufatura. (1988 I: 257)

É só então que o modo de organização novo do valor se implanta, incutindo através da sincronicidade espacial sua lógica ordenadora:

> Descendo agora aos pormenores, é desde logo claro que um trabalhador, o qual executa a sua vida inteira uma única operação simples, transforma todo o seu corpo em órgão automático unilateral dessa operação e, portanto, necessita para ela menos tempo que o artífice, que executa alternadamente toda uma série de operações. O trabalhador coletivo combinado, que constitui o mecanismo vivo da manufatura, compõe-se, porém, apenas de tais trabalhadores parciais unilaterais. Em comparação com o ofício autônomo produz, por isso, mais ou

GEOGRAFIA E PRÁXIS

> menos ou eleva a força produtiva do trabalho. O método do trabalho parcial também se aperfeiçoa, após tornar-se autônomo, como função exclusiva de uma pessoa. A repetição contínua da mesma ação limitada e a concentração da atenção nela ensinam, conforme indica a experiência, a atingir o efeito útil desejado com um mínimo de gasto de força. (1988 I: 256)

É assim que, aos poucos, o ritmo sincrônico e disciplinado do tempo do relógio irradia-se para fora da manufatura, rumo ao entorno rural e urbano, se firmando como uma nova cultura de trabalho. O valor universal que ele contém se cotidianiza. O hábito atua nesse sentido. Como nota ainda Marx: "[...] havendo sempre diversas gerações de trabalhadores que vivem simultaneamente e cooperam nas manufaturas, os artifícios técnicos assim adquiridos firmam-se, acumulam-se e se transmitem".

Enquanto isso não se dá, a cultura métrica do relógio coexistirá em conflito com a velha cultura do ritmo não cronométrico do trabalho campesino-artesanal. O artesão a ela se opõe ferozmente (George, 1968; Thompson, 1989). E será preciso esperar dissolverem-se suas formas culturais de tempo e espaço. Papel de que se irá incumbir precisamente o movimento do valor no mercado.

Por isso mesmo é a configuração dispersa do artesanato camponês a forma de arranjo inicial da manufatura, até que o sentido de concentração espacial e urbana contido na reunião dos artesãos sincronizados dentro do prédio da manufatura se generalize como forma geral da organização do espaço. O trânsito é a lenta dissolução que então vai se dando no mundo do artesanato através de sua passagem para a economia doméstica do *putting-out system*, uma forma de organização produtiva relacionada à instituição da renda em dinheiro como modalidade de excedente que surge nessa fase, prenunciando a derrocada do feudalismo e a emergência do capitalismo.

A renda em dinheiro é o valor já se entranhando no corpo do feudalismo combalido, levando, de um lado, à ruina do campesinato e do senhorio feudal e, de outro, ao enriquecimento do intermediador mercantil, logo à frente transformado no dono da manufatura. Êmulo do novo, a renda em dinheiro é o vetor que traz consigo a indústria do *putting-out system* e o desenvolvimento da economia de mercado, o par da dissolução da economia rural que leva a produção camponesa a distanciar-se do modo artesanal e a expansão das trocas a confluir crescentemente via o desenvolvimento da manufatura na instituição da sociedade capitalista moderna (Dobb, 1988; Conte, 1979).

A forma desse trânsito é a subsunção formal, a relação de sobreposição que, estimulada pela emergência da renda em dinheiro como novo tipo, a intermediação mercantil estabelece à arrumação espacial dispersa da produção doméstica já agora imperante. Posto diante do problema de vender seus produtos numa distância que se amplia quanto mais a economia de mercado se expande, o campesinato parcelar vê-se perante o dilema de ou bem dedicar-se à produção, ou bem ocupar seu tempo com deslocamentos cada vez maiores aos pontos do mercado. Situação que mobiliza o intermediário mercantil, leva-o a multiplicar-se nas áreas territoriais do mundo feudal em decomposição e a subordinar via esfera da circulação a esfera da produção doméstica campesina. É em vista dessa subordinação que com o tempo a intermediação mercantil avança pelo mundo da indústria artesanal-campesina dispersa, transmuta-a no *putting-out system* e, investindo parte do capital acumulado, substiui-a pela manufatura.

Mantoux (s/d: 40) assim resume o processo:

> A indústria doméstica, desde que sua produção ultrapassou as necessidades do consumo local, só pode subsistir sob uma condição: o fabricante, incapaz de escoar por si mesmo suas mercadorias, devia vincular-se a um comerciante, que as comprava e revendia no mercado nacional ou no estrangeiro. Este comerciante, auxiliar indispensável, tinha em suas mãos a própria sorte da indústria. Com ele, interveio um elemento novo, cuja força logo reagiu sobre a produção. O mercador era um capitalista. Em geral, ele limitava-se a servir de intermediário entre o pequeno produtor, de um lado, e o pequeno lojista, de outro, o seu capital conservava sua função puramente comercial. Entretanto, já na origem se estabelece o uso de deixar a cargo e aos cuidados do mercador certos detalhes acessórios da fabricação. Em geral, o artesão lhe entregava o produto sem que estivesse acabado; cabia a ele o trabalho de acabamento que devia preceder à venda definitiva. Para isso, era preciso que ele contratasse trabalhadores; que se tornasse, de uma forma ou de outra, empregador. É a primeira etapa de transformação gradual do capital comercial em capital industrial.

Valendo-se, portanto, da condição espacial privilegiada que a subsunção formal lhe propicia, a burguesia mercantil dela se utiliza para fomentar a especialização entre os camponeses parcelares, encerrar a autonomia camponesa-artesã dentro de um sistema de trocas cada vez mais por ela controlado de fora e, por fim, tornar-se, ela mesma, uma classe industrial, investindo o capital acumulado no comércio na atividade de produção da indústria, transformando-se numa burguesia manufatureiro-comerciante. E nessa pele acelera a dissolução da produção dispersa pondo em seu lugar a arrumação sincrônica e concentrada do espaço manufatureiro, disciplinarmente regulada pelo tempo padronizado do mercado.

A FÁBRICA E O MUNDO INTEGRADO TOTAL

A fábrica é a culminância desse processo. O resultado avançado da valorização do espaço (sua construção como forma-valor) engendrado pela manufatura. E que, assentada na tecnologia de grande escala, vai substituir a concentração acanhada da manufatura pela escala do grande espaço.

É esta escala que distancia a fábrica da manufatura espacialmente, observando Marx que "o revolucionamento do modo de produção toma, na manufatura, como ponto de partida, a força de trabalho; na grande indústria, o meio de trabalho" (Marx, 1988 II: 5). Enquanto na manufatura o dado revolucionário é o movimento que decompõe, simplifica e reduz o trabalho e as ferramentas do artesão aos seus elementos mais simples, base sobre a qual institui internamente a divisão técnica do trabalho e o trabalhador coletivo, na fábrica este dado é a conversão das operações já simplificadas num sistema avançado de maquinismo. A força de trabalho disciplinarizada foi tarefa da manufatura. A sua disciplinarização na engrenagem da grande máquina é tarefa da fábrica. O espaço da manufatura é norteado pelo excedente artesanal-manufatureiro. O espaço da fábrica é norteado pela mais-valia absoluta e relativa (Moreira, 1980). Daí a escala restrita de espaço de uma e a escala seguidamente mundializada de outra.

O espaço da mais-valia absoluta

A manufatura é um tipo de indústria que ainda se apoia no ofício e na ferramenta individual, no processo de trabalho assentado no movimento corporal puro e simples do artesão, no vínculo que confunde a ferramenta com o seu corpo, nos atos que prolongam o movimento de seus braços e mente, na ferramenta e no cotidiano que a si submete. A fábrica, ao contrário, é um tipo de indústria que se apoia num sistema de máquinas, no movimento das máquinas que se impõem aos movimentos do operário, no homem que vira um complemento delas.

> Na manufatura e no artesanato, o trabalhador se serve da ferramenta; na fábrica, ele serve à máquina. Lá, é dele que parte o movimento do meio de trabalho; aqui ele precisa acompanhar o movimento. Na manufatura, os trabalhadores constituem membros de um mecanismo vivo. Na fábrica, há um mecanismo morto, independente deles, ao qual são incorporados como um apêndice vivo. (Marx, 1988 II: 41)

Na manufatura, o trabalhador submete a si a ferramenta. Na fábrica, este a ela se submete. Em suma. E se na manufatura este é um movimento que se limita ao espaço interno da indústria, na fábrica é um movimento que exporta para o espaço da cidade e do campo como um todo. De modo que, se na manufatura o espaço arrumado como um relógio limita-se ao sincronismo das relações internas do trabalho e da circundância imediata, na fábrica o espaço nacional e mundial inteiro é transformado num grande relógio. O sistema do maquinismo fabril é o elemento da distinção. Sistema que Marx assim descreve:

> Toda maquinaria desenvolvida constitui-se de três partes essencialmente distintas: a máquina-motriz, o mecanismo de transmissão e finalmente a máquina-ferramenta ou máquina de trabalho. A máquina-motriz atua como força motora de todo o mecanismo. Ela produz a sua própria força motriz, como a máquina a vapor, a máquina calórica, a máquina eletromagnética etc., ou recebe o impulso de uma força natural já pronta fora dela, como a roda-d'água, o da queda-d'água, as pás do moinho, o do vento etc. O mecanismo da transmissão, composto de volantes, eixos, rodas dentadas, rodas-piões, barras, cabos, correias, dispositivos intermediários e caixas de mudanças das mais variadas espécies, regula o

movimento, modifica, onde necessário, sua forma, por exemplo, de perpendicular em circular, o distribui e transmite para a máquina-ferramenta. Essas duas partes do mecanismo só existem para transmitir o movimento à máquina-ferramenta, por meio da qual ela se apodera do objeto do trabalho e modifica-o de acordo com a finalidade. É dessa parte da maquinaria, a máquina-ferramenta, que se origina a Revolução Industrial no século XVIII. (Marx, 1988 II: 6)

Integrando as diversas máquinas-ferramentas por meio de correias de transmissão a uma máquina-motriz, o sistema do maquinismo fabril é um trabalhador coletivo mais complexo e mais ampliado em sua potência autonomizante que o da manufatura. A capacidade particular do trabalhador parcial aumenta, mas porque aumentou o corpo social do trabalhador coletivo. Agora, cada trabalhador individual movimenta uma massa maior de capital e com isso eleva a níveis fantásticos a sua produtividade. Isso não seria possível no arranjo e escala acanhados do espaço da manufatura.

É sobre essa base de escala que a fábrica inverte para dentro e para fora radicalmente a escala da relação espacial. A manufatura integra um espaço geral que é domínio de relações rurais. A fábrica envolve um espaço sem limites que é o seu próprio domínio. O sincronismo manufatureiro se encerra dentro de uma ordem espacial de comando do mercado. O sincronismo fabril transborda do seu espaço interno para abarcar com seus tentáculos sobre as escalas mais amplas da cidade e do campo o próprio espaço do mercado.

O plano da diferença é, assim, a capacidade de arrumar para dentro e projetar para fora os termos da organização do espaço. Uma vez que a subsunção formal prende espacial e tecnicamente a manufatura ao universo da intermediação mercantil, ao passo que a fábrica substitui-a pela subsunção real com que libera o avanço técnico das forças produtivas na forma interna do sistema adiantado do sistema do maquinismo e na forma externa da vasta rede de circulação que abarca de uma só vez a totalidade dos espaços. E nesses termos generaliza para dentro e para fora todo o sistema do espaço-tempo disciplinar da sociedade do trabalho, nascida timidamente no âmbito da manufatura.

Internamente as máquinas ferramentas se distribuem enfileiradas no chão da fábrica sob o comando da máquina-motor. Centrada no meio do sistema, esta articula esse todo numa profusão de polias que satura e veda por completo o olhar do entorno, já em si congestionado pela distribuição que mal distancia uma máquina da outra e deixa espaço suficiente apenas para que a movimentação dos operários não escape ao controle vigilante do chefe seccional. São prédios em geral mal adaptados, mal iluminados e pessimamente arejados, que motivam os constantes protestos de uma classe trabalhadora reagente à implantação disciplinar de um sistema de maquinismo mais impessoal que o espaço-tempo disciplinar da manufatura (Reclus, 1905; Engels, 1975). Daí esse arranjo extrapola e se desdobra no todo do espaço urbano e rural através das polias territoriais dos meios de transporte. Localizada num ponto estratégico da cidade e cercada por bairros operários, sobre os quais as chaminés despejam resíduos que empesteiam seu cotidiano permanentemente, a fábrica se projeta para além da cidade rumo ao campo através da estrutura nervosa da circulação, ordenando no vaivém do escoamento dos seus produtos e no retorno com matérias-primas e alimentos provenientes do campo um todo espacial arrumado em anéis de abrangência que no tempo vão se estendendo para além do horizonte. E é a regularidade da circulação que, tal qual um grande relógio em movimento de pêndulo transportado para o arranjo do espaço, irá disciplinarizar na consonância do consumo e das trocas a totalidade do espaço assim formado.

A ordenação disciplinar do proletariado dos bairros operários da cidade é o primeiro passo. Trata-se de uma massa populacional formada da transferência acelerada do campesinato para a cidade que, à diferença do espaço da manufatura, migra em busca de trabalho na indústria, se amontoando em bairros ao redor da fábrica. Aí chegando, se instala, adaptando-se rapidamente a uma cultura disciplinar que desde a manufatura já é de domínio da cidade. E se incorpora às flutuações da reprodução capitalista, ora estando empregado, ora desempregado, muitas vezes trocando de cidade, acompanhando a mobilidade territorial do trabalho estrutural do sistema fabril (Gaudemar, 1977).

Junto ao operariado fabril vem a ordenação global da cidade. O ajuste do todo, no dizer de Foucault, sem o qual não se ordena o corpo da ordem burguesa:

> Não há um corpo da República. Em compensação, é o corpo da sociedade que se torna, no decorrer do século XIX, o novo princípio. É este corpo que é preciso proteger, de um modo quase médico: em lugar dos rituais através dos quais se restaurava a integridade do monarca, serão aplicadas receitas, terapêuticas, como a eliminação dos doentes, o controle dos contagiosos, a exclusão dos delinquentes. A eliminação pelo suplício é, assim, substituída por métodos de assepsia: a criminologia, a eugenia, a exclusão dos "degenerados"[...] (Foucault, 1979: 145)

Foucault se refere à instituição disciplinar da cidade a partir das capilaridades do microespaço segundo a qual ela se organiza em sua diversidade de arranjo espacial. Não a partir de cima e de fora, como na cidade-corpo do rei, mas das instâncias de baixo e de dentro, arrumando o nível micro da organização hospitalar, carcerária, escolar, asilar, no nível macro do urbanismo copiado da fábrica. Tal como na Paris do século XIX de Haussmann, observada por Lefebvre:

> Depois de 1848, solidamente assentada sobre a cidade, a burguesia francesa possui aí os meios de ação, bancos do Estado, e não apenas residências. Ora, ela se vê cercada pela classe operária. Os camponeses afluem, instalam-se ao redor das "barreiras", das portas, na periferia imediata. Antigos operários (nas profissões artesanais) e novos proletários penetram até o próprio âmago da cidade; moram em pardieiros, mas também em casas alugadas onde pessoas abastadas ocupam andares inferiores e os operários os andares superiores. Nessa "desordem", os operários ameaçam os novos ricos, perigo que se torna evidente nas jornadas de junho de 1848 e que a Comuna de 1871 confirmará. Elabora-se então *uma estratégia de classe* que visa o remanejamento da cidade, sem relação com sua realidade, com

sua vida própria. É entre 1848 e Haussmann que a vida de Paris atinge sua maior intensidade: não a "vida parisiense", mas a vida urbana da capital. Ela entra então para a literatura, para a poesia, com uma potência e dimensões gigantescas. Mais tarde isso acabará. A vida urbana pressupõe encontros, confrontos das diferenças, conhecimentos e reconhecimentos recíprocos (inclusive no confronto ideológico e político) dos modos de viver, dos "padrões" que coexistem na cidade. No transcorrer do século XIX, a democracia de origem camponesa, cuja ideologia animou os revolucionários, poderia ter se transformado em democracia urbana. Esse foi e é ainda para a história um dos sentidos da Comuna. Como a democracia urbana ameaçava os privilégios da nova classe dominante, esta impediu que essa democracia nascesse. Como? Expulsando do centro urbano e da própria cidade o proletariado, destruindo a urbanidade. (Lefebvre, 1969: 22)

Ordenada a cidade, é preciso levar a nova ordem à escala do campo. E, a partir daí, aos ciclos de relação cidade-campo e da relação cidade-campo-região, de modo a daí arrumar-se no todo do espaço nacional.

O espaço da mais-valia relativa

É preciso antes levar esse todo a organizar-se tecnicamente como um todo no conteúdo do valor, ou seja, organizar-se a totalidade do espaço nos parâmetros de integração da mais-valia relativa. Toda a organização estabelecida desde a manufatura tem no movimento do valor sua base de referência. De início mercantil, a seguir se torna industrial e, por fim, industrial-financeiro. Num primeiro momento, o da fase do capitalismo atrasado, o capitalismo apoiado na tecnologia da Primeira Revolução Industrial e, por isso, na forma da mais-valia absoluta, a constituição espacial da sociedade capitalista sai do quadro estrutural da subsunção formal e entra no quadro da subsunção real. No segundo momento, o da fase do capitalismo avançado, o capitalismo apoiado na tecnologia da Segunda Revolução Industrial e na forma da mais-valia relativa, a organização espacial capitalista, já assentada em definitivo no quadro da subsunção real, chega à sua fase madura e se consolida. Espaço e valor caminham assim passo a passo, o espaço se integralizando como uma totalidade ao tempo que o valor se sedimenta como sua lógica e conteúdo. O arranjo da mais-valia relativa é o estado dessa culminância.

A mais-valia absoluta significa um arranjo de interações espaciais ainda soltas globalmente. A disciplinarização do tempo-espaço do trabalho ordena já o interior e o exterior da fábrica. E esta estende-a como regra às capilaridades e ao todo da cidade, a caminho do campo e ao conjunto da relação cidade-campo. Mas são as relações de troca, uma externalidade, que realizam as interações. A natureza da mais-valia absoluta explica essa organicidade estrutural limitada. A mais-valia absoluta é uma forma-valor fundada na intensificação física, mais que na intensividade técnica do processo do trabalho. Os custos altos e a produtividade baixa são problemas que a indústria transfere para os salários e o mercado, reduzindo os salários e alongando o tempo de trabalho de um lado e subindo especulativamente o preço das mercadorias de outro, num tensionamento estrutural permanente. Os limites da técnica não permitem outros recursos, pouco podendo transferir-se para o espaço mais amplo, a exceção ficando por conta dos bairros operários e da própria cidade. Os bairros operários são, por isso, localizados circunvizinhos à fábrica. E em geral habitados por uma massa de população numerosa e que não para de crescer. Desse modo eliminam-se os deslocamentos dos trabalhadores em seus movimentos diários para o trabalho na fábrica e pode-se pôr à disposição desta um exército industrial de reserva, ambos recursos de uso do espaço com forte efeito de redução dos custos gerais da indústria através do rebaixamento dos custos do trabalho.

A mais-valia relativa vai significar a transformação do próprio espaço no grande recurso de transferência, via a integração da indústria e da agricultura que a escala técnica dos meios de circulação que está à base vai permitir. O espaço global vira o parâmetro do que Marx designa a desvalorização do valor (Magaline, 1977).

Contrariamente ao que ocorre na mais-valia absoluta, na mais-valia relativa o segredo do movimento do valor está na redução contínua da quantidade de horas-trabalho necessária à produção da mercadoria. O que só é possível pela redução contínua da quantidade de horas-trabalho necessárias à reprodução da classe trabalhadora da indústria e, portanto, do sistema econômico como um todo, num acento particular da agricultura. Se a mais-valia absoluta concentra sua solução na jornada do trabalho, a mais-valia relativa concentra-a no custo do trabalho, medida só possível na condição do desenvolvimento contínuo do nível das forças produtivas. Apoiado nas forças produtivas da Primeira Revolução Industrial, o processo do valor na forma da mais-valia absoluta tem que se dar num âmbito de fragilidade técnica seja da produção, seja da circulação industrial. Contexto que não permite levar para além das capilaridades urbanas e das fronteiras agrícolas mais próximas a transferência dos custos gerais da indústria. Daí que só reste o aumento físico da jornada do trabalho e da intensidade do movimento corpóreo, que leva a que classe trabalhadora se perca num ciclo de vida curto. O advento da Segunda Revolução Industrial tudo altera. As escalas interna e externa da técnica ganham um nível de concentração e poder de alcance espacial ilimitado, ampliando o horizonte da indústria para planos de interações espaciais de abrangência sucessivamente alargada e transformando o espaço no principal recurso de alargamento do valor. Nascem a mais-valia relativa e o seu modo de organização espacial integrada do capitalismo.

Antes de tudo, todavia, há que organizar tecnologicamente a agricultura como retaguarda agrária da indústria. Tecnificar e elevar o nível de suas forças produtivas na simultaneidade da evolução técnica da indústria, de modo a assim integrar uma e outra num mesmo movimento produtivo. E assim estender a sequência escalar que eleva o nível das interações espaciais da cidade às relações com o campo, destas ao entorno regional e deste por fim ao nível nacional mais amplo do arranjo do espaço disciplinar fabril.

O PARADIGMA E A NORMA

Trata-se de transformar a agricultura num campo de rebaixamento dos custos industriais, reduzindo com o uso da mecanização e outros insumos industriais a quantidade de horas-trabalho gasta na geração do produto agrícola, portanto seu custo, e transferindo este custo rebaixado para a indústria, onde vai se somar à baixa das horas-trabalho igualmente obtidas pela inovação tecnológica, numa baixa geral de custos. Ao mesmo tempo que se trata de organizar a própria indústria como campo de referência desse rebaixamento geral, forjando a inovação tecnológica que vai usar em seu âmbito e exportar para o âmbito da agricultura, onde os meios técnicos chegam a preços relativos sempre a ela favoráveis. E assim vale-se dessa condição de vanguarda do horizonte econômico para continuar transferindo seus custos de produção, de um lado, para a classe trabalhadora industrial e, de outro, para a retaguarda agrícola, usando simultaneamente da integração do espaço urbano e do espaço rural através de sua centralidade para, baixando os custos de reprodução da classe trabalhadora e baixando os custos de reprodução da produção agrícola, num movimento de rebaixamento geral, baixar continuamente seus próprios custos, num processo de desvalorização do valor que unifica na sua globalidade os espaços ainda soltos da fase da mais-valia absoluta.

Três modos de arranjo então se sucedem na linha do tempo, nesse caminho de sucessiva interligação que culmina no espaço integrado global da mais-valia relativa. No período da hegemonia do capital mercantil correspondente à fase de transição ao capitalismo, pouco se distinguem ainda os espaços diante do arranjo disperso da esfera da produção. A intermediação mercantil e o surgimento da manufatura dão os primeiros indícios da mudança. A esfera da produção está aí ainda subsumida pela esfera da circulação, e a interligação entre as áreas é feita por cima, numa sobreposição da esfera da circulação sobre a esfera atomizada da produção. O surgimento da fábrica leva ao período da hegemonia do capital industrial, introduzindo uma divisão territorial do trabalho e das trocas fortemente assentada na separação entre cidade e campo que agrega os espaços dispersos da fase anterior em grandes recortes de áreas marcadas pela disciplinarização fabril das cidades, dos frágeis meios de circulação próprios da mais-valia absoluta e do papel gestor das cidades, emergindo desse agregado de recortes um arranjo de regiões homogeneizadas por suas paisagens e integrações puramente internas. O desenvolvimento das forças produtivas que marca a passagem da Primeira para a Segunda Revolução Industrial – e, assim, o surgimento do movimento do valor próprio das relações espaciais da mais-valia relativa – lentamente hierarquiza as cidades e desloca o fluxo da relação campo-cidade crescentemente para a relação cidade-cidade, iniciando uma hierarquização das regiões homogêneas segundo o nível do equipamento terciário da cidade que indica a integração global do espaço que a desvalorização do valor vai trazendo consigo. De dentro da hierarquia das regiões homogêneas vai então surgindo uma rede de regiões polarizadas segundo a hierarquia das cidades, que integra nessa forma estratificada o todo do espaço nacional. A densa rede de meios de transferência – comunicação, transporte e transmissão de energia – e de estratos de mercado traz, por fim, o período de hegemonia financeira, levando as

|147|

cidades a se autonomizarem de suas regionalidades e a fazer emergir de dentro agora da hierarquia das regiões polarizadas um espaço arrumado em rede de relações diretas.

Essa organização em rede expressa o auge do espaço da mais-valia relativa, o atingimento da totalidade dos espaços pelo movimento integrativo da desvalorização do valor para, nesse passo, a incorporação das vastas áreas do mundo num leque de amplo espectro de especialização produtiva da retaguarda agrícola que rebaixa os custos industriais em escala planetária.

É sob essa forma que a ordem fabril chega ao campo e ao todo nacional. Mas na forma como a divisão cidade-campo e inter-regional do trabalho criada pela ascensão da mais-valia relativa vai traduzir sua ordem disciplinar, a forma do taylorismo e do fordismo.

O taylorismo é o desenvolvimento ao nível do capitalismo avançado da disciplinarização do trabalho formada no âmbito da manufatura. Mas que terá que esperar pela tecnologia da Segunda Revolução Industrial para desabrochar nessa forma. Duas características básicas compõem seu sistema: a separação entre o trabalho de concepção e o trabalho de execução, e entre o trabalho manual e o trabalho de direção com efeitos na aceleração da cadência do trabalho e na simplificação dos gestos corpóreos. A primeira característica desdobra a dicotomia coletivo/parcial do sincronismo manufatureiro. A segunda, a disciplina métrica do relógio substituído no sistema do maquinismo industrial pela do automatismo da máquina. Observando a organização do trabalho ainda apoiada nos ofícios existente nas indústrias dos Estados Unidos do final do século XIX, e notando o que designa uma alta escala de porosidade (as sucessivas paradas que o operário faz cada vez que troca de ferramenta ou de lugar de trabalho), Taylor elabora um sistema que denomina organização científica do trabalho. Consiste esta organização em quebrar a unidade dos ofícios vindos do tempo da manufatura, separando o trabalho de concepção e o trabalho de execução ao mesmo tempo que o trabalho manual e o trabalho de direção, com o intuito de com isso acelerar os movimentos corpóreos dos trabalhadores e retirar a autonomia que séculos depois da manufatura ainda desfrutam dentro do trabalho fabril. E assim submetê-los a um controle absoluto. O alvo são os movimentos gestuais e as ferramentas que o trabalhador utiliza, objetivando levar o exercício do trabalho ao máximo da sua simplificação e ritmo de velocidade. Gestos e ferramentas são, assim, decompostos e reduzidos aos seus aspectos mais simples, cada trabalhador ficando limitado a uns poucos movimentos corporais e ao uso de umas poucas ferramentas. Do que resulta a condução do trabalhador à especialização máxima. E a redução de suas tarefas a uma rotina de repetição de gestos. Daí que o trabalho se torne especializado, fragmentado, não qualificado, intenso, rotineiro, insalubre e hierarquizado. E a sua cadência ganhe um ritmo de velocidade crescente. O efeito é uma radical reorganização do sistema do trabalho. O salário mensal, a tarefa específica e o horário cadenciado extinguem e substituem o salário por peça, o trabalho por ofício e a porosidade do trabalho, respectivamente. No lugar do trabalhador integrado, cujo ofício significa anos de aprendizado, surge um trabalhador em migalhas, cuja tarefa qualquer outro pode realizar (Braverman, 1977).

Assim, o arranjo fabril se recicla por inteiro, dividido no escritório e no chão da oficina, num ordenamento espacial fortemente hierárquico. Ademais, como o projeto deve passar por toda uma rede intermediária de chefias, tanto o escritório quanto chão da fábrica são divididos em vários setores, numa hierarquia de mando que vai do gerente geral no escritório ao peão de execução no chão da fábrica. Para que chegue aos trabalhadores de execução, a diretriz da gerência deve seguir um circuito espacial de longa travessia. Cada setor tem um chefe. Se o número de trabalhadores do setor é grande, a chefia é subdividida em inúmeras subchefias, distribuídas por comando de grupos de quatro ou cinco trabalhadores de execução. O resultado é uma rede de intermediação que chega às vezes a somar um quinto ou um quarto do número de trabalhadores envolvidos na tarefa da produção. O projeto é explicado em cima pelo engenheiro, no escritório, e a orientação de execução percorre a fábrica de chefe a chefe, até que sua realização chegue ao peão no chão da fábrica, que a executa.

Uma tal complexificação espacial indica o gigantismo de porte que a fábrica adquire, longe já da fábrica da Primeira Revolução Industrial e, mais ainda, do embrião de concentração que a manufatura reunia num simples prédio em geral alugado, seja pelo número de trabalhadores, seja pelo volume do sistema do maquinismo. Um problema que a própria divisão territorial do sistema de produção e de trocas harmoniza. No centro da organização está a máquina desenhada para determinado fabrico, com seus movimentos simplificados de produção. A máquina que se move num espelho do movimento produtivo do seu objeto-produto (a máquina que produz sapato só produz sapato; não serve para o fabrico de outro tipo de bem) e que o trabalhador simplesmente acompanha. Ao redor da função-produto especializa-se a máquina-ferramenta, e ao redor da máquina-ferramenta especializa-se o trabalhador.

Cria-se, assim, o tipo de arranjo que da fábrica vai se transportar para o campo e daí para o entorno regional e a totalidade nacional dos arranjos do espaço. Mas sob a forma do taylorismo recriada pelo fordismo.

O fordismo é a transformação do taylorismo num sistema de produção de massa, articulado a um mercado organizado como um sistema de consumo de massa. Um modo de organizar a produção e o consumo por um mesmo parâmetro, que Aglietta (1981: 31) assim resume: "O fordismo é a aplicação dos princípios do taylorismo a todas as espécies de processos de trabalho e a generalização da lógica do maquinismo aos modos de consumo".

Todavia, assim como no tempo da manufatura a intermediação mercantil foi um deslocamento para a circulação, e no da fábrica da Primeira Revolução Industrial para a produção, o fordismo é um deslocamento do consumo para o centro dos sistema. Um modo de relacionar produção e consumo numa relação de espelho, em que à produção padronizada, em série e em massa, corresponde um consumo igualmente padronizado, em série e em massa, tudo sendo mobilizado para o fim da consonância recíproca.

A forma espacial global como isso se arruma é a estruturação seja da cidade, seja do campo, e então do todo do espaço nacional, num arranjo de especialização dos setores e espaços produtivos que tudo unifica numa grande e única divisão territorial do trabalho e das trocas. Já a caminho da integração dos espaços nacionais, numa espacialidade de especialização mundial que planetariza as normas de valorização do valor do espaço da mais-valia relativa.

A VALORIZAÇÃO GLOBAL

Apoiado na norma taylorista e na fordização, o espaço estruturante da mais-valia relativa salta da cidade e do campo para a escala planetária. E isso a partir de três frentes: a uniformização técnica dos processamentos produtivos, a unificação industrial-financeira do mercado e a inculcação global da cultura do consumo.

A uniformização dos processos produtivos é o eixo dessa integração da indústria e da agricultura em escala mundial. Matérias-primas agrícolas e alimentos, de um lado, e bens manufaturados, de outro, se cruzam em sentido contrário pelos vários cantos do mundo para rebaixar por seus preços relativos os custos recíprocos da agricultura e da indústria numa desvalorização mundial global do valor. De início esta relação agricultura-indústria se decalca ainda na velha divisão internacional do trabalho de corte ricardiano, em que cada área do mundo segue sua "vocação" econômica natural. O caráter de um arranjo de espaço reflexo ainda da mais-valia absoluta logo mostra a insuficiência dessa estrutura para os fins de processo fundados nas necessidades de desvalorização do valor mais próprio das exigências da mais-valia relativa, o quadro se alterando com a propagação mundial dos parâmetros técnicos da Segunda Revolução Industrial. Que assim rapidamente se internacionaliza. O mecanismo é a substituição final da economia colonial ainda subsistente pela industrialização em todas as áreas, embora nem sempre acompanhada no imediato pela transformação técnica da retaguarda agrícola. Progressivamente, todavia, a divisão territorial do trabalho e das trocas centrada nas integrações estruturais da indústria e da agricultura, que agora vai se dando em escala mundial, leva a agricultura a também industrializar-se, numa equiparação de custos em espraiamento mundial.

Na esteira dessas transformações vai-se dando também a mundialização dos mercados. Desde o começo o propósito último da mundialização dos processamentos produtivos é a fusão dos mercados antes regionionalizados num sistema mundial de mercado único. A regionalidade tem origens no período da manufatura, pouco se alterando, mas, ao contrário, mais ainda se reforçando com o advento da fábrica da Primeira Revolução Industrial, segundo a marca da "vocação" ricardiana. Podia-se conhecer a geografia das trocas internacionais pela lista dos produtos marcantes de cada país: Brasil, café; África do Sul, diamantes; Arábia Saudita, petróleo; Malásia, caucho; Inglaterra, manufaturas. É a organização dual, ora designada de centro-periferia, desenvolvimento-subdesenvolvimento e hegemonia-dependência, que dá às velhas regiões coloniais o cunho de economias regionais mundialmente organizadas e que a seguir transformar-se-ão numa economia mundial regionalmente organizada, parodiando Oliveira no modo como categoriza a formação moderna do espaço brasileiro

O PARADIGMA E A NORMA

(Oliveira, 1977). A migração das indústrias dos países avançados para estes países de origem colonial, introduzindo neles a relação agricultura-indústria internamente a suas economias, tudo altera, seja pela criação de um mercado industrial doméstico em cada um deles, seja pela fruição mundial dessa produção arrumada agora como uma divisão territorial interindustrial de trabalho e de trocas pelo capital globalizado.

O espaço mundial como um todo vai assim se modelando nos termos de mercado da mais-valia relativa, agenciado pela unificação do consumo fordista. Gostos e comportamentos de consumo secularmente regionalizados são então inteiramente descartados diante do apelo da ideologia do consumo propagandeada pelos mecanismos de indução fordista. Sobreposto ou introduzido internamente, um mesmo padrão de consumo se impõe às cidades e campos do mundo, levado pela mídia como seu grande veículo. Tudo isso, entretanto, obriga a uma reacomodação, além de cultural, também técnica. E que nem sempre se realiza de forma pacífica. A escala de espaço-tempo da maior parte do mundo está estruturada em estágios os mais diferenciados quando a ela chega a modelização fordista. E esta vai precisar da ponta de lança da técnica. A tecnologia da Segunda Revolução Industrial extingue as histórias regionais e lhes impõe a condição de uma única história mundial, proclamando o mundo como um múltiplo de identidades no lugar da diferença. Fato percebido pelos geógrafos. Vidal de la Blache denuncia-o na insistência do papel estruturante dos gêneros de vida. E Sorre, do caráter diferencial e complexo do ecúmeno humano. Assim, ao mesmo tempo que impõe a reacomodação do mundo, a máxima fordista de produção-consumo, posta no epicentro de uma economia mundialmente sistêmica, vê-se obrigada a ele também se reacomodar.

É do Japão que vem o modo de reacomodação recíproca, através do toyotismo enquanto uma espécie de fordismo sem base de sustentação taylorista. Destruído pelos bombardeios durante a Segunda Grande Guerra, o sistema industrial japonês teve que ser completamente recriado. O sistema industrial que se ergue aparece mesclando características da Segunda e da Terceira Revolução Industrial, num amálgama do consumismo fordista e da produção flexível pós-taylorista, arrumando a ordem espacial da mais-valia relativa de um modo novo. A relação produção-consumo segue sendo o epicentro do sistema, mas à base de um padrão de forças produtivas que combina a microeletrônica, a robótica e a biotecnologia, estruturadas com apoio na informática.

O computador é a máquina central desse novo sistema de maquinismo. Um sistema de engrenagem flexível. A máquina paradigmática do sistema de maquinismo anterior, herdado da manufatura, é um artefato de movimentos rígidos, incapaz de autocorrigir-se diante de problemas que apareçam no curso do movimento produtivo. O computador, ao contrário, é uma máquina com poder de reciclagem. Composto de duas partes, o hardware (a máquina propriamente dita) e o software (o programa), que se integram sob o comando do chip, a nova máquina-motor, o computador é uma máquina reprogramável e mesmo autoprogramável, sendo o software e não a parte mecânica a máquina em si mesma. Basta que se lhe dê a orientação de cambialidade, e se tem o poder de autocorreção que, em seu andamento, a cadeia do processamento produtivo precise. Possuidor dessas características, o computador vai se tornando no correr dos anos 1960-1970 a máquina por excelência da organização das empresas no Japão.

Disso resulta um sistema de trabalho polivalente, flexível, integrado em equipe, menos hierárquico, provocando uma reestruturação profunda na organização do trabalho (Coriat, 1994). Computadorizada, a programação de conjunto é passada a cada setor da fábrica para discussão e adaptação em equipe, em que se converte num sistema de rodízio de tarefas o qual restabelece a possibilidade da ação criativa dos trabalhadores em nível de setor. Para efetivar esta flexibilização do trabalho de execução, um sistema de sinalização semelhante ao do tráfego é distribuído pelo espaço da fábrica. Uma luz verde indica fluxo aberto à produção. Outra amarela indica que os trabalhadores devem atuar em permanente atenção aos movimentos de conjunto da fábrica. E uma luz vermelha dá o sinal de interrupção, aparecimento de problemas que pedem reorientação do processamento. Comandado pelo computador, o processamento é interrompido e retoma seu fio do mesmo modo automático. Uma consequência imediata é, assim, a reaproximação entre o trabalho de concepção e o trabalho de execução (Lojkine, 1990). Uma forma não mais taylorista de arrumação do chão da fábrica. E assim não mais taylorista dentro e fora dela.

A extrapolação fabril começa na reciprocidade de orientação que a loja e a fábrica estabelecem entre si através do sistema do *just in time* (JIT), mantendo o casamento produção-consumo do fordismo como epicentro do sistema econômico, mas sob uma nova forma de ordenação espacial. A produção e o consumo passam a se regular diretamente, através de um sistema de controle da reposição de mercadorias adotado inicialmente nos supermercados, que leva a fábrica a produzir em fluxo contínuo segundo o volume de venda encomendado on-line a cada momento pela loja. O resultado é a fluidez seja da produção da fábrica, seja do consumo da loja, que reciprocamente reduz o custo e eleva a produtividade. E logo sai do plano estrito da relação indústria-comércio para chegar à retaguarda agrícola, numa rearrumação on-line da totalidade do espaço.

É a indústria transferindo seus custos para o consumo, depois de historicamente transferi-lo para a massa salarial e para a retaguarda agrícola, numa outra modalidade de desvalorização do valor, agora de escala sistêmica ainda mais global da economia de mercado.

Da reacomodação fordista sai, assim, uma espacialidade ao mesmo tempo uniforme, do ponto de vista do processo produtivo, e pluralizada, do ponto de vista do consumo, numa espécie de retorno à molecularidade do período manufatureiro-artesanal. A indústria, o comércio e a agricultura mundialmente se modelizam na uniformidade do padrão das interações espaciais flexíveis, ao mesmo tempo que o consumo mundialmente se modeliza na reciclagem da diversidade dos hábitos e costumes locais. A relação produção-consumo assim ganha uma modalidade de combinação mais plural.

De certo modo, a tecnologia da informática unifica e molculariza o ordenamento do espaço, levando a produção e o consumo a desconcentrarem-se no sentido de aproximar-se dos padrões regionais da relação homem-natureza, antes totalmente negados pelo sistema de maquinismo da Segunda Revolução Industrial, numa mudança também na forma manufatureira de representação de natureza e de mundo (Schaff, 1990; Moreira, 1993).

Faculta essa aproximação a própria proximidade do sistema do maquinismo da informática do caráter biodiverso e autorregenerativo da natureza. À sua base está um casamento da biologia molecular com a tecnologia da microeletrônica, ambas operacionalmente movimentadas numa dinâmica semelhante à dos processamentos do código genético. Um modelo de ciência e técnica orientado nos fluxos de informação, que igualmente se torna o modelo orgânico de arranjo e de interações do espaço.

O lugar, não mais o recorte regional, se torna, assim, o polo de referência desse espaço organizado no arranjo e forma de interação quase que tirados da interseção da biologia molecular e da microeletrônica epicentrados no dinamismo do código genético. Diferenciado como na antiga corporeidade dispersa do período pré-fabril, o lugar é o local da combinação produção-consumo fordista modelizada na relação toyotista, estruturado e cercado da capilaridade da fábrica, da loja, da casa, do supermercado, do trânsito, da rua, do espaço disciplinar erguido dos tempos ancestrais da manufatura.

Uma espécie de consciência espacial então também se ergue dessa reinserção estrutural. De um lado, na forma de uma classe trabalhadora fabril incomodada pelo modo como se vê inserido nessa reterritorialização fordista. De um outro lado, na forma de uma população dominantemente urbana, mobilizada pelo modo como o fordismo reafirmado estabelece seus termos de coabitação espacial (Gorz, 1983; Baudrillard, 1974).

Por dois séculos, dos meados do século XVIII aos meados do século XX, o operariado é uma classe levada a identificar-se com os signos da fábrica originada da disciplinarização manufatureira. Imaginário cujo auge é o sindicato de massas fordista. Empurrado para a clausura desse espaço disciplinar, reage, entretanto, desde o início, sobretudo unificando suas demandas de ambiente de trabalho e de ambiente de morada, somados ao redor da luta por um modo de vida de raízes próprias. O salário saído da luta fabril é casado à habitação saída da luta urbana. De modo que também para aí se volta a perfilação fordista, amalgamando na ideologia do salário e morada numa formulação mais ampla de vida urbana, formulação que ao mesmo tempo reafirma a estratégia da reforma hausmanniana e condena a separação entre local do trabalho (a fábrica) e local de morada (o bairro operário) que ela estabelece, no sentido de levá-lo, por fim, a mentalmente dissolver-se nos signos ideológicos da cidade (Harvey, 1992).

É assim que cedo a classe trabalhadora fabril se percebe identitariamente desintegrada no todo quebrado do trabalho, da morada, da escola, da igreja, da rua, do sindicato, de uma cidade espacialmente estruturada em migalhas. Jogado na tensão de ser uma classe social ou ser uma entidade consumidora, no fundo não se encontrando como ser, como no conflito familiar retratado no filme *Eles não usam black-tie*, de Gianfrancesco Guarnieri, entre pai e filho ao redor do problema identitário do que são numa cidade de homens e mulheres desenraizados, mesmo que territorialmente resgatados. É quando a molecularidade toyotista vem ainda mais pulverizá-lo diante de um quadro que nem mesmo a fábrica, o bairro operário e o sindicato conseguem mais manter-se intacto.

E é esta coabitação espacial que, a exemplo do operariado fabril, assola a população da cidade agora como um todo (Scherer-Warren, 1987). E sua necessidade de reavivar para além da capilaridade dos sistemas de saúde, escola, emprego e morada o espaço vivido num vivido de tipo novo. Nem fordista, nem toyotista. E assim põe numa pauta que designa de movimentos sociais uma agenda que, de capilaridade em capilaridade, reconstrua o próprio mundo como um espaço reconquistado.

BIBLIOGRAFIA

AGLIETTA, M. Sobre algunos aspectos de las crisis en el capitalismo contemporâneo. In: _____. *Rupturas de un sistema económico*. Madri: H. Blume Ediciones, 1981.

BAUDRILLARD, J. *Para uma crítica da economia política dos signos*. Lisboa: Edições 70, 1974.

BOORSTIN, Daniel J. *Os descobridores*. Rio de Janeiro: Civilização Brasileira, 1983.

BRAVERMAN, H. *Trabalho e capital monopolista*: a degradação do trabalho no século XX. Rio de Janeiro: Jorge Zahar, 1977.

CIPOLLA, Carlo M. *As máquinas do tempo*. Lisboa: Edições 70, 1992.

CONTE, Giuliano. *Da crise do feudalismo ao nascimento do capitalismo*. Lisboa/São Paulo: Editorial Presença/Martins Fontes, 1979.

CORIAT, Benjamin. *Pensar pelo avesso*: o modelo japonês de trabalho e organização. Rio de Janeiro: Editora UFRJ/Revan, 1994.

DOBB, M. *A evolução do capitalismo*. São Paulo: Nova Cultural, 1988.

ENGELS, F. *A situação da classe trabalhadora na Inglaterra*. Lisboa/São Paulo: Editorial Presença/Martins Fontes, 1975.

FOUCAULT, M. *Microfísica do poder*. Rio de Janeiro: Edições Graal, 1979.

GAUDEMAR, J-P. *Mobilidade do trabalho e acumulação de capital*. Lisboa: Editorial Estampa, 1977.

GEORGE, P. *A ação do homem*. São Paulo: Difel, 1968.

GORZ, André. *Adeus ao proletariado*: para além do socialismo. Rio de Janeiro: Forense, 1983.

HARVEY, D. *Condição pós-moderna*. São Paulo: Edições Loyola, 1992.

LEFEBVRE, H. *O direito à cidade*. São Paulo: Documentos, 1969.

LOJKINE, J. *A classe operária em mutações*. Belo Horizonte: Oficina do Livro, 1990.

MAGALINE, A. D. *Luta de classes e desvalorização do capital*. Lisboa: Moraes, 1977.

MANTOUX, P. *A revolução industrial no século XVIII*. São Paulo: Edunesp/Hucitec, s/d.

MARX, K. *O capital*. São Paulo: Nova Cultural, 1988.

MOREIRA, Ruy. O espaço do capital. In: _____. *O que é geografia*. São Paulo: Brasiliense, 1980, p. 94-104.

_____. *O círculo e a espiral*. Rio de Janeiro: Cooautor/Obra Aberta, 1993.

MUMFORD, L. *Técnica y civilización*. Madrid: Alianza Universidad, 1992.

OLIVEIRA, Francisco. *A economia da dependência imperfeita*. Rio de Janeiro: Edições Graal, 1977.

RECLUS, Elisée. *El hombre y la tierra*. v. 4. Barcelona: Maucci, 1905.

SCHAFF, Adam. *Sociedade e informática*: as consequências sociais da segunda revolução industrial. São Paulo: Unesp/Brasiliense, 1990.

SCHERER-WARREN, I. *Uma revolução no cotitiano*? São Paulo: Brasiliense, 1987.

SZAMOSI, G. *Tempo & espaço*: as dimensões gêmeas. Rio de Janeiro: Jorge Zahar, 1988.

THOMPSON, E. P. Tiempo, disciplina de trabajo y capitalismo industrial. In: _____. *Tradición, revuelta y consciência de clase*. Barcelona: Editorial Crítica, 1989.

WEIL, S. *A condição operária*. Rio de Janeiro: Paz e Terra, 1979.

A CIDADE E O CAMPO
NO MUNDO CONTEMPORÂNEO

A cidade é um fenômeno espacial com que praticamente nasce a sociedade. Para alguns estudiosos, literalmente. Para outros, nem sempre de modo claro. O campo, todavia, diversamente, é um fenômeno recente, correspondendo ao surgimento da divisão territorial do trabalho em que a cidade e o campo se separam para engendrar a moderna sociedade capitalista.

A cidade encarna na História os projetos de novas formas de organização, atuando como um ente geográfico subversivo. Na moderna sociedade capitalista, nasce vinculada à emergência da sociedade civil e da sociedade política, e, assim, do público e do privado. Já o campo encarna a sociedade objeto da mudança. Nasce expressando o velho que vai dando lugar ao novo sob os influxos que vão chegando de fora. E, mesmo quando o velho já não mais existe, guarda no todo o traço de hibridismo de sua trajetória inicial.

Cidade e campo formam, assim, um par e um contraste na sociedade moderna. E sob essa característica se relacionam e conflitam. Todavia, em cada canto da superfície terrestre, campo, cidade e relação cidade-campo se fazem de modo específico. Habituados ao modo europeu de constituição e desenvolvimento, transformamos e tomamos o que é uma especificidade num valor universal. E sob esse foco etnocêntrico encaramos o que é diferenciado como um todo de face igual no mundo.

A CIDADE E O CAMPO NA EVOLUÇÃO EUROPEIA

Três são as formas históricas da relação cidade-campo no tempo, tomado o contexto europeu como parâmetro de arrumação espacial: cidade e campo como dimensões de uma sociedade de domínio rural; cidade e campo como dimensões de uma sociedade de divisão territorial de trabalho; e cidade e campo como dimensões de uma sociedade de domínio urbano.

---

* Texto de conferência apresentada no Simpósio Internacional Interfaces das Representações Urbanas em Tempos de Globalização, realizado pelo Sesc-Bauru e AGB-Seção Bauru, em 2005, e originalmente publicado em DVD pelo Sesc e, depois, na revista *Ciência Geográfica*, n. 3, ano XI, v. XI, da AGB-Bauru, com o título "Cidade e campo no Brasil contemporâneo", em 2005.

A cidade e o campo numa sociedade de domínio rural

Childe relaciona o nascimento da cidade ao ritual do enterro dos mortos. No ponto da localização do enterro e da peregrinação em homenagem aos mortos, aí aos poucos se ergue a cidade (Childe, 1966). Lewis relaciona-o ao exercício do poder do macho, a cidade expressando esse poder personalizado na sobressalência do patriarca (Mumford, 1965). Marx relaciona-o ao surgimento do excedente na história e, em face do excedente, ao surgimento da divisão social do trabalho que introduz o sacerdócio, a administração e a função militar como funções especializadas na sociedade até então funcionalmente indiferenciada. E, assim, ao surgimento da sociedade de classe e do Estado, a cidade é a sede das novas funções e expressão dessa estrutura estratificada (Marx, 1975; Marx e Engels, s/d). São três teorias do surgimento da cidade e três formas de conceituá-la. Mas só em Marx o campo aparece na teoria.

Seja como for, nas três teorias a cidade surge geograficamente na história num contexto marcado pela absoluta dominância de uma sociedade de estrutura rural. A terra é o meio de produção por excelência, num forte vínculo do homem com o todo da natureza, daí derivando as formas de representação de mundo de que todos compartilham, inclusive a população residente nas cidades. Uma pequena distinção vem por conta da diferença de *habitat*. Onde este é disperso, a população se distribui em habitações distanciadas umas das outras, indo à cidade em geral nos fins de semana para atividades de culto na igreja. Ou nas épocas de trocas de seus produtos na feira. Onde o *habitat* é concentrado, a cidade é um ponto de moradia comum da população rural, com a particularidade de a maioria residir em habitações citadinas, mas viver seu cotidiano na faina do trabalho rural.

A representação de mundo referencia-se nos símbolos rurais, expressando uma noção indiferenciada de espaço, tempo e natureza, cujas distinções só se percebem pelos movimentos de mudança da paisagem. As atividades econômicas são os elos práticos da extensão dessa integração aos homens, que se reforça pelo cunho igualmente natural da divisão do trabalho, isto é, por sexo e idade.

Três entes geográficos destacam-se na constituição espacial dessa sociedade: o artesanato, o pertencimento e a cidade. O artesanato é a componente-chave de sua economia de caráter integral, autônomo e familiar. Caracterizado por um baixo nível de desenvolvimento da força produtiva, capaz de transformar apenas matérias-primas dúcteis, o artesanato forma junto à lavoura e à pecuária um cotidiano de relação do homem basicamente com a parte viva da natureza, concentrando-a essencialmente nas plantas e animais, a que acrescenta da parte inorgânica quando muito a argila, para a cerâmica. Bem como a unidade espacial das atividades e a partir daí de todas as relações societárias. A produção, uma vez cumprida a obrigação da renda em excedente, visa à autossubsistência da família campesino-artesanal, assim não se separando produção e consumo, consumo e mercado, agricultura e indústria, e a própria aldeia do todo rural, num reforço da forte consorciação espacial e da função unitária deste sobre a relação do homem e da natureza. Tudo isso se reflete numa representação de mundo cuja essência é a relação de recíproco pertencimento do homem com a natureza e o lugar de vivência. O pertencimento forma o plano ideológico-cultural. Vendo repetir-se nas plantas e nos animais que formam o seu cotidiano o mesmo ciclo de reprodução da vida que ocorre consigo, como ele, as plantas e animais também nascem, crescem, morrem e renascem, numa completa relação de identidade; os homens daí derivam um conceito da natureza como uma natureza viva. Uma natureza em tudo a ele homóloga, que ele leva para o todo da própria natureza da comunidade, homem, natureza e comunidade fundindo-se numa relação de identidade. A cidade completa esse circuito. A fraca capacidade de circulação que também vem do baixo nível das forças produtivas limita a extensão da interação espacial ao círculo estrito da circunvizinhança. É a cidade que faz assim o elo de referência das interações espaciais da comunidade como um todo, definindo os limites territoriais que a cercam e delimitando os marcos do espaço vivido.

A cidade e o campo numa sociedade de divisão territorial do trabalho

O surgimento da sociedade capitalista muda radicalmente essas relações. Separa a indústria da agricultura, transfere a indústria para a cidade e reduz o campo à agropecuária, numa dualidade cidade-campo determinada, por um lado, pela autonomia da cultura urbana que a presença da indústria traz para a cidade e, de outro, pela reafirmação da cultura rural que a permanência da agricultura impõe ao campo. E impulsiona o desenvolvimento contínuo dos meios de transferência que subverte a imediatez circundante lançando as interações espaciais para uma escala territorial de horizonte sem limites, ao mesmo tempo que integra cidade e campo produtivamente separados pela unidade das trocas. Produção, distribuição, consumo e mercado separam-se, assim, estrutural e territorialmente, junto à separação da indústria e da agricultura. Num espaço que, a começar pela dissociação da cidade e do campo, não para de se fragmentar, mercê a especialização produtiva que dissocia os ramos de atividade da indústria e da agricultura numa divisão territorial do trabalho de escala sucessivamente mundial, e a que as trocas, a interligação da circulação, a acumulação capitalista e a sobreposição territorial do Estado contrapõem.

Um período de transição medeia toda essa passagem das duas fases de história, o do processo da acumulação primitiva do capital, e que vai ter na manufatura e na intermediação mercantil seus veículos.

A manufatura é a indústria da transição. Um tipo de indústria que já não é mais o artesanato e não é a fábrica ainda. Que ainda se organiza como uma indústria artesanal e já tem as características de organização da fábrica. E com a qual a sociedade sai do baixo nível de desenvolvimento das forças produtivas da fase do artesanato para alçar-se ao alto nível de desenvolvimento das forças produtivas da fase da fábrica via o florescimento do sistema de maquinismo. É uma indústria que surge na forma de um galpão alugado ou erguido pelo intermediador mercantil no ambiente rural, no interesse de converter parte do capital acumulado na atividade mercantil em produção industrial com o emprego em regime de trabalho assalariado de artesãos recolhidos das comunidades artesano-campesinas. Rural, assim, pela localização. E rural pela força de trabalho e produtiva que emprega, mas que, todavia, significa a ruptura com a estrutura do mundo rural circundante trazida pela intermediação mercantil, expressando pelo seu lado a divisão do trabalho que separa a indústria e a agricultura, e assim a produção e o consumo, o consumo e o mercado, e a produção e o mercado que daí decorre.

É ela que então leva o cotidiano da divisão técnica de trabalho, a relação capital-trabalho e o tempo mecânico do relógio para o mundo rural e inicia a quebra da sincronia de copertencimento do homem e da natureza própria do ambiente artesanal. Difunde por dentro dele a rede dos meios de transferência que generaliza a troca mercantil como forma de distribuição dos meios de vida e cria com a dissolução da indústria artesanal o quadro que o reduzirá ao campo quando migra na forma da fábrica para a cidade.

A fábrica é a herdeira da manufatura. A forma de indústria que vai dar identidade cultural e econômica à cidade moderna e que terá na sua antípoda o campo de identidade cultural e econômica dada pela exclusividade da presença da agricultura. É uma unidade de produção inteiramente voltada para o mercado, que, à diferença da manufatura, também nele mergulha a produção da agricultura através da promoção das trocas entre a cidade e o campo já absolutamente diferenciados. De modo que é a fábrica, de fato, a origem da divisão territorial de trabalho e de trocas que desmonta o mundo integrado da economia campesino-artesã e introduz o arranjo espacial fragmentário do sistema econômico dividido em ramos especializados de produção, seja no seu universo de indústria, seja no da agricultura.

Facilita esse fato ter a fábrica por apoio um nível de desenvolvimento das forças produtivas de alta escala de concentração técnica que lhe permite transformar qualquer tipo de matéria-prima natural. Assim dando-lhe a alternativa de manipular desde recursos vegetais e animais até minerais, a fábrica opta progressivamente por estes últimos como padrão de matéria-prima, orientada no sentido de uma razão de custo-benefício que está no centro de origem das representações de mundo, homem e natureza da sociedade moderna. Sendo os recursos minerais do subsolo, não mais os de origem vegetal e animal, que vão centrar o cotidiano das relações do homem com a natureza, deriva daí uma ideia de natureza assentada essencialmente na parte inorgânica, numa quebra do sentido de copertencimento que separa homem e natureza numa dicotomia radical. Esta representação nasce na cidade e daí se difunde para o campo através da rede das especializações produtivas.

A cidade e o campo numa sociedade de domínio urbano

A excessiva concentração industrial na cidade que vai tendo lugar com o tempo e que se acelera com o advento da Segunda Revolução Industrial de meados do século XIX e o advento um século depois da Terceira Revolução Industrial assentada na engenharia genética levam a indústria a retornar ao campo, para lá migrando da cidade e reencontrando-se com a agricultura. O efeito é a fusão da indústria e da agricultura no fenômeno da agroindústria e a urbanização do campo, cidade e campo passando a se relacionar por uma nova forma de divisão territorial do trabalho e de trocas em que a cidade sedia o setor de serviços, terciarizando-se, e o campo, a indústria e a agricultura, agroindustrializando-se, porém unificadas na cultura urbana. Um sistema densamente ramificado e distribuído de meios de transferência garante a integração e interação espacial intensa desse todo em escala internacional.

A cidade tende a se esvaziar das atividades industriais para essencializar-se nas funções mais propriamente urbanas, deslocando o centro da atenção para a interação entre uma cidade e outra numa relação de níveis de hierarquia determinados pela composição dos respectivos equipamentos terciários em sua relação de comando regional sobre o campo. Mantém-se, assim, a relação de separação funcional e integração pelas trocas de seus produtos, agora crescentemente de serviços da cidade para o campo e bens agroindustriais do campo para a cidade, nova forma de comando e de fronteira cidade-campo, tudo agora embaixo da homogeneidade da cultura urbana.

A CIDADE E O CAMPO NO BRASIL

A sociedade brasileira vai no sentido e, ao mesmo tempo, na contramão desse processo evolutivo geral das sociedades europeias. Dela difere em particular na natureza, nem sempre prevalecendo economicamente sobre o todo e nem sempre agindo como uma relação transgressora das ideologias emanadas do mundo rural. Distinção que reside no fato de desde o início a cidade definir-se como um substrato da política de modernização do rural.

É o caráter agromercantil que está na base dessa especificidade, dando à sociedade brasileira uma face a um só tempo rural e urbana em praticamente todo o percurso da história. É assim que a relação cidade-campo no Brasil em tudo conceitual e empiricamente difere do traçado geral das relações cidade-campo das sociedades europeias, desenvolvendo-se num formato que lhe é próprio.

A cidade e o campo no Brasil colônia

O caráter agromercantil e exportador, modo de dizer uma economia que é instalada no Brasil pela colonização portuguesa e vinculada ao processo de acumulação primitiva europeia, determina um caráter cosmopolita que a cidade vai infundir na fazenda, matizado na forma como a fazenda vai interferir no cotidiano da cidade enquanto célula de um todo rural dominante.

A economia tem o cariz rural da fazenda, mas a cultura tem o traço cosmopolita da cidade. Assim se define um caráter "rurbano" do conjunto do espaço que vai atravessar o tempo. Há e não há, assim, uma similitude da relação cidade-rural do contexto europeu inicial. Ao mesmo tempo que há e não haverá uma relação cidade-campo do tipo que mais à frente lá aparece. A fazenda é aqui um ente de um mundo de economia rural, mas ente igualmente de uma cultura de cunho urbano-metropolitano trazido pelos ares da cidade que expressa esse lado da colônia. Duplo de cidade-poder do colono-fazendeiro e cidade-sede da administração metropolitana, como a viu Singer, comparando-a à cidade centralmente urbana da colonização hispânica, de economia mineradora, e cidade de conquista, sediadora essencialmente dos aparelhos do Estado, como a vê Oliveira (Singer, 1973; Oliveira, 1977). Cidade que não se define pelo comando econômico do rural, embora vinculada à função administradora da acumulativa primitiva, e assim respira o clima do interesse econômico da metrópole junto à atmosfera política do mando rural.

Híbrido que define tanto ela quanto o rural, este está longe, por sua vez, de ser o campo. O que nos convida a mais falar de uma relação entrecruzada que de cidade-rural e cidade-campo em seus termos de estruturação e organização espacial global. Local-mundial e ao mesmo tempo rural-cosmopolita, a elite colonial está mais para uma classe de cultura mercantil que rural-agrícola. São os valores metropolitanos da cidade que lhe chegam à fazenda, de onde elabora sua representação de mundo. Quando então nasce, é isso também o campo. Este nasce na ambiguidade de ser economicamente ao mesmo tempo agrícola (por conta da monocultura), agrário (por conta do sistema de sesmarias) e rural (por conta da pluralidade de atividades econômicas em que se incluem uma indústria de beneficiamento e uma grande agroindústria tão centralmente importantes quanto a própria monocultura agrícola). Culturalmente tão rural-urbano quanto a cidade por conta dos elementos materiais de sua civilização (basta ver a prataria, a louçaria, a tapeçaria, o mobiliário da sede das grandes fazendas), é a mesma representação cosmopolita de mundo de antes que o campo respira. Uma cidade rurbana, porque inserida num mundo de campo rurbano. Uma e outra nutridos nas ambiências e olhos cosmopolitas. Eis o traço.

O fato é que não se trata de uma cidade e de um campo que nascem de uma divisão territorial de trabalho e de trocas de interação interna, como aquela que vemos surgir no ambiente da transição capitalista europeia, mas sim que adequa o interno aos ditames do externo, da acumulação primitiva do excedente gerado na fazenda e cidade da colônia e realizado externamente na metrópole. Quando muito, cidade e campo de uma divisão internacional de trabalho e trocas, representando aquela a metrópole e esta a colônia, traduzidas em centro industrial-urbano e periferia rural-urbana logo a seguir.

De fato, aqui mais se trata de uma cidade voltada à necessidade de harmonizar o de dentro e o de fora interna e externamente que cidade compartilhante com o campo de uma divisão territorial local e internacional de trabalho e de trocas; e um rural harmonizado por dentro e por fora por essa cidade de dupla face que campo compartilhante de um mercado interno e externo com a cidade do sentido moderno. Cidade de conquista. E, pode-se dizer, campo de conquista.

Há uma cidade, mas não há um campo e uma relação cidade-campo, e sim um rural fazendeiro numa relação de híbrido com a cidade, consequentemente. É em face disso que a Coroa portuguesa, ao dividir o Brasil em comarcas e dar a estas a infraestrutura funcional necessária, confere-lhes por necessidade institucional um conceito de cidade, um ente espacial de caráter político por excelência, Coroa e colonos compartilhando da Câmara Municipal como iguais dominantes de uma sociedade de corte simultânea e integradamente agrário, mercantil e exportador. Não mandantes de um campo em relação subordinada com uma cidade.

Aparelho de mando da cidade, a Câmara Municipal é o centro do modelo. A Câmara é o aparelho de representação de poder interno de mando comum da elite rural e da Coroa. Instrumento de organização político-administrativa do Estado colonial português e ao mesmo tempo de acerto das diferenças de contendas, por meio da Câmara fazenda e cidade se organizam e organizam politicamente o município, ordenando o entorno como uma célula urbana de um todo rural territorial e administrativamente. Entorno que não distingue campo e cidade, mas a cidade dentro de um todo de mando rural cuja célula de base verdadeiramente é a fazenda.

A cidade e o campo na fase da divisão capitalista do trabalho e das trocas

Este quadro muda com a economia capitalista que se instaura logo a seguir à independência, à implantação do Estado nacional e à substituição do trabalho escravo pelo trabalho assalariado. E cuja expressão é a divisão territorial interna do trabalho e das trocas que surge junto ao desenvolvimento e irradiação de uma rede de meios de transferência e de cidades que então se implanta. Mas se cidade e campo agora surgem por suas funções econômicas, cultural e politicamente o Brasil urbano e rural segue sendo o híbrido cosmopolista, não mudando a velha inserção cultural propriamente. A sobrevida que alonga a agroexportação como forma de economia por praticamente ainda mais um século e a reafirmação da cidade como ente geográfico mais político que econômico – a cidade é declarada sede de município pura e simplesmente – dão à cidade e ao campo que estão nascendo funções econômicas diferenciadas amplamente, mas fazendo-as se acompanhar do hibridismo cosmopolita rurbano que as instituíra desde o começo.

De um lado, a cidade se reafirma como o ente geográfico do exercício de domínio da elite rural tornada gestora do Estado nacional independente e se consolida como o ente geográfico de mando privilegiado dos arranjos do espaço. E, de outro, o campo se origina como o ente geográfico que substancia esse poder rural agora tornado exclusivo internamente e se formaliza como o corpo propriamente dito desse espaço arrumado no comando da cidade. De um lado, a cidade se autonomiza e se separa funcionalmente do campo para receber e fomentar o desenvolvimento nacional da indústria e, de outro lado, o campo dela se autonomiza e se separa, mas guardando em seu seio o monopólio fundiário que vai manter a elite rural como classe dominante sobre o campo e a cidade indistintamente. A diferença corre por conta da sede da fazenda, que aqui vira cidade-sede de município enquanto o corpo vira município.

São a cidade e o campo da "modernização prussiana" (Ianni, 1984; Moreira, 1985). Os entes espaciais siameses que comandam a transformação econômica e cultural conduzida "de cima" e que se modernizam, modernizando uma elite rural agora diferenciada em agrária, bancária e mesmo industrial, modelando cidade e campo nesses valores. A literatura dos romancistas percebeu essa peculiaridade melhor que a literatura científica – tanto a literatura do romance rural e urbano quanto a regionalista –, que a retratam com incrível transparência.

Um quadro geral que permanece mesmo quando a indústria fabril se instala na cidade, e a pequena agroindústria de beneficiamento e a grande agroindústria usineira se mantêm no campo, a população se redistribui entre o campo e a cidade e fica longe o peso dominante do mundo rural. Garantido pela permanência do monopólio da terra e com ela o peso político da elite fundiária. Mas, sobretudo, pelo papel político-eleitoral das cidades pequenas e médias, centros do poder municipal, e assim bases de todo o sistema de pactuação que orienta a constituição da sociedade civil e sua relação com o Estado no período republicano. E que ainda mais se reforça com o advento dos meios modernos de comunicação, à frente dos meios de transferência, e seu papel modernizante da sociedade brasileira.

Aqui se juntam o rádio e a rodovia na forma como materializam o cosmopolitismo nessa fase. Sucessoras diretas da ferrovia, a rádio e a rodovia são os braços pelos quais a cidade entroniza o fordismo pelo todo do território nacional. Se a ferrovia é o agente da sobrevida da agroexportação e, então, do poder local-nacional da elite agrária, a rodovia é da sua transformação em elite industrial e urbana. Egressa dos coronéis da monocultura e do gado transfigurados nos sujeitos construtores do capitalismo avançado, é pela ferrovia que o rádio chega às cidades inicialmente, como que preparando o terreno para a interiorização avassaladora da rodovia e da televisão. Profundo na penetração dos rincões, o programa de rádio divulga o modo de vida urbano no campo. Leva a lógica do consumo urbano às mais distantes regiões e lugares. Realiza a passagem da cultura rural para a urbana nesses lugares, tornando seja a cidade e seja o campo nas faces distintas da sociedade fordista de massa, porque assentada nos símbolos da elite rurbana modernizada. A rodovia vem em seu reforço, radicalizando os efeitos do radio e do telefone em sua associação com a chegada da televisão aos rincões, muitas vezes antecedida da chegada das torres de transmissão da energia elétrica. Quando não do trabalho de formiguinha do radinho de pilha.

O complexo agroindustrial e as tendências da redivisão da relação cidade-campo no Brasil

Não demora muito a que essa face conservadora da relação cidade e campo apareça em sua transparência, via centração da moderna economia brasileira na dinâmica rurbana dos grandes complexos agroindustriais. É quando, então, se repete nacionalmente o remanejamento que redefine as funções da cidade e do campo dentro da divisão territorial do trabalho e das trocas, a cidade terceirizando o campo e o campo agroindustrializando a cidade.

A agroindústria moderna tem origem com o fenômeno do *agrobusiness* nos Estados Unidos dos anos 1950. Um fenômeno de mudança de hábitos e costumes de consumo das cidades pequenas e médias ainda rurais do país através da forma nova de moda de vestuário e dietética que chega junto aos meios de transferência ao campo. Já penetrado pela cultura urbana das grandes cidades através da difusão do rádio e da televisão, o campo perde o laço rural do passado rural quase que num átimo de tempo, numa incorporação da cultura fordista que a literatura e o cinema norte-americanos dos anos 1950 aos anos 1970 captam amplamente.

No Brasil a velha agroindústria vem com a formação colonial. Leva o campo a seguir sendo um espaço industrial ao lado de uma cidade que se torna industrial com a chegada da fábrica moderna. Mantém campo e cidade assim organizados mesmo nos quadros da radicalização da diferença cidade-campo do nacional-desenvolvimentismo dos anos 1950, para servir de pião para a fusão indústria-agricultura que traz o centro de gravidade industrial de volta para o campo numa forma mais pluralizada de agroindústria.

OS CAMINHOS DO MUNDO SÃO DIFERENTES

Cidade, campo e relação cidade-campo são assim entes geográficos diferentes segundo suas inserções espaciais. Se as referências e conceitos da realidade tornados gerais do contexto europeu servem para entendermos a dinâmica da sociedade e do espaço dos diferentes contextos, são-no, no entanto, para logo passar-se às realidades próprias de cada lugar. Pois que é no quadro das especificidades espaciais concretas que cada estrutura real de sociedade se edifica. E o geral e o particular contextualmente se encontram.

Os parâmetros de uma teoria de base geral

A fase da divisão territorial cidade-campo do trabalho e das trocas fabris exemplifica este entrelace, através da comparação das três etapas que essa relação segue no tempo: a de fusão, a de separação e a de refusão.

A etapa de fusão corresponde ao período imediatamente anterior ao surgimento dessa divisão territorial. É o período da sociedade de integralidade rural no qual cidade e campo estão mergulhados numa paisagem muito pouco diferenciada. E corresponde ao momento de passagem da manufatura para a fábrica.

O surgimento da fábrica, herdando um começo que se pode localizar num âmbito ainda manufatureiro, institui campo e cidade como entes geográficos distintos e separados, cada qual dotado de um território e uma paisagem próprios. E que a emergência da Segunda Revolução Industrial ainda mais radicaliza. É a etapa de separação, que corresponde ao momento em que a divisão técnica do trabalho ganha a escala da força produtiva industrial e os meios de transporte e comunicação rasgam os espaços no entrelace de intercâmbio que une cidade e campo de um ponto de vista econômico. A cidade se torna o centro por excelência da produção da indústria e o campo, da produção agrícola. O campo se esvazia das funções industriais do passado. E a cidade herda as funções industriais e a população do campo esvaziado. Os meios de transferência se tornam o braço-forte do comando sobre o todo do espaço que, a partir da centralidade da cidade, a indústria estabelece. E faz da cidade a cabeça do corpo do Estado por excelência.

É a etapa também em que a cidade sedia a função intelectual e ideológica que faz desse espaço industrialmente integrado a expressão geográfica da ordem burguesa, segundo dois momentos distintos: o do capitalismo atrasado e o do capitalismo avançado. O momento do capitalismo atrasado é o correspondente ao período fabril da Primeira Revolução Industrial, em que cidade e campo se separam e assumem suas funções muito lentamente. A cidade age intelectual e politicamente para romper as amarras, em geral institucionais, que freiam este progresso. E o momento do capitalismo avançado é o correspondente ao período da Segunda Revolução Industrial, em que a especialização da produção e das trocas se radicaliza, e a cidade se consolida como centro de referência em escala planetária.

A etapa de refusão, por fim, é o período atual. Período do salto do capitalismo rumo à técnica da Terceira Revolução Industrial. Em que, favorecida pela ampla propagação dos meios de transferência, a indústria migra para reintegrar-se à agricultura no campo. Redesenha o traçado da divisão do trabalho capitalista e generaliza a cultura urbana para unificar cidade e campo nas mesmas regras e valores.

A diversidade das formas

Desde o começo da história humana cidade e campo se padronizam, entretanto, sob um formato distinto para cada lugar. Observando o perfil da cidade e do campo do pré-capitalismo, Marx faz um mapeamento sumário dessas diferenças, já então chamando a atenção para sua ligação orgânica com os modos de produção do tempo. É assim que na comunidade germânica a vida rural está centrada na cidade, mas esta é o domicílio dos trabalhadores da terra. No modo de produção escravocrata antigo, a cidade é o domínio dos proprietários da terra, desvinculados das atividades da terra como ocupação de trabalhadores escravos. Já no modo de produção feudal, tudo se inicia tendo o campo como cenário, até que surgem as aldeias e um quadro de diferenciação cidade-mundo rural dentro de um todo marcado nas características desse mundo (Marx, 1975).

Trata-se de um quadro de referência esquemático, tomada como ponto de descrição a evolução europeia pré-feudal e feudal, para efeito de comparação. E, como base de referência, a relação entre as formas de propriedade rural e as formas de poder sustentadas na cidade. Daí que Marx sempre veja cidade pelo perfil que lhe é dado pelo aparecimento do excedente, a divisão social do trabalho que, a partir dele, emerge através do aparecimento das funções de administração, sacerdócio e militar, tipicamente urbanas, funções que irão descolar-se da divisão natural por sexo e idade para alocar-se nas cidades. E a distinção que a cidade adquire dentro de um mundo de dominante rural. Preparando-se para lançar-se à análise de como cidade, campo e poder vão ficar com a emergência do modo de produção capitalista.

A especificidade brasileira

Quatro características distinguem o fenômeno no Brasil, indicando a forma específica de formação e desenvolvimento de sua evolução societária no tempo.

O campo, ao surgir, é o rural reconfirmado na presença da lavoura, da pecuária e da indústria fundida àquelas duas através da agroindústria. Juntando inclusive no começo trabalho escravo e assalariado dentro de uma divisão do trabalho e de trocas em desenvolvimento. Já no período colonial essa duplicidade de regime de trabalho coexiste na combinação do trabalho braçal do eito e do trabalho altamente especializado dentro do engenho. A que cabe acrescentar o trabalho de homens livres da policultura de subsistência independente e das atividades terciárias da cidade. Funções de um rural e de um urbano que vão aqui e ali desaparecendo junto ao de transformação que vai separar campo e cidade como parcelas espaciais distintas da divisão territorial industrial do trabalho e das trocas. Daí que vai nascer um campo a rigor só desrruralizado quando a terciarização e a migração industrial difundem a urbanização para a cidade. Junto à sua reindustrialização e à desindustrialização da cidade. Por sua vez, a cidade é desde o começo o urbano declarado sede do município. É assim que nasce no âmbito do colonial-escravismo e assim se mantém quando já no âmbito da fase industrial. De modo que tenha o tamanho que tiver e sejam quais forem as formas de atividade que sua população desempenhe, cidade no Brasil se define até os albores do desenvolvimento industrial por esta especificidade de ser um ente geográfico de caráter por excelência político-administrativo. A que hoje só escapam os grandes centros urbanos metropolitanos. Não necessariamente o Estado que as encima.

E é nessa propriedade de híbridos que campo e cidade vão entrar na era da mídia. Tal como vemos para o mundo, a sociedade do consumo é levada para todos os lugares do campo e da cidade num mesmo simbolismo cosmopolita. A relação simbiótica que já envolvia cidade e campo no Brasil desde a colônia ao redor do cosmopolitismo metropolitano logo é explorada pela mídia. E pela elite por via dela, modulando na linguagem midiática uma imagem de classe sempre à frente em seus pleitos de reconhecimento político em épocas de eleição.

São, assim, hábitos de classe de um mundo industrial – urbanos e cada vez mais globais – que a antiga elite rural modernizada faz chegar através da mídia aos rincões, como os de sua identidade, mas para falar da encarnação de um hibridismo de campo e cidade que aqui e lá aparece sempre de forma nova. Do que resulta que não são poucas as cidades que permanecem controladas por famílias tradicionais, os sujeitos que por trás da mídia aparecem reivindicando o reconhecimento histórico de seus serviços políticos, sempre reportando em imagens históricas veiculadas pela mídia a dívida de sua presença administrativa na cidade que sempre progrediu sob seu domínio. Assim a mídia reforça a simbiose que vincula cidade e progresso na imagem histórica das grandes famílias de tradição. E tanto mais, quanto mais economia e máquina do Estado se modernizam.

A fusão da mídia e da política envolvendo jornal, rádio e TV reinventa o híbrido. E forma hoje um grande tronco que junta empresas de comunicação e grupos políticos local-regionais com raízes nas famílias tradicionais ou renovadas em rede nacional.

Um dos preços é o inchaço da malha municipal e o decorrente aumento do custo da administração da máquina pública. Entes enraizados na simbiose campo-cidade, esses grupos que reeditam a velha simbiose fazenda-cidade do passado são os poderes rural-regionais que geralmente estão por trás das fragmentações que multiplicam o número de municípios da Federação, multiplicando com eles o número de cidades, numa reprodução em escala ampliada da cidade e do município como suporte do poder político. Criado por um critério meramente político, raramente o município tem, todavia, uma economia que o sustente, gravando a União.

Não vindo então de uma ruptura com o rural circundante, mas da reafirmação de uma cultura política reiteradamente modernizada, a cidade no Brasil não encarna uma ideologia que a configure como suporte de uma sociedade civil autônoma, mas de uma tutela do Estado que igualmente se reinventa reiteradamente. A transição habitualmente conservadora das fases da história da sociedade brasileira tem aí uma de suas principais raízes. Raramente agindo como um ente subversivo em sua relação com o campo, é a modernização deste que frequentemente moderniza a cidade, numa relação que patrimonialisticamente leva o Estado a sobrepor-se à sociedade civil, o privado a sobrepor-se ao público (Faoro, 1975). Numa travessia indiferente ao tempo. Desde a representação nas Câmaras Municipais do período colonial, é o público o excluído do exercício das decisões. O Executivo, o Legislativo e o Judiciário personalizam a figura privada da elite. A organização do Estado, a pactuação dos poderes rural-regionais. A máquina estatal, a reafirmação tutelar das elites sobre o todo societário. O exemplo clássico é a histórica política do café com leite, o pacto das elites conhecido como a política dos governadores. E mais clássico ainda, o pacto populista dos anos Vargas. Os benefícios nunca aparecem como conquistas do povo organizado a partir das cidades, mas concessões da elite em sua modernização junto à modernização da cidade e do campo. Da Colônia à República, a Federação flui da base municipal à cúpula da União como um mecanismo pactual que tutela a sociedade civil, vicia as instituições políticas e neutraliza os movimentos de constituição de uma cidadania formal que confira aos organismos que a representem uma autonomia própria de movimentos (Carvalho, 2001).

A CIDADE E O CAMPO
COMO VIGAS DA ESTRUTURA GLOBAL

Se no marco geral da civilização a cidade nasce como um fato de geografia urbana e o campo, como um fato de geografia agrária, no Brasil nascem e prosseguem como um fenômeno de geografia política. E assim permanece na passagem do tempo. Quando a administração portuguesa dividiu o território colonial em capitanias, municípios e comarcas, definindo a divisão política que o tempo transformará na malha dos estados e municípios dos dias atuais, a cidade e a fazenda se estabeleceram como o fio condutor do erguimento de um todo reflexo.

Uma grande diferença marca, assim, o conceito e a realidade da cidade e do campo em seu perfil e entrelaçamentos entre si e o todo nos diferentes cantos do mundo. Em alguns deles a passagem do mundo rural para o mundo urbano é marcada por grandes levantes camponeses, acompanhados, senão mesmo organizados, por levantes simultâneos nas cidades em seu papel subversivo. Foi assim nos levantes do campo na Alemanha (Engels, 1976). E foi assim na presença campesina na Revolução Francesa (Soboul, 1964). O rural camponês e comunitário avança para a tomada das cidades a caminho da capital. E a cidade ressona os acontecimentos num retorno ao levante com suas ideias avançadas. Foi assim na Alemanha e na França, cidade e campo organizando as revoluções burguesas.

Um caminho diferente é seguido no Brasil. O campo da elite rural dá o rumo da mudança, que a cidade confirma e consolida, ao mesmo tempo que bloqueia qualquer outra possibilidade de mudança. Também aqui a passagem do rural ao urbano é acompanhada de levantes campesinos – foi isso a Cabanagem, Canudos e o Contestado –, mas a cidade volta-lhe as costas. Do litoral ao sertão, como Euclides da Cunha caracterizou o massacre de Canudos. E sob este parâmetro se ergue o Estado nacional (Moreira, 1985).

Talvez numa semelhança singular com o que Gramsci detectou para a evolução da cidade e campo do *Mezzogiorno* italiano. Cidade e campo compondo a base das projeções nacionais mais amplas numa similaridade do Norte-Sul da Itália com o Sudeste-Nordeste brasileiro de características estruturais em tudo parecidas (Gramsci, 1987).

BIBLIOGRAFIA

CARVALHO, José Murilo de. *Cidadania no Brasil, o longo caminho*. Rio de Janeiro: Civilização Brasileira, 2001.

CHILDE, Gordon. *A evolução cultural do homem*. Rio de Janeiro: Jorge Zahar, 1966.

ENGELS, F. *As guerras camponesas na Alemanha*. São Paulo: Grijalbo, 1976.

Faoro, Raymundo. *Os donos do poder*: formação do patronato político brasileiro. Porto Alegre/São Paulo: Editora Globo/Editora da Universidade de São Paulo, 1975.

GRAMSCI, Antonio. *A questão meridional*. Rio de Janeiro: Paz e Terra, 1987.

IANNI, Octávio. *As origens agrárias do Estado brasileiro*. São Paulo: Braziliense, 1984.

MARX, Karl. *Formações econômicas pré-capitalistas*. Rio de Janeiro: Paz e Terra, 1975.

_____.; ENGELS, Friedrich. *A ideologia alemã*. Lisboa: Editorial Presença/Martins Fontes, s/d.

MOREIRA, Ruy. *O movimento operário e a questão cidade-campo no Brasil:* estudo sobre sociedade e espaço. Rio de Janeiro: Vozes, 1985.

MUMFORD, Lewis. *A cidade na história*. Suas origens, suas transmutações, suas perspectivas. Belo Horizonte: Itatiaia, 1965.

_____. *Técnica y civilización*. Barcelona: Alianza Universidad, 1992.

OLIVEIRA, Francisco. Acumulação monopolista, estado e urbanização: a nova qualidade do conflito de classes. In: _____. *Contradições urbanas e movimentos sociais*. Rio de Janeiro: Cedec/ Paz e Terra, 1977.

SINGER, Paul. *Economia política da urbanização*. São Paulo: Braziliense, 1973.

SOBOUL, Albert. *A revolução francesa*. Rio de Janeiro: Jorge Zahar, 1964.

DA REGIÃO À REDE E AO LUGAR: A NOVA REALIDADE E O NOVO OLHAR GEOGRÁFICO SOBRE O REAL

Neste final de século uma realidade nova, apoiada não mais nas formas antigas de relações do homem com o espaço e a natureza, mas nas que exprimem os conteúdos novos do mundo globalizado, traz consigo uma enorme renovação nas formas de organização geográfica da sociedade. Diante dessa nova realidade, conceitos velhos aparecem sob forma nova e conceitos novos aparecem renovando conceitos velhos.

A rede global é a forma nova do espaço. E a fluidez – indicativa do efeito das reestruturações sobre as fronteiras –, a sua principal característica.

Uma mudança se pede assim na forma do olhar geográfico e do geógrafo. Mas em que consiste este olhar? E como dar-lhe contemporaneidade?

A REALIDADE E AS FORMAS GEOGRÁFICAS DA SOCIEDADE NA HISTÓRIA

Até o advento da Primeira Revolução Industrial, no século XVIII, o mundo era um conjunto de realidades espaciais as mais diversas, e as sociedades se distribuíam na infinita diversidade espacial dos gêneros de vida das civilizações. Desde então, a tecnologia industrial passa a intervir na distribuição, unificando em sua expansão área a área, um após outro, esses antigos espaços.

Com o advento da Segunda Revolução Industrial, que ocorre na virada dos séculos XIX-XX, esta intervenção é levada à escala planetária, na forma da uniformização dos modos de vida e processamentos produtivos. Os espaços são globalizados em menos de um século sob um só modo de produção, que unifica os mercados e os valores, suprime a identidade cultural das antigas civilizações e traz com a uniformi-

---

* Texto originalmente publicado na revista *Ciência Geográfica*, n. 6, da AGB-Bauru, em 1997.

dade técnica uma desarrumação socioambiental em escala inusitada. Ao rearrumar os espaços sob um só modo padrão, a uniformidade de organização destrói e prejudica o modo de vida com que a humanidade se conhecia.

Um ponto de inflexão é a década de 1950; um outro, a década de 1970.

A região: o olhar sobre um espaço lento

Quando os geógrafos dos anos 1950 olhavam o mundo, o que viam era a paisagem de uma história humana que mal havia virado de página no trânsito dos séculos XIX-XX. Viam a sombra das civilizações antigas, com suas paisagens relativamente paradas, compartimentadas e distanciadas.

Os meios de transporte e comunicação e o poder de intervenção técnica da humanidade sobre os meios ambientes só neste momento passavam a se alicerçar na tecnologia da Segunda Revolução Industrial, interditada em seu desenvolvimento no período de entreguerras dos anos 1930-1940.

Nada mais natural, pois, que intuíssem tais geógrafos a sensação da imobilidade dos espaços e teorizassem sobre a paisagem como uma história de duração longa, tal qual o viu Braudel (1989), eterna em suas localizações imutáveis.

É isto o que explica ter a leitura geográfica se pautado por muito tempo na categoria da região. Era o que os geógrafos viam ainda em 1950.

A região é então a forma matricial da organização do espaço terrestre e cuja característica básica é a demarcação territorial de limites rigorosamente precisos. O que os geógrafos viam na paisagem era essa forma geral e de longa duração e passaram a concebê-la como uma porção de espaço cuja unidade é dada por uma forma singular de síntese dos fenômenos físicos e humanos que a diferencia e demarca dos demais espaços regionais na superfície terrestre justamente, no dizer de Vidal de la Blache, por sua singularidade. Pouco importava se o dito e o visto não coincidissem exatamente.

As coisas mudavam, mas o ritmo da mudança era lento. De tal modo que, se os geógrafos olhassem a paisagem de um lugar e voltassem a olhá-la décadas depois, provavelmente veriam a mesma paisagem. A distribuição dos cheios e vazios, para usar uma expressão de Jean Brunhes, trocava-se com lentidão, e os limites territoriais das extensões permaneciam praticamente os mesmos por longos tempos.

A rede: o olhar sobre o espaço móvel e integrado

Nada estranho que por todo esse tempo seja o recorte regional a tradição do olhar geográfico: fazer geografia é fazer a região, dizia-se. A organização espacial da sociedade é a sua organização regional, e ler a sociedade é conhecer suas regionalidades.

Uma mudança forte, entretanto, fazia tempo vinha ocorrendo em surdina na arrumação dos velhos espaços. Desde o Renascimento, com a retomada da expansão mercantil e o advento das grandes navegações e descobertas, uma mudança acontece na arrumação dos espaços das civilizações, recortando-as em países, e estes em regiões. Esta mudança se acelera para ganhar forma definitiva com as Revoluções Industriais dos séculos XVIII e XIX, através da reorganização dos antigos espaços na divisão internacional de trabalho da produção e das trocas da economia industrial. A ordem fabril que assim se institui vai dando ao espaço um modo novo de ser, regionalizado e unificado a partir da integração das escalas de mercado. Desse modo, a imagem do mundo ganha a forma desde então tornada tradicional das grandes regiões. Primeiro das regiões homogêneas, depois das regiões polarizadas. É a região adquirindo uma importância de capital significado na ordem real da organização espacial das sociedades modernas. Mas nesse justo momento esta ordem espacial começa a se diluir diante da arrumação do espaço mundial em rede.

A organização em rede vai mudando a forma e o conteúdo dos espaços. É evidente que a teoria precisa acompanhar a mudança da realidade, ao preço de não mais dela dar conta. Uma vez que muda de conteúdo, já que ele é produto da história, e a história, mudando, muda com ela tudo que produz, o espaço geográfico muda igualmente de forma. A forma que nele tinha importância principal no passado já não a tem do mesmo modo e grau na organização no presente. Contudo, a tradição regional era tão forte que ainda por um tempo pensar-se-ão os espaços das sociedades em termos regionais. A teoria da região não declina de importância, porém o papel matricial da região é cada vez menos relevante de forma da arrumação dos espaços reais.

Com o desenvolvimento dos meios de transferência (transporte, comunicações e transmissão de energia), característica essencial da organização espacial da sociedade moderna – uma sociedade umbilicalmente ligada à evolução da técnica, à aceleração das interligações e à movimentação das pessoas, objetos e capitais sobre os territórios –, tem lugar a mudança, associada à rapidez do aumento da densidade e da escala da circulação. Esta é a origem da sociedade em rede. Nos anos 1970, já não se pode mais desconhecer a relação em rede, que então surge, articula os diferentes lugares e age como a forma nova de organização geográfica das sociedades, montando a arquitetura das conexões que dão suporte às relações avançadas da produção e do mercado. É quando junto à rede se descobre a globalização.

A rede não é, portanto, um fenômeno novo. Recente é o *status* teórico que adquire (Dias, 1995). Imaginemos o espaço no passado, quando cada civilização constituía um território organizado a partir de um limite específico e da centralidade de uma cidade principal. De cada cidade parte uma rede de circulação (transportes, comunicações e energia) destinada a orientar as trocas entre as civilizações umas com as outras, a cidade exercendo o papel de arrumadora, organizadora e centralizadora dos territórios. Temos aí uma rede organizando o espaço, mas não um espaço organizado em rede. Podemos dizer que a rede é um dado da realidade empírica, todavia conceitualmente não estamos diante de um espaço organizado em rede. Isso só vai acontecer recentemente.

DA REGIÃO À REDE E AO LUGAR

A trajetória da rede moderna se inicia no Renascimento com o desenvolvimento do transporte marítimo a grandes distâncias e o desenvolvimento articulado dos transportes terrestres internamente e fluviais entre os continentes. O desenvolvimento da rede de transportes estabelece uma conexão que evolui e se acelera do século XVI ao XVIII, quando então advém a Revolução Industrial e com ela a máquina a vapor, o trem e o navio moderno.

A cidade é a grande beneficiária desse desenvolvimento dos meios de transporte e comunicação trazidos pela Revolução Industrial. A cidade torna-se o ponto de referência de uma gama de conexões que recobre e vai deitar-se sobre o espaço terrestre como um todo numa única rede. Pode-se até periodizar a história das cidades a partir da história da rede. O século XIX é o tempo de hegemonia das cidades portuárias como Londres, Hamburgo, Nova York e Rio de Janeiro. O século XX é o tempo da cidade da rede multimodal, em que o aeroporto substitui o papel anterior do porto. Até que chegamos à cidade da rede virtual de hoje. E, assim, à sociedade em rede.

A característica da sociedade em rede é a mobilidade territorial. E o desenvolvimento da rede de circulação inicia-se num movimento de desterritorialização de homens, de produtos e de objetos, que ocorre em paralelo à evolução das cidades e das redes, periodizando o processo da montagem e do desmonte do recorte da superfície terrestre em regiões, e cuja referência à época é a reterritorialização dos cultivares.

Transportados pelos navios, cultivares de diferentes lugares de origem se difundem e se misturam nos diferentes continentes, formando com o tempo uma paisagem de culturas entrecruzadas na qual as regiões antigas não se distinguem mais umas das outras pelos cultivos do trigo, do café, do arroz, do milho, da batata, formando-se regiões novas com essas culturas agora mundializadas.

Cada cultivar é descolado do seu ambiente natural para ir localizar-se em outros contextos ambientais, acompanhando o desenvolvimento das comunicações e das trocas. Então, sobre a antiga paisagem dos cultivares, fundadora e constitutiva dos complexos alimentares de cada povo, cada paisagem sendo arrumada ao redor de uma cultura-chave e à qual se juntam as demais culturas do complexo – como a paisagem dos arrozais do Oriente Asiático, do trigo-centeio do Ocidente Europeu e do milho-batata dos altiplanos americanos –, tão bem analisadas por Max Sorre, vai-se montando uma paisagem nova, regional.

Essa mudança da arrumação que ocorre no espaço em todo o mundo, saindo de uma espacialidade baseada num complexo agrícola para outra apoiada numa arrumação regional de cultivares, vindos da migração de plantas e animais oriundos de outros cantos, muda a cultura humana em cada povo, pois o resultado é uma radical troca de hábitos e regimes alimentares, alterando as relações ambientais, os gostos e os costumes desses povos.

O eixo-reitor desse rearranjo é o desenvolvimento da divisão internacional do trabalho e das trocas, em função de cujos propósitos os pedaços do espaço terrestre vão se regionalizando por produto. De modo que sobre a malha regional assim criada pode-se vislumbrar o início da atual globalização, marcado pela escalada dos cultivares, uma escalada cultural. Estabelece-se, a partir daí, uma intencional confusão de termos, embaralhando o conceito de culturas e cultivares, que explora o próprio fato da antiga imbricação das culturas humanas enquadrada na tradição da paisagem dos cultivares. Agora, cultivar vira cultura regionalizada como veículo da colonização. E o cultivar morre dentro da cultura, de modo a se fazer prevalecer por cultura a referência cultural do colonizador, não mais a cultura dos cultivares das civilizações. Um jogo ideológico que só nos dias de hoje vem à tona, com a emergência do discurso da biodiversidade, interessado no resgate do conhecimento próprio da cultura dos antigos cultivares, para o fim de implementar a cultura técnica da engenharia genética.

Com a propagação das técnicas de transportes e comunicações próprias da Segunda Revolução Industrial, encarnadas no caminhão, no automóvel, no avião, no telégrafo, no telefone, na televisão, ao lado das técnicas de transmissão de energia, o movimento de regionalização da produção e das trocas dessas culturas introduz a relação em rede, dissolvendo as fronteiras das regiões formadas pelas migrações dos cultivares, fechando um ciclo e inaugurando uma nova fase de organização mundial dos espaços.

Até que o mundo é recriado na escala globalizada, formada por uma rede de conexões territoriais intensamente mais fortes. O tecido espacial se torna ao mesmo tempo uno e diferenciado em uma só escala planetária.

O fato é que o arranjo espacial sofre uma profunda mutação de qualidade. O sentido da rede mudou radicalmente. E mudou de modo radical, correspondentemente, o conteúdo do conceito. O conteúdo social da rede torna-se mais explícito. E as relações entre os espaços se adensam numa tal intensidade que densidade deixa de ser quantidade para adquirir um sentido mais significativo de qualidade. Cabe ao espaço agora o sentido da espessura: a densidade de população, por exemplo, pode ser baixa do ponto de vista da quantidade, mas alta do ponto de vista da rede de relações sociais que encarna. Assim os campos se despovoam de população, ficando, porém, ao mesmo tempo ainda mais densos de relação, mercê do aumento das atividades, da circulação e das trocas econômicas.

Com a organização em rede o espaço fica simultaneamente fluido, uma vez que, ao tornar livres a população e as coisas para o movimento territorial, a relação em rede elimina as barreiras, abre para que as trocas sociais e econômicas se desloquem de um para outro canto, amplificando ao infinito o que antes fizera com os cultivares.

É então que as cidades se convertem em nós de uma trama. Diante de um espaço transformado numa grande rede de nodosidade, a cidade vira um ponto fundamental da tarefa do espaço de integrar lugares cada vez mais articulados em rede.

Ao chegarmos aos dias de hoje, em que a rede do computador é o dado técnico constitutivo dos circuitos, o espaço em rede por fim se evidencia. Então, assim como sucede com a forma geral, cada atributo clássico da geografia ganha um outro sentido. Em particular a distância. A distância perde seu sentido físico, diante do novo conteúdo social do espaço. Vira uma realidade para o trem, outra para o avião, outra ainda para o automóvel, sem falar do telefone, da moeda digital e da comunicação pela internet, uma rede para cada qual e o conjunto, um complexo de redes.

Desse modo, quem, como Paul Virílio, diz que o tempo está suprimindo o espaço externa uma ilusão conceitual, de vez que é o tempo que cada vez mais se converte em espaço, o espaço do tecido social complexo – um complexo de complexos, diria Sorre – seguidamente mais espesso e denso. E quem, como David Harvey, afirma uma tese de compressão do espaço-tempo, sem considerar, com Soja, o ardil com que na modernidade, desde o Renascimento, a razão subsumira o espaço no tempo físico – daí o espaço virar distância –, incorre num equívoco igualmente. Por isso contiguidade, a condição sem a qual a região, que sem ela não se constitui, perde o significado de antes. O fato é que intensidade e globalidade das interligações ainda mais aumentam, a mobilidade territorial mais se agiliza, a distância entre lugares e coisas mais se encurta, a espessura do tecido espacial mais se adensa e o espaço socialmente se unifica no planeta. Então, espécie de São Tomé das ciências, o geógrafo declara extinta a teoria do espaço organizado em regiões singulares e de compartimentos fechados, e proclama realidade o espaço em rede.

O lugar: o novo olhar sobre o espaço de síntese

"Ocupar um lugar no espaço" tornou-se, assim, o termo forte na nova espacialidade. Expressão que indica a principalidade que na estrutura do espaço vai significar estar em rede. Fruto da rede, o lugar é o ponto de referência da inclusão-exclusão dos entes na trama da nodosidade.

Mas o que é o lugar? Podemos compreendê-lo por dupla forma de entendimento. O lugar como o ponto da rede formada pela conjuminação da horizontalidade e da verticalidade, do conceito de Milton Santos, e o lugar como espaço vivido e clarificado pela relação de pertencimento, do conceito de Yi-Fu Tuan.

Para Milton Santos, o lugar que a rede organiza em sua ação arrumadora do território é um agregado de relações ao mesmo tempo internas e externas. Atuam aqui a contiguidade e a nodosidade. A contiguidade é o plano que integra as relações internas numa única unidade de espaço. É a horizontalidade. A nodosidade é o plano que integra as relações externas com as relações internas da contiguidade. É a verticalidade. Cada ponto local da superfície terrestre será o resultado desse encontro entrecruzado de horizontalidade e de verticalidade. E é isso o lugar. O pressuposto é a rede global. Vê-se que a horizontalidade tem a ver com a antiga noção de contiguidade. Seu vínculo interno é a produção. A fábrica, as áreas de mineração e as áreas de agricultura que a ela se articulam como fornecedoras de matérias-primas e insumos alimentícios são, todas elas, pontos espaciais de interligação local promovida pelo ato do interesse solidário da horizontalidade. Cada atividade é parte de um todo orgânico local do ponto de vista da horizontalidade. E nessa condição entra como especificidade no todo orgânico do lugar. Já a verticalidade é a combinação dos diferentes nós postos acima e além da horizontalidade. Seu veículo é a circulação, circulação de produtos, mas, sobretudo, de informações. E sua forma material é a trama da rede dos transportes, das comunicações e meios de transmissão de energia – hoje a infovia, que leva aos diferentes planos horizontais as coisas que lhe vêm de fora. Daí que cada lugar nasce diferente do outro, dando ao todo da globalização um cunho nitidamente fragmentário, já que "o lugar são todos os lugares". Condição que leva Milton Santos a dizer que é o lugar que existe, e não o mundo, de vez que as coisas e as relações do mundo se organizam no lugar, mundializando o lugar, e não o mundo. É o lugar então o real agente sedimentador do processo da inclusão e da exclusão. Tudo depende de como se estabelecem as correlações de forças de seus componentes sociais dentro da conexão em rede. Isso porque natureza e poder da força vêm dessa característica de ser a um só tempo horizontalidade e verticalidade. Por parte da horizontalidade, porque tudo depende da capacidade de aglutinação dos elementos contíguos. Por parte da verticalidade, da capacidade desses elementos aglutinantes se inserirem no fluxo vital das informações, que são o alimento e a razão mesma da rede (Santos, 1996).

Para Yi-Fu Tuan lugar é o sentido do pertencimento, a identidade biográfica do homem com os elementos do seu espaço vivido. No lugar, cada objeto ou coisa tem uma história que se confunde com a história dos seus habitantes, assim compreendidos justamente por não terem com a ambiência uma relação de estrangeiros. E, reversivamente, cada momento da história de vida do homem está contada e datada na trajetória ocorrida de cada coisa e objeto, homens e objetos se identificando reciprocamente. A globalização não extingue, antes impõe que se refaça o sentido do pertencimento diante da nova forma que cria de espaço vivido. Cada vez mais os objetos e coisas da ambiência deixam de ter com o homem a relação antiga do pertencimento, os objetos renovando-se a cada momento e vindo de uma trajetória que é para o homem completamente desconhecida, a história dos homens e das coisas que formam o novo espaço vivido não contando uma mesma história, forçando o homem a reconstruir a cada instante uma nova ambiência que restabeleça o sentido de pertencimento (Tuan, 1983).

Podemos, todavia, entender que os conceitos de Milton Santos e Tuan não são distintos e excludentes de lugar. Lugar como relação nodal e lugar como relação de pertencimento podem ser vistos como dois ângulos diferentes de olhar sobre o mesmo espaço do homem no tempo do mundo globalizado. Tanto o sentido nodal quanto o sentido da vivência estão aí presentes, mas distintos justamente pela diferença do sentido. Sentido de vez que, seja como for, o lugar é hoje uma realidade determinada em sua forma e conteúdo pela rede global da nodosidade, e ao mesmo tempo pela necessidade do homem de (re)fazer o sentido do espaço, ressignificando-o como relação de ambiência e de pertencimento. Dito de outro modo, é o lugar que dá o tom da diferenciação do espaço do homem – não do capital – em nosso tempo.

Com o lugar, a contiguidade e a coabitação, categorias características do espaço em região, assim se renovam. Ao mesmo tempo, o lugar se reforça com a permanência da contiguidade como nexo interno do homem com o seu espaço. Categoria da horizontalidade, a contiguidade permanece, costurando agora a centralidade do lugar como matriz organizadora do espaço, porque é coabitação e ambiência. Recria-se. Ontem, a contiguidade integrava numa mesma regionalidade pessoas diferentes, mas coabitantes do mesmo espaço. Hoje, ela é a condição da acessibilidade dos mesmos coabitantes a este dado integrador-excluidor do mundo globalizado que é a informação informatizada, mesmo que não habitem a mesma unidade de espaço. Importa que coabitem a rede.

O novo caráter da política

Mudam, assim, a natureza e o modo de fazer política. Estar em rede tornou-se o primeiro mandamento, porque fazer política passou a significar construir um grande arco de alianças para se organizar em rede. Diz-se ocupar um lugar no espaço.

A corrida para incluir um lugar na rede a um só tempo hoje aproxima e afasta os homens. Acirra as disputas pelo domínio dos lugares e entre os lugares. Daí a valorização contemporânea do território. Lugares ou segmentos de classes inteiros podem ser incluídos ou, ao contrário, excluídos, dos arranjos espaciais, a depender de como os interesses se aliem e organizem o acesso do lugar às informações da rede. E, desse modo, um caráter novo aparece na luta política dentro e em decorrência do que é o novo caráter do espaço, exigindo que se reinventem as formas de ação.

Até porque a rede é o auge do caráter desigual-combinado do espaço. Estar em rede tornou-se para as grandes empresas o mesmo que dizer estar em lugar proeminente na trama da rede. Para ela não basta estar inserida. O mandamento é dominar o lugar, dominá-lo para dominar a rede. E vice-versa. Antes de mais, é preciso estar inserido num lugar para estar inserido na geopolítica da rede. Uma vez localizado na rede, pode-se daí puxar a informação, disputar-se primazias e então jogar-se o jogo do poder. Entretanto, para que os interesses de hegemonia se concretizem, é preciso conjugar o segundo mandamento: é o controle da verticalidade que dá o controle da rede.

A informação se torna a matéria-prima essencial do espaço-rede. Indústrias que possam às vezes ter dificuldade de obter matéria-prima obtêm-na facilmente uma vez inseridas no circuito exclusivo da informação. Mais que se inserir, acessar é a regra. E, assim, de poder encontrar-se em vantagem na dianteira dos competidores. Acessa informações quem está verticalizado. O fato é que a instantaneidade do tempo virou espaço neste mundo organizado em rede. E o vital é ser contemporâneo instantâneo e do instante. Quem só está horizontalizado pode ficar excluído do circuito, e, então, dos benefícios da informação. Assim se define o novo poder da sobrevivência.

E assim se pode explicar a reunião de países em blocos regionais, no momento mesmo em que a história se despede da região como modo de arrumação. Quanto mais olhamos para o mapa contemporâneo, mais o que vemos, numa aparente contradição com um mundo globalizado em rede, é a multiplicação de blocos regionais como a UE (União Europeia), o Mercosul (união dos países do Cone Sul da América do Sul), o Nafta (união dos países da América do Norte). A região continua a existir, porém não mais na forma e com o papel de antes. Aspecto da contiguidade da rede, a região é hoje o plano da horizontalidade de cada lugar. Para entrarem em rede de modo organizado, os países lugarizam-se mediante a organização regional. Só depois saem em voo livre pela verticalidade da rede. De modo que a região virou o lugar da articulação entre os países, visando ao concerto de estratégias globais num mercado globalizado. Daí parecerem usar de formas passadas para entrar no mundo unificado em rede, seja para segurar o tranco da competição dos grandes (UE), reduzir margens de exclusão herdadas do passado recente (Mercosul) ou evitar ônus de quem desde o começo já nasceu globalizado (Nafta).

Modos de estratégia, e não modos geográficos de ser: eis, em suma, o que hoje é a região como categoria de organização das relações de espaço. Veículo de ação de contemporaneidade, e não modo estrutural de definir-se, como eram nas realidades espaciais passadas, o passado recente da divisão internacional industrial do trabalho. De qualquer modo, a região é um dado de uma estratégia de ação conjunta por hegemonias a partir do plano da horizontalidade. Logística de integração da confraria dos incluídos da verticalidade, às vezes visando à exclusão do oponente, por enxugamento (de custos, de preços, de postos de trabalho) ou marginalização (de poder de interferência, de comunicar-se em público etc.), a região reciclou-se diante do novo modo de fazer política do espaço em rede.

O QUE SÃO O ESPAÇO E SEUS ELEMENTOS ESTRUTURANTES

Tornou-se vital para a geografia, diante dessa nova realidade, clarificar o conceito e o papel teórico do espaço geográfico. Vejamos uma forma de entendimento.

Espaço: a coabitação

Olhando o mundo, vê-se que é formado pela diversidade. Povoa-o a pluralidade: vemos as árvores, os animais, as nuvens, as rochas, os homens. A diversidade do mundo é o que chama nossa atenção de imediato.

À medida, entretanto, que experimentamos esta pluralidade no seu convívio mais íntimo, vem-nos a noção de que junto com a diversidade há a unidade. Uma interligação invisível entre as diferentes coisas faz com que a diversidade acabe contraditoriamente se fundindo na unidade única de um só todo.

A grande pergunta a se fazer é o que leva tudo a ser diferente e ao mesmo tempo uma só unidade na realidade que nos cerca. A resposta em geografia relaciona-se com o ponto de referência do olhar segundo o qual o homem observa e se localiza dentro desse mundo e a partir daí o vê e unifica (Novaes, 1988; Buck-Morss, 2002). E o ponto de referência do olhar identifica o mundo como uma grande coabitação. Uma relação de coabitação com animais, vegetais, nuvens, chuvas e o próprio homem, para o qual tudo se relaciona num viver entre si e em relação a ele. E assim, se vê junto e em ação com os outros. A coabitação cria o mundo como o espaço conjunto dos homens.

O olhar espacial: a localização, a distribuição e a extensão

Por conta da diversidade, o homem que a observa irá vê-la primeiramente como uma localização de coisas na paisagem. Cada localização fala de um tipo de solo, de vegetação, de relevo, de vida humana. Destarte, a localização leva à distribuição. A distribuição é o sistema de pontos da localização. Assim, a distribuição leva, por sua vez, à extensão. A extensão é a reunião da diversidade das localizações em sua distribuição no horizonte do recorte do olhar. E pela extensão a diversidade vira a unidade na forma do espaço. O espaço é, então, a resposta da geografia à pergunta da unidade da diversidade. De modo que a coabitação que une a diversidade diante de nossos olhos é a origem e a qualificação do espaço. A coabitação faz o espaço e o espaço faz a coabitação, em resumo.

A ontologia do espaço:
o fio tenso entre a identidade e a diferença

A noção da unidade espacial é complexa, de vez que é uma unidade de contrários: o espaço reúne a síntese contraditória da coabitação – primeiro da localização e da distribuição, a seguir da diversidade e da unidade, e por fim da identidade e da diferença – e se define como a coabitação dos contrários. O conflito, eis o ser do espaço. Esclareçamos este ponto.

O espaço surge da extensão da distribuição dos pontos da localização. Assim, como múltiplo e uno. E o que vai determinar o primado – se o múltiplo ou o uno – na dialética da extensão é a direção do foco do olhar (Arnheim, 1990).

Se o olhar fixa o foco na localização, um ponto impõe-se aos demais e a localização arruma o plano da distribuição por referência nesse ponto. Se o olhar abrange a diversidade da distribuição, a distribuição arruma por igual o plano das localizações. O olhar focado na localização dimensiona a centralidade. O olhar focado na distribuição dimensiona a alteridade. A tensão se firma sobre essa base, opondo a identidade e a diferença. A centralidade estabelece a identidade como o olhar da referência. A alteridade estabelece a diferença.

Dessa forma, o espaço se clarifica como o fio tenso de um naipe de oposições em que a centralidade e a alteridade se contraditam: a centralidade se afirma como o primado da identidade sobre a diferença e a alteridade, como uma dialética da diferença e da identidade. Na centralidade, a identidade se firma pela supressão da diferença (a localização se impõe à distribuição diante do olhar). Na alteridade, a diferença coabita com a diferença (a alteridade reafirma a igual coabitação da diversidade), a identidade sendo a diferença autorrealizada. Em ambos os casos a tensão aparece como o estatuto ontológico do espaço (Moreira, 2001).

A tradição trabalha com a noção da unidade como o ser do espaço por excelência, a tal ponto que é a ideia da identidade, dita identidade espacial, que está mentalizada em nós como a ideia de espaço. Seja o nome com que apareça – área, região, país ou continente –, espaço é isso, não a coabitação dos contrários, a tensão seminal: a diversidade suprimida na unidade, a diferença tensionada no padrão da repetição mecânica/identidade. Em suma, o espaço pontuado a partir da dialética do de dentro (Moreira, 1999).

O ser do espaço: a geograficidade

O espaço surge da relação de ambientalidade, isto é, da relação de coabitação que o homem estabelece com a diversidade da natureza. E que o homem materializa como ambiência, dado seu forte sentido de pertencimento. Este ato de pertença identifica-se no enraizamento cultural que surge da identidade com o meio, via o enraizamento territorial que tudo isto implica. Podemos notar este enraizamento quando mudamos de cidade. Na cidade nova, sentimo-nos inicialmente desambientalizados e por isso desidentificados, ressentindo-nos da falta de uma ambiência. Só quando nos familiarizamos com as casas, o arruamento, o fluxo do trânsito, um detalhe da paisagem, sua localização e distribuição, como referências de espaço é que nos sentimos enraizados, e assim identificados, no novo ambiente.

A ambientalização é antes de tudo uma práxis. Nenhum homem se enraíza cultural e territorialmente no mundo pela pura contemplação. A experimentação da diversidade é que faz o homem sentir-se no mundo e sentir o mundo como mundo do homem. O enraizamento é um processo que se confunde com o espaço percebido, vivido, simbólico e concebido, e vice-versa, porque é uma relação metabólica, um dar-se e trazer o diverso para a coabitação espacial do homem sem a qual não há pertencimento, ambiência, circundância ambiental, mundanidade.

Este dar-se e trazer são o processo do trabalho. O trabalho é o ato do homem de ir à natureza e trazê-la para si. Assim inicia-se a ambientalização (Moreira, 2001). Vidal de la Blache mostrou como este processo está na origem da constituição do homem, desde as "áreas-laboratórios" (Vidal de la Blache, 1954), quando pela domesticação e a seguir pela aclimatação o homem vai modificando a natureza e modificando-se a si mesmo. Marx denomina-o processo de hominização do homem, definido mediante o seu enraizamento cultural que vai saindo da relação metabólica, fruto da relação de ambientalização e do enraizamento territorial que daí deriva. As áreas-laboratórios localizam-se nas partes semiáridas e de relevo movimentado das encostas médias das montanhas do longo trecho de condições naturais semelhantes, cortadas pelo paralelo de quarenta graus de latitude norte. Somente depois desse aprendizado desce o homem em grupos para as "áreas anfíbias" dos vales férteis dos grandes rios dessa faixa de área disposta do mediterrâneo europeu às portas do Oriente Asiático. E então dá início às grandes civilizações da História (Vidal de la Blache, 1954).

É pela ambientalização, portanto, que a coabitação se estabelece, o mundo aparece como construção do homem e o espaço se clarifica como um campo simbólico com toda a sua riqueza de significados. Um significado que só pode ser para o homem. Enquanto isso não acontece, a relação homem-espaço-mundo é uma pura duplicidade do de dentro e do de fora, até que a troca metabólica funde o homem no mundo e o mundo num mundo do homem.

E é isto a geograficidade.

A REPRESENTAÇÃO E O OLHAR DA GEOGRAFIA NUM CONTEXTO DE ESPAÇO FLUIDO

As transformações que levam do espaço de um arranjo arrumado em matrizes regionais a um espaço de um arranjo arrumado em rede levantam o problema da linguagem.

Isso se traduz no problema da representação cartográfica, significando uma dificuldade adicional. Mas é um esforço necessário, de vez que se trata de requalificar o discurso geográfico no formato da linguagem que preserve sua personalidade histórica e dê o passo seguinte que a ponha em consonância com a nova realidade.

É disso que trataremos agora.

A tríplice forma e o problema da personalidade linguística da geografia

Vimos que, embora leia a complexa realidade mutante do mundo pela janela do espaço, com a vantagem de encontrar na paisagem o instrumento privilegiado da leitura, o geógrafo nem sempre tem sabido ser contemporâneo do seu tempo. A causa, em boa parte, está na dificuldade da atualização da linguagem – em sua dupla forma da linguagem conceitual e da linguagem cartográfica – a cada novo momento de enfrentamento do real.

É fato que a linguagem geográfica deixou de atualizar-se já de um tempo. As expressões vocabulares antigas perderam a atualidade diante dos novos conteúdos e as expressões novas foram tiradas mais de outros campos de saber que da sua própria evolução histórica. Como isso aconteceu?

Há uma raiz de origem epistêmica e outra de natureza metodológica, ambas com forte viés institucional. São três geografias na prática a se atualizar, cada qual correndo habitualmente em paralelo à outra: a geografia real (da realidade que existe fora de nós), a geografia teórica (da leitura desse real) e a geografia institucional (a dos meandros universitários e dos gabinetes de planejamento). Há uma realidade externa a nós, que é o fato de a humanidade existir sob uma forma concreta de organização espacial. E há a representação dessa realidade capturada por meio se sua formulação teórica. Isso estabelece na geografia uma diferença entre realidade e conhecimento, com a tradução dupla do real e do lido, que nem sempre se relacionam numa consonância. Ainda existe, porém, a geografia materializada institucionalmente e prisioneira do seu cotidiano.

Não é isso uma propriedade da geografia, mas dos saberes, uma vez ser a ciência uma forma de leitura do mundo real que usa como recurso próprio o expediente das representações conceituais, fazendo-o em ambientes fortemente formalizados, como as instituições de pesquisa e a universidade. Se este múltiplo não é uma exclusividade do saber geográfico, há nele, entretanto, a situação específica do fato de que raramente em sua história estas três geografias coincidem, raramente se encontram, raramente se confundem.

A década de 1950 é um raro momento de encontro. Quando os geógrafos daquela década falam do mundo real, a geografia teórica o representa com uma precisão suficiente para que as pessoas que os ouvem se sintam como se estivessem vendo o que falam, não sentindo propriamente diferença entre o que ouvem falar e o que veem. Tal é o que se percebe nos textos de Pierre George, para ficarmos num exemplo conhecido, acerca dos espaços agrários ou dos espaços industriais da França ou de qualquer outro contexto regional do mundo. A geografia é um saber descritivo, um saber que olha e fala do mundo por meio da paisagem, e o faz numa tal correspondência que as pessoas saem das aulas, andam pelos espaços do mundo e, olhando estes espaços, se lembram das lições do professor de Geografia. Era a vantagem de trabalhar com a paisagem.

Tal não é o que se dá em nosso tempo. Muito raramente acontece de hoje as pessoas olharem a organização dos espaços e se lembrarem do seu professor de Geografia. Falta a identidade entre o que ele falou e o que se está vendo.

Por que isso aconteceu?

O permanente e o mutante

Uma grande transformação aconteceu primeiramente com as paisagens. Aquela mutação lenta, que ainda nos anos 1950 permitia ao geógrafo explicar o mundo, com ela desapareceu rapidamente diante da evolução da técnica e das formas de organização do espaço. E a paisagem tornou-se fluida.

É consenso, no plano mais geral, que a geografia lê o mundo por meio da paisagem. A história usa recursos mais abstratos. Pode usar a paisagem, mas não depende dela. A sociologia também. O geógrafo, entretanto, não vai adiante sem o recurso da paisagem à sua frente.

Como decorrência, isto faz da linguagem da geografia uma linguagem por essência colada justamente a este seu dado real que é a paisagem geográfica. Ora, a transfiguração do espaço da região no espaço em rede característica de nosso tempo só lentamente vem sendo traduzida numa linguagem mais contemporânea de paisagem.

A paisagem foi capturada pela mobilidade contínua da TDR (territorialização-desterritorialização-reterritorialização), no dizer de Raffestin (1993), e é precisamente isso que, contrariamente ao período dos anos 1950, caracteriza o espaço de nosso tempo.

Há, porém, um segundo componente nessa defasagem das três geografias: o foco do olhar na localização, ou seja, no fixo, e não no fluxo. Brunhes ensinava que o espaço é uma alternância de cheios e vazios. E que a distribuição é redistribuição. Segundo ele, cheios e vazios trocam de posição entre si no andar do tempo, de modo que o que hoje é vazio amanhã é cheio, e o que hoje é cheio amanhã é vazio. Sob a forma dessa bela metáfora, Brunhes está dizendo que o espaço tem um caráter dinâmico, como numa tela de um filme no cinema. E que devemos vê-lo por isso em seu movimento. Significa, portanto, priorizar o olhar da distribuição, quando temos priorizado o olhar da localização. A apreensão da dinâmica de redistribuição só é possível com foco no aspecto dinâmico que é a distribuição.

Não foi, entretanto, esse modo de entender que prevaleceu, mas sim a noção de que fazer geografia é localizar. Toda a ênfase foi dada à localização pura, nos fazendo perder a percepção do movimento da redistribuição da própria localização. Privilegiamos o olhar fixo, porque em benefício da afirmação da centralidade. Afinal, Vidal dizia que a geografia é a repetição e a permanência. Contrariamente a Brunhes, que sugere o olhar da redistribuição. O olhar do espaço como movimento, em que se privilegia a fluidez.

Não se atentou para o quanto de revolucionário havia no pensamento de Brunhes. Raros viram a necessidade de fundar a leitura geográfica na categoria do movimento como ele. E optaram pela alternativa conservadora de calcá-la na categoria do imóvel. Somente hoje, quando nos damos conta da diferença, percebemos o quanto o olhar do fluxo contém de dinamicidade. Por isso, ao falar de fixos e fluxos como categorias de apreensão do movimento do espaço, Milton Santos recria de maneira magnífica a teoria dos cheios e vazios de Brunhes.

Foi inclusive a incongruência do primado da categoria da localização sobre a categoria da distribuição que não nos permitiu ver a tempo o esclerosamento do conceito de região diante do espaço em rede que estava se formando.

Daí o destino comum que envolve o conceito da região com o da paisagem e da escala, sobretudo diante do conceito da rede e do lugar. A relação com o conceito de escala é de autodestino. O conceito da região como uma combinação de contiguidade e singularidade praticamente eliminou a possibilidade de concebê-la como uma estrutura de níveis integrados, esvaziando e debilitando a formulação de um conceito de escala. E a relação com o conceito de paisagem é de vitimação. Colada desde sua origem aos marcos e visuais da paisagem (o conceito alemão é dela como uma região-paisagem), o abandono desta a partir dos anos 1950, acompanhando o modo como se deu o desenvolvimento do conceito do espaço, e dos anos 1970, desta vez com o conceito do lugar e da rede, leva ao empobrecimento seguido do abandono também do conceito da região. É quando os conceitos do lugar e da rede tomam a primazia, entendidos como os substitutos empíricos e conceituais dos marcos da configuração do espaço em um mundo globalmente integrado.

A perda dos caminhos da linguagem tem aí sua origem. E esta sequência combinada de empobrecimentos e abandonos, o seu auge. Do abandono da paisagem vai decorrer o da cartografia. Agravado no esvaziamento do conceito de escala e de região. E a dispensa do recorte, fundamento histórico do conceito de região desde Ritter, conduz por fim ao conceito sem lastro geográfico de rede hoje dominante. E que a busca da colagem no conceito do território não conseguiu resolver.

O problema cartográfico da geo-*graphia*

Foi o que não nos permitiu ver o envelhecimento e a desatualização da velha cartografia. Preparada para captar realidades pouco mutáveis, essa cartografia se tornou inapropriada para representar a realidade do espaço fluido.

A geografia lê o mundo por meio da paisagem. A cartografia é a linguagem que a representa. Este elo comum perdeu-se no tempo, e não por acaso ficaram ambas desatualizadas. Não houve atualização para uma e para outra. Até porque a iniciativa está com a geografia. Vejamos por quê.

Paisagem é forma. Forma é forma do conteúdo. Mudando o conteúdo, muda também a forma. Embora a forma sempre mude mais lentamente, a mudança de conteúdo só pode ser realizada se a forma o acompanha em seu movimento. Há uma contradição nos ritmos de mudança entre a forma e o conteúdo que, deixada entregue à sua espontaneidade, o conteúdo vai para frente e a forma fica para trás. A contradição se resolve pela aceleração da mudança da forma.

É onde entra a função teórica da geografia. Primeiro é preciso saber ler essa dialética. E, em segundo lugar, é preciso poder representá-la com a máxima fidelidade possível. A primeira exigência é atendida com a linguagem do conceito. A segunda, com a linguagem da representação cartográfica. A finalidade é mexer na forma, de modo a compatibilizá-la com a contemporaneidade do conteúdo. E isto em caráter permanente. A cartografia instrumenta esse poder. Mas antes a geografia deve atualizá-la nessa função.

A perda da correlação, exatamente, foi isso o que aconteceu. Centrada no enfoque estático da localização dos fenômenos, a geografia fixou a cartografia nesse campo. Escapou-lhe, porém, o momento do desencontro, de um lado, entre a forma e o conteúdo, e, de outro, entre a paisagem e a realidade mutante. Assim, a geografia não renovou sua linguagem conceitual e, por tabela, a representacional da cartografia. E ficou impossibilitada de orientar sua renovação. A correlação geografia-cartografia não se deu. A geografia teórica perdeu o passo da geografia real de uma forma abismal. E transportou então este mal para o campo da cartografia.

É quando se evidenciam as duas razões da defasagem: a metodológica, isto é, o fato de a geografia ler o mundo por meio de um recurso que se defasa continuamente, e a epistemológica, ou seja, a natureza altamente mutante da técnica da representação em nossa era industrial. O problema metodológico logo se sobrepõe ao problema epistemológico (Moreira, 1994).

Os lugares da recuperação

Num lugar, todavia, o uso da correlação guardou um pouco do seu frescor, a escola. Isso embora a linguagem do conceito tenha evoluído e a linguagem da representação cartográfica tenha se estagnado, a segunda aumentando a já forte defasagem em relação às formas reais do espaço que representa.

O fato é que na escola o mapa é ainda o símbolo e a forma de linguagem reconhecida da geografia. E por isso mesmo os programas escolares começam com as noções e expressões vocabulares da representação cartográfica. A leitura do mundo se faz por intermédio das categorias da localização e da distribuição, mesmo que com o problema do primado da primeira sobre a segunda, as categorias da distribuição e da extensão entrando para o fim da montagem do discurso do geográfico como a unidade espacial dos fenômenos. Aí ainda aprendemos o ritual banal do trabalho geográfico: localizando-se e distribuindo-se é que se mapeia o mundo. E que todo trabalho geográfico consiste na sequência clássica: primeiro localiza-se o fenômeno; depois, monta-se a rede da sua distribuição; a seguir, demarca-se a extensão; por fim, transporta-se a leitura para a sua representação cartográfica. Mas tudo sendo verbalizado ainda na linguagem do mapa.

O mapa é o repertório mais conspícuo do vocabulário geográfico. E trata-se da melhor representação do olhar geográfico. O mapa é a própria expressão da verdade de que todo fenômeno obedece ao princípio de organizar-se no espaço. Todo estudo ambiental, por exemplo, é o estudo de como a cadeia dos fenômenos arruma seu encadeamento na dimensão do ordenamento espacial, um fato que começa na localização, segue-se na distribuição e culmina na extensão e nas interações espaciais que se dão dentro dela por meio da qual o todo da natureza se classifica como um ecossistema. Do contrário não haveria como. O mesmo acontece com o estudo de uma cidade, da vida do campo, da interação de montante e jusante da indústria, dos fluxos de redistribuição das formas de relevo, da alteração do desenho das bacias fluviais e das articulações do mercado. Eis por que o historiador trabalha com mapa, sem que tenha de ser geógrafo. Também o sociólogo. E igualmente o biólogo. Todos, mas necessariamente o geógrafo. O mapa é o fiel da sua identidade. Todo professor secundário sabe disso. E o mantém e reforça.

É preciso, pois, reinventar a linguagem cartográfica como representação da realidade geográfica. E reiterar o pressuposto de a linguagem cartográfica ser a expressão da linguagem conceitual da geografia. Afinal, olhando a legenda dos mapas, signos e realidade do espaço geográfico, vemos as formas de relevo, tipos de clima, densidade de população, tipos de bacia hidrográfica, classes de cidade, núcleos migratórios, coisas da paisagem que simplesmente transportamos mediante uma linguagem própria para o papel. De modo que as nervuras do mapa são as categorias mais elementares do espaço: a localização, a distribuição, a extensão, a latitude, a longitude, a distância e a escala, palavras do fazer geográfico.

O reencontro das linguagens é, assim, o pressuposto epistemológico da solução do problema da geografia. Pelo menos por duas razões. Primeira: a Geografia afastou-se fortemente da linguagem cartográfica, agravando o afastamento entre a geografia teórica e a geografia real. Segunda: a linguagem cartográfica que usamos está desatualizada, já nenhuma relação mantendo com a realidade espacial contemporânea.

A solução supõe, todavia, trazer a cartografia para o seio da Geografia. A segunda ficou com o conteúdo e perdeu a forma, e a primeira levou a forma e ficou sem conteúdo. Nessa divisão de trabalho reciprocamente alienante e estranha, a cartografia virou uma forma sem conteúdo e a geografia, um conteúdo sem forma. Diante de um espaço de formas de paisagens cada vez mais fluidas, a ação teórica da geografia não poderia dar senão numa pletora de desencontros: desencontro da geografia e da cartografia frente ao desencontro da forma-paisagem com o conteúdo-espaço. Faltou aí uma teoria da imagem num tempo de espaços fluidos.

Da cartografia cartográfica à cartografia geográfica

Reinventar a cartografia hoje é, portanto, criar uma cartografia geográfica. Afinal, o que está velho são os signos e significados guardados no mapa.

A velha cartografia fala ainda a linguagem das medidas matemáticas que longe estão de ser o enunciado de algum significado. As cores e os símbolos nada dizem. É uma cartografia cuja utilidade está preservada para alguns níveis, mas pouco serve para os níveis de significação. Permanece fundamental à leitura geográfica das localizações exatas, mas não para a leitura do espaço dinâmico das redistribuições de espaços fluidos. Serve para representar e descobrir significados dos espaços dos anos 1950. Contudo não tem serventia para ler os espaços de um novo milênio. É uma cartografia ainda necessária, todavia não mais suficiente.

No entanto, os parâmetros de uma cartografia geográfica já estão postos: estão presentes na linguagem semiológica das novas paisagens. Mapear o mundo é antes de tudo adequar o mapa à essência ontológica do espaço. Representar sua tensão interna. Revelar os sentidos da coabitação do diverso. Falar espacialmente da sociedade a partir da sua tensão dialética. Mas tudo é impossível, repita-se, sem uma semiologia da imagem.

Para uma cartografia geográfica

A geograficidade é o que, no fundo, a geografia moderna de Ritter e Humboldt busca apreender, representar e, assim, por intermédio da sua leitura pelo geógrafo, clarificar como prática consciente do homem. A grande limitação da cartografia corrente – mesmo a semiologia gráfica – é a linguagem que leve a isto. Uma alternativa foi aberta por Lacoste com o conceito de espacialidade diferencial, um conceito muito próximo da visão corológica e da individualidade regional de Ritter, e, na formulação, muito próxima também do conceito de diferenciação de área de Hettner, com a vantagem de vir como uma proposta de escala. E, destarte, a caminho de uma linguagem da geograficidade. Conceito, por sinal, com que Lacoste, além de Dardel, trabalha.

A espacialidade diferencial articula porções de espaço, semelhantemente aos recortes ritterianos, que Lacoste designa por conjuntos espaciais. Cada fenômeno forma um conjunto espacial em seu recorte. Há um conjunto espacial clima, solo, população, agropecuária, cidade etc. O limite territorial de cada conjunto numa área de recorte comum não coincide normalmente, uns sendo mais extensos e outros mais restritos, formando-se um complexo entrecruzamento nessa superposição, que é a matéria-prima da espacialidade diferencial. A paisagem depende, assim, do ângulo do olhar de quem olha, que toma um dos conjuntos espaciais como referência do olhar e vê, em consequência, a paisagem pelo olhar de referência. Daí que cada conjunto espacial resulta numa forma de paisagem, cada qual servindo como nível de representação e nível de conceitualização (Lacoste, 1988).

Cada complexo de paisagem faz interligação com os complexos vizinhos mediante a continuidade-descontinuidade de cada um e de todos os conjuntos espaciais, alargando a espacialidade diferencial para o todo da superfície terrestre numa sequência de entrecruzamentos que lembra o conceito de diferenciação de áreas de Hettner, visto, porém, no formato do complexo de complexos de Sorre; a superfície terrestre se organiza como um todo combinado de continuidade e descontinuidade que faz dela mais que um simples mosaico de paisagens e algo muito distanciado conceitualmente de uma sequência horizontal de regiões diferentes e singulares.

Lacoste expressa certamente a influência do relativismo de Einstein nessa atribuição do conceito de paisagem e de superfície terrestre ao movimento do olhar. E lembra o conceito de espaço nessa combinação de espaço e representação de Lefebvre, que acaba por ser outra face do conceito de espacialidade diferencial (Lefebvre, 1981 e 1983).

Além disso, retira o conceito de escala do entendimento puramente matemático da cartografia cartesiana tradicional e o remete a uma concepção qualitativa (sem dispensar a abordagem quantitativa), permitindo renovar a linguagem da cartografia, a partir da renovação da linguagem da Geografia, numa nova semiologia. Assim, o espaço bem pode ser um todo de relações entrecruzadas, cada porção espacial – o território – se identificando por uma espessura de densidade de relações diferente, umas com um tecido espacial mais espesso e outras mais modestas, inovando o conceito de densidade, *habitat*, ecúmeno, sítio, entre outros da geografia clássica, por tabela, sem contar com a constituição da paisagem e da imagem como conceitos, a partir da teoria que dê conta de cada uma delas na hora de virarem discurso de representação cartográfica.

Abre, então, para a possibilidade de introduzir esse novo viés cartográfico – a cartografia de um espaço visto como uma semiologia de real significação – para compreender o espaço como modo de existência do homem, incluindo-o como um elemento essencial de sua ontologia, e permitir ao homem, mais do que estar, ver e pensar o espaço como seu modo de ser.

BIBLIOGRAFIA

ARNHEIM, Rudolf. *O poder do centro:* um estudo da composição nas artes visuais. Lisboa: Edições 70, 1990.

BRAUDEL, F. *A identidade da França:* espaço e história. v. 1. Rio de Janeiro: Globo, 1989.

BUCK-MORSS, Susan. *Dialética do olhar:* Walter Benjamin e o projeto das passagens. Belo Horizonte: Editora da UFMG/Argos, 2002.

DIAS, Leila Christina. Redes: emergência e organização. In: CASTRO, Iná Elias; GOMES, Paulo Cesar da Costa; CORRÊA, Roberto Lobato (orgs.). *Geografia:* conceitos e temas. Rio de Janeiro: Bertrand Brasil, 1995.

LACOSTE, Yves. *A geografia:* isso serve, em primeiro lugar, para fazer a guerra. São Paulo: Papirus, 1988.

LEFEBVRE, Henri. *La Production de l'espace.* Paris: Anthropos, 1981.

_____. *La presencia y la ausência:* contribución a la teoria de las representaciones. México: Fondo de Cultura Econômica, 1983.

MOREIRA, Ruy. O espaço da geografia: as formas históricas do trabalho do geógrafo. *Boletim Fluminense de Geografia.* Niterói: AGB-Niterói, n. 2, v. 2, 1994.

_____. A diferença e a geografia: o ardil a identidade e a representação da diferença na geografia. *Geographia.* Niterói: PPGEO-UFF, n. 1, ano 1, 1999.

_____. As categorias espaciais da construção geográfica das sociedades. *Geographia.* Niterói: PPGEO-UFF, n. 5, ano III, 2001.

NOVAES, Adauto. O olhar. In: _____ (org.). *O olhar.* São Paulo: Companhia das Letras, 1988.

RAFESTTIN, Claude. *Por uma geografia do poder.* São Paulo: Ática, 1993.

SANTOS, Milton Santos. *A natureza do espaço:* técnica e tempo, razão e emoção. São Paulo: Hucitec, 1996.

TUAN, Yi-Fu. *Espaço e lugar.* São Paulo: Difel, 1983.

VIDAL DE LA BLACHE, Paul. *Princípios de geografia humana.* Lisboa: Cosmos, 1954.

DA PARTILHA TERRITORIAL
AO BIOESPAÇO E AO BIOPODER

A teoria do imperialismo centralizou a teoria das relações mundiais durante todo o correr do século xx, até que a virada do milênio pareceu aposentá-la. A globalização viria para decretar o fim da velha forma de ordem mundial e tudo que a caracterizava e a sua substituição por uma forma nova. Entre as componentes daquela, a disputa e partilha de territórios, à exceção de pendências estruturais como a do petróleo (Moreira, 2005), como forma de domínio mundial pelas grandes potências.

Não sendo mais a ordem mundial um reflexo das disputas das grandes potências por partilha e domínio de territórios – numa economia globalizada, isso no geral vai se tornando desnecessário –, o imperialismo perderia, assim, atualidade. Uma modalidade nova de domínios de territorialidade vai, entretanto, em simultâneo se estabelecendo, sugerindo que junto às práticas espaciais a teoria da dominação imperialista também se renova.

Este texto visa analisar as transformações ocorridas nas relações internacionais recentes, avaliar a atualidade da teoria do imperialismo e mapear as tendências de arrumação geográfica da ordem global em desenvolvimento.

A TEORIA CLÁSSICA DO IMPERIALISMO
E O ELO GEOGRÁFICO DA VELHA ORDEM

O problema da reprodução é o ponto central da teoria marxista do capitalismo. E o problema do mercado, um ponto essencial da teoria da reprodução. A teoria do imperialismo é uma decorrência da combinação desses dois problemas.

O imperialismo é, então, a plenificação da escala geográfica de mundialidade com que o modo de produção capitalista passa a existir na história. Este é o conceito do imperialismo em Lenin, Bukarin e Rosa Luxemburgo, o fundo de ideia que suas teorias

---

[*] Publicado originalmente sob o título "Da partilha territorial ao bioespaço e ao biopoder – sobre a atualidade da teoria clássica do imperialismo", nos anais *Panorama da geografia brasileira, volume 2*, 2006, do vi Enanpege-Encontro Nacional de Pesquisa e Pós-Graduação em Geografia, promovido em 2005 pela Anpege.

têm em comum e o ponto em torno do qual divergem, as dissonâncias ocorrendo ao redor do entendimento de como o mercado mundial resolve o problema da reprodução. Suas ideias estabelecem o que se convencionou chamar a teoria clássica, que servirá de referência a todos os estudiosos que se reportam ao pensamento marxista sobre o tema.

E esta é a distância que os separa de outros teóricos, como Kautsky, que veem o imperialismo como um acontecimento extemporâneo à história do capitalismo, em sua busca de solução para os problemas que obstam sua continuidade de desenvolvimento e expansão em escala mundial.

A disputa territorial e a formatação do Estado na forma da grande potência são aspectos comuns às suas teorias, mas tanto Lenin quanto Bukarin e Rosa não as veem como as características essenciais da teoria do imperialismo, antes vendo-as como formas residuais que o capitalismo em sua fase industrial herda e utiliza da fase do colonialismo.

A teoria do imperialismo de Lenin

A teoria de Lenin (1870-1924) foi exposta de modo mais sistemático em sua obra de 1916, *Imperialismo: fase superior do capitalismo*, publicada um ano depois, em abril de 1917 (Lenin, 1979). A rigor, sua teoria vai além do que está contido neste livro – uma pequena brochura, como diz, destinada a um estudo econômico do imperialismo –, suas ideias encontram-se dispersas nos diversos textos e pronunciamentos que faz em diferentes momentos no período de 1914 a 1921. É o conteúdo desse livro que, no entanto, se difunde como seu modo de entendimento e repetido à saciedade pelos estudiosos que nele se referenciam.

Lenin resume sua teoria em cinco características, todas de caráter econômico, às quais acrescenta outras duas de natureza política no correr das páginas do livro: 1) a concentração monopolista; 2) a fusão dos monopólios industriais e bancários dando no nascimento do capital financeiro; 3) a exportação de capitais no lugar da exportação de mercadorias; 4) a associação dos monopólios em nível mundial; 5) a partilha territorial nos domínios das grandes potências; 6) o aparecimento da aristocracia operária no seio da classe trabalhadora; 7) a emergência das lutas de libertação nacional.

Lenin considera a exportação de capitais a característica principal. A concentração monopolista e a fusão dos monopólios industriais com os monopólios bancários, com a decorrente formação do capital financeiro a par da consorciação destes em nível internacional, são para ele a fonte da nova realidade histórica do capitalismo e das demais características do imperialismo. A disputa e partilha de domínios territoriais entre as grandes potências têm um caráter residual, sendo a prorrogação de uma característica do período do colonialismo que a indústria capitalista herda e aprofunda em sua demanda mundial de matérias-primas e fontes de energia. As duas últimas características são a face política da nova realidade.

A teoria do imperialismo de Bukarin

A teoria de Bukarin está exposta em duas obras, publicadas em momentos diferentes e para diferentes propósitos, mas que é uma análise do que considera o dado essencial da nova fase do desenvolvimento do modo de produção capitalista: o rentismo – *O imperialismo e a economia mundial* (Bukarin, s/d), obra de 1915 e publicada em 1917, com um prefácio de Lenin, e *La economia política del rentista: crítica de la economia marginalista* (Bujarin, 1974), obra de 1914 e publicada em 1919. Escrito um ano antes, o segundo livro forma a essência do primeiro, que Bukarin devota propriamente à análise do imperialismo.

Bukarin vê a economia capitalista organizada em três níveis: 1) a economia mundial, nível da realização do valor; 2) a economia nacional, nível da formação e estruturação (monopolização, centralização e concentração) dos monopólios; e, 3) a relação de dominação entre as economias nacionais, no interior da divisão internacional do trabalho.

A divisão internacional do trabalho é o nível geral, o nível mundial em que se dão as relações de dominação entre as economias nacionais e se desenvolvem as forças produtivas. É o nível em que ocorre: 1) a troca de mercadorias; 2) a inversão de capitais de um país nos outros; 3) os empréstimos internacionais vinculados à importação de manufaturados dos países emprestadores pelos países devedores; 4) a emigração de trabalhadores; e 5) a migração dos capitais ocasionada pelo diferencial de produtividade interna das economias nacionais e pela busca de colocação dos excedentes dos países de economia mais avançada nos de economia atrasada.

A mola mestra do imperialismo é a pressão do capital em excesso – produzido pelo ritmo desigual do desenvolvimento interno respectivamente da agricultura e da indústria – existente no país de economia nacional mais avançada, tendo em vista se colocar na forma de empréstimos vinculados nos países de economia atrasada.

Para Bukarin a agricultura, sempre mais atrasada que a indústria em seus respectivos ritmos de desenvolvimento dentro da economia nacional, cria internamente um horizonte limitado aos investimentos e realização do valor da indústria e estabelece com ela uma relação de conflito que esta vai ter que resolver dentro de si mesma, transferindo-o para o ritmo interno e internacional do desenvolvimento da forças produtivas, o que significa ter de elevar internamente à sua produção a taxa de composição orgânica de capital e assim enfrentar a baixa tendencial da taxa de lucro daí resultante. Uma pressão que resolve pela intensificação da expropriação de excedente dentro da divisão internacional do trabalho, numa saída expansionista que é a origem e a essência do imperialismo.

A teoria do imperialismo de Rosa Luxemburgo

A teoria do imperialismo de Luxemburgo é desenvolvida no seu *A acumulação do capital* (Luxemburgo, 1983), de 1913, livro que é antecedido de *Introdução à economia política* (Luxemburgo, s/d), de 1907. A problemática de Rosa é diferente da que motiva Lenin e Bukarin. Difere também o seu entendimento e sua presença junto a Marx e ao marxismo. O livro de 1907 é a reunião de aulas que Rosa leciona na Escola Central do Partido Social-Democrata da Alemanha para a formação de quadros sindicais e militantes. E foi no âmbito dessas aulas que veio a problemática que a moveu na busca do conceito do imperialismo, diante da dificuldade de explicar o que originava os ciclos de crise e o que permitia ao capital sair dela, à luz da e na consonância do movimento da reprodução ampliada. De modo que, a exemplo de Bukarin, a teoria do imperialismo é exposta no livro de 1913, mas o problema e a essência de sua resposta encontram-se já no livro anterior, de 1907.

Rosa localiza o problema no momento da realização do valor – problema que para ela aparece na articulação dos livros 2 e 3 de *O capital* e que os marxistas herdariam, portanto, do próprio Marx – e assim no âmbito da articulação das esferas da produção e da circulação, manifestando-se quando da integração dessas esferas no momento da reprodução ampliada. Marx concebe a estrutura e movimento do sistema econômico do capitalismo como dividido e organizado em dois setores, o Departamento I (o departamento de produção de bens de produção) e o Departamento II (o departamento de produção de bens de consumo), um sendo o mercado consumidor do outro, sendo este o seu conceito de mercado interno e externo do capitalismo (Marx, 1985). É dessa reciprocidade de mercado interno que sai a realização do valor e a decorrente reprodução ampliada do capital, segundo um ciclo D-M-D'. A produção e realização do valor se fazem para Marx nos termos do esquema em que o capital-dinheiro (D), após passar pela compra das mercadorias força de trabalho e meios de produção e combiná-los num processo de produção de mercadoria de tipo novo (M), deve a seguir voltar à forma original, porém ampliado da mais-valia já transformada no lucro (D'), de modo a reproduzir-se em escala ampliada e sob essa forma dar início a um novo ciclo de produção, D'-M'-D'', que daí para frente se repetirá num *continuum*. Para Rosa o problema aparece nessa sequência de fases de retorno cíclico. Nela, no momento-seguinte, o valor acabará por ser produzido num volume maior que o produzido no momento anterior, mas valor que terá que realizar-se interdepartamentalmente nos termos daquele momento passado, de horizonte agora mais restrito, surgindo, assim, uma fração do novo valor produzido que excederá a capacidade de realizar-se por inteiro nos limites menores do momento antecedente. Não podendo fazê-lo dentro do mercado interno, interdepartamentalmente, o sistema capitalista terá que buscar realizá-lo fora. Portanto, extracapitalisticamente. Numa relação de capitalismo e extracapitalismo que põe aparentemente Rosa numa direção destoante do próprio Marx. Daí Rosa extrai seu conceito de mercado capitalista interno e externo. Sua tese da necessidade do pré e do não capitalismo – o extracapitalismo – pelo capitalismo. E sua teoria dos limites históricos da capacidade do capitalismo de manter-se como um sistema na história, sobrevivendo ao preço da contradição de ter que destruir e criar periferias ao mesmo tempo.

A busca tenaz dessa incorporação contraditória de mercado externo para fins de complementação de realização interna é a origem do imperialismo para Rosa. Contradição que ela entende como a fragilidade capitalista-imperialista principal, uma vez que o capital terá que, de algum modo, levar as formas sociais não capitalistas a ter de abrir para as relações monetárias – sem o que sua inserção no circuito do mercado capitalista será impossível –, sem que, entretanto, desapareçam como periferia não capitalista, de modo a sempre haver e estar disponível enquanto "mercado não capitalista" para as fases sucessivas do *continuum* do processo de reprodução ampliada do capital. Mantendo-se, assim, num caráter presencial de fronteira, uma vez que o problema aparecido no momento 2 irá repetir-se no momento 3, no momento 4..., e assim sucessivamente a cada novo momento do ciclo reprodutivo D-M-D'. E devendo a relação interno-externo do capitalismo-extracapitalismo reproduzir-se junto à sequência da realização do valor num *continuum* também de caráter permanente.

Comparando os clássicos

Sucede que a teoria clássica é a resposta que Lenin, Bukarin e Rosa Luxemburgo dão à indagação que se fazem os intelectuais e militantes socialistas da época sobre a natureza das transformações então em curso no período de 1880 a 1914. E que, de um modo geral, entendem como um momento de passagem da fase concorrencial para a fase monopolista do capitalismo. E move-os o interesse de entender as leis de funcionamento do processo da acumulação (reprodução ampliada) capitalista nas novas condições e responder ao problema de seus efeitos sobre o movimento socialista e operário que os domina em seus embates teóricos e políticos nesse momento.

As interpretações de Lenin, Bukarin e Rosa combinam no essencial quanto ao modo do entendimento, mas a forma como explicam o fenômeno do imperialismo e as ilações teóricas e práticas que dele tiram destoam enormemente, em particular entre Lenin e Bukarin, de um lado, e Rosa Luxemburgo, de outro.

Lenin concebe o imperialismo como a fase superior do desenvolvimento do capitalismo, aquela em que este se torna monopolista e deve realizar a reprodução do capital numa escala de mercado necessariamente mundial. Bukarin o entende como um momento de exacerbação de uma economia que já nasce duplamente nacional e mundial, com problemas permanentes de colocação dos excedentes do capital industrial no âmbito interno da relação indústria-agricultura dentro da economia nacional, tendo então de fazê-lo fora, no âmbito de uma relação de divisão indústria-agricultura internacional de trabalho e das trocas, e onde são acirradas as disputas de hegemonia entre as respectivas frações nacionais do capital rentista. E Rosa Luxemburgo, como um momento também de exacerbação de relação interno-externa, mas do sistema intradepartamental capitalista, e aqui marcada por ter de resolver-se numa fronteira com o extracapitalismo, e de o capitalismo necessitar estabelecer o ponto do equilíbrio de dissolvê-lo pela via de sua monetarização e preservá-lo pela via da sua recriação como periferia e também em meio às fortes disputas rivais dos capitais das economias nacionais viventes do mesmo problema.

O que significa que em Lenin o imperialismo é o fruto do surgimento e da fusão dos monopólios industrial e bancário no capital financeiro, fase final da busca de formação do capitalismo como modo de produção plena, o imperialismo sendo a fase mundial de exportação de capitais derivada da natureza espoliativa desse capital financeiro. Em Bukarin, o imperialismo é o fruto do expansionismo externo de um problema nacionalmente congênito do capitalismo, um problema advindo do descompasso do desenvolvimento interno da agricultura diante do mais acelerado desenvolvimento da indústria, realizado no plano de uma relação industrial-agrária de organização mundial e sob o mando espoliativo do capital rentista. E em Rosa, por fim, tal como Bukarin, o imperialismo é a transferência de um problema congênito, mas produzida pela *démarche* inacabada de realização integral do valor dentro da relação interdepartamentos I e II do sistema capitalista, esta incapacidade interna de realização do valor interno sendo levada a fazer-se numa relação internacional de mercado, como também em Bukarin, mas com sistemas sociais de corte pré e não capitalistas (Rosa chama-os de economia natural).

Uma diferença de fundo aproxima Lenin e Bukarin e os separa de Rosa Luxemburgo, sobretudo dada a influência existente sobre aqueles de *O capital financeiro*, de Rudolf Hilferding (1877-1941), em que o conceito do capital financeiro por primeiro aparece na literatura marxista, que Lenin e Bukarin reiteram (Hilferding, 1985). O problema teórico de Rosa aparece já em 1907, data que assim antecede a obra de Hilferding, de 1910, afastando-a de certo modo da interferência das concepções deste.

E diferencia-os, ainda, o tema motivador. Em Lenin, é o problema do aparecimento da aristocracia operária e da ideologia do reformismo que o acompanha no seio dos organismos operários, a começar pela II Internacional, e os seus naturais desdobramentos nas questões de tática e estratégia do movimento. Em Bukarin é o problema da compreensão do surgimento e do papel do capital rentista no processo da acumulação do capital e nas relações internacionais, para ele já visível no momento da passagem da fase concorrencial para a fase monopolista. E em Rosa é o problema da capacidade de o capitalismo sair e dar a volta por cima dos ciclos de crise, saindo ainda mais fortalecido a cada fase de superação.

Diferencia Lenin e Rosa particularmente a concepção de mercado interno e externo. Embora ambos partam das mesmas referências no *O capital*, de Marx, concebem mercado interno e externo distintamente. Esta divergência expressa ademais um antagonismo de Lenin perante a tese da contradição presente entre os livros 2 e 3 de *O capital* de Rosa, não vendo Lenin qualquer dissonância interna à *obra mater* de Marx. Daí decorrendo toda dissonância restante do conceito de imperialismo de ambos (Valier, 1977).

Mas Lenin, Bukarin e Rosa se aproximam mais que se afastam por divergências. São as mesma suas leituras do período 1880-1914 como de um momento histórico de passagem da fase concorrencial para a monopolista do capitalismo. É a mesma a compreensão da mudança decorrente na forma de intervenção das leis estruturais do modo de produção capitalista, em particular no que toca à ação das leis da composição orgânica e tendencial de declínio da taxa dos lucros – duas leis que agem combinadas e, nessa combinação, são entendidas pelos dois, mais Bukarin, como um motor de impulsão do expansionismo imperialista – sobre os processos da produção e realização do valor e, assim, da reprodução ampliada. É o mesmo o intuito de entender e responder com suas teorias ao surgimento do reformismo no seio dos organismos operários, sendo conhecido o embate de Lenin com Kautsky a propósito do conceito de imperialismo, e de Rosa com Bernstein a propósito de questões-chave da teoria de Marx sobre a pauperização das massas, a necessidade da revolução como parteira da história etc. E é o mesmo o entendimento do imperialismo como o momento da entrada do capitalismo numa fase histórica efetivamente mundial.

NO *INTERMEZZO*: DA TEORIA DO SUBDESENVOLVIMENTO-DEPENDÊNCIA À TEORIA DA GLOBALIZAÇÃO

Como sobreviveram e evoluíram, entretanto, estas teorias no correr das décadas que chegam até o atual estado de globalização capitalista? E que influência exerceram sobre as teorias que junto a elas igualmente evoluem? Vejamos esta segunda questão, antes de analisarmos a primeira.

As teorias derivadas

Uma diversidade de teorias emerge entre a era dos clássicos e a atual, todas de alguma forma vindas da teoria dos clássicos (Villa, 1976).

A teoria de centro-periferia nasce no imediato pós-Segunda Guerra. Formulada por Raúl Prebisch no âmbito da Cepal, órgão da ONU criado para a América Latina, está voltada para a problemática da deterioração dos termos de trocas, estabelecida dentro da divisão internacional do trabalho e das trocas do pós-guerra entre os países industrializados (centrais) e os países não industrializados (periféricos). A troca de produtos industrializados, de maior valor, por matérias-primas de origem agrícola, pecuária e mineral, de menor valor, por estes países estabelece um ganho para os países fornecedores dos produtos industrializados e uma perda para os fornecedores de produtos não industriais diante da diferença dos valores respectivos. Os países centrais compram produtos baratos para revendê-los, perante o valor agregado, mais caro, e os países periféricos vendem produtos mais baratos para comprá-los mais caros, disso resultando uma balança de comércio externo que leva os primeiros a se enriquecerem e os segundos a ainda mais se empobrecerem.

Presente de certo modo tanto na teoria de Lenin quanto na de Bukarin, a teoria de centro-periferia vai dar diretamente na teoria do desenvolvimento-subdesenvolvimento. A problemática é aqui o efeito da fraca industrialização que afeta, fragiliza e dificulta o desenvolvimento dos países de dominante agrária e os sujeita globalmente em suas relações internacionais com os países industrializados, separando-os em países subdesenvolvidos e países desenvolvidos. A industrialização é o marco que pode levar os países subdesenvolvidos a superar a pletora de problemas sociais que os flagela estruturalmente e os elevar ao patamar dos países desenvolvidos. Os desdobramentos teóricos são aqui vários e vão desde a teoria da causação circular, de Gunnar Mirdal, que só se pode quebrar mediante a arrancada industrial, até a teoria do subdesenvolvimento como um desenvolvimento do subdesenvolvimento criado pela cadeia sequencial do colonialismo e do imperialismo, de André Gunder Franck, formulada na esteira da teoria clássica do imperialismo de Lenin e que só a ruptura radical pode superar.

A teoria da Cepal renasce na teoria das trocas desiguais, de Arghire Emmanuel. Mas seu centro não mais é o intercâmbio desigual dos produtos cambiados no mercado mundializado dos países centrais e periféricos, mas os diferenciais de salários que se estabelecem entre eles por conta da diferença de suas economias, muito mais baixos nestes que naqueles. A migração, logo terminada a guerra de muitas das indústrias dos países centrais para os países periféricos em vista de beneficiar-se dos salários baixos e matérias-primas baratas desses últimos, é a origem real da relação desigual. E o circuito a se romper.

A culminância dessa sequência de derivações teóricas dos clássicos é a teoria da dependência. Gerado nas décadas de 1970-1980, já no vislumbre da fusão mundial das economias nacionais, o dependentismo é uma teoria de hegemonia-dependência. Os países centrais/desenvolvidos são aqui vistos como países hegemônicos e os países periféricos/subdesenvolvidos, como países dependentes, a dependência destes pondo-os frente àqueles numa cadeia infinda de estado de sujeição. A dependência é múltipla, mas centrada, sobretudo, na relação de sujeição financeira e tecnológica, situação que mantém os países hegemônicos eternamente à frente e os dependentes eternamente atrás dos processos de evolução. Da teoria da dependência deriva a teoria do capitalismo associado, no qual a saída da dependência vem na forma de uma industrialização disfarçada num consorciamento mascarado das burguesias nacionais com as burguesias dominantes dos países imperialistas, a industrialização tirando os países dependentes do seu estado de atraso econômico, mas não de suas cadeias de dependência. Na base de toda essa teorização estão a teoria do desenvolvimento desigual-combinado e a teoria da revolução permanente de Trotsky. Reproduzida na teoria da dependência por Rui Mauro Marini. É de Marini efetivamente a autoria da teoria da dependência, que assim difere da versão com que esta é divulgada e da variação na teoria do capitalismo associado que depois lhe é dada pela lavra conjunta de Fernando Henrique Cardoso e Enzo Falleto.

A BIORREVOLUÇÃO, O BIOESPAÇO E O BIOPODER

A globalização rompe aparentemente com as teorizações do imperialismo e teorias delas derivadas. Aparece paralela a estas últimas nos anos 1980-1990. E seu ponto de partida é a integração dos pedaços do mundo numa mesma unidade de mercado.

De certa forma é a escala espacial que resulta da unificação do mundo numa só divisão internacional do trabalho e das trocas. E diante disso a finança e as empresas industriais se difundem amplamente, superando as distinções que separavam os países em agrários e industriais. Apoiadas na aceleração da tecnologia dos meios de transferência (transporte, comunicação e transmissão de energia) e na informatização nesse espraiamento mundial da produção e das trocas industriais, as empresas se organizam numa escrituração contábil que assim unifica a administração e extingue os constrangimentos das distâncias espaciais que as separavam. Espalhadas pelo mundo, numa migração generalizada dos países centrais para os periféricos, numa situação parecida com a analisada por Emmanuel, a troca industrial capitalista se torna de fato global e facilita a emancipação rentista do casulo financeiro que Bukarin já antecipara no começo do século xx. E é a propósito do rentismo e seu séquito de relações que a rigor se pode falar de uma escala mundial de globalização.

Mas o caráter de globalização vem também da emergência de uma forma paradigmática nova de forças produtivas com seu correspondente modo de organização do espaço perante o qual o capital rentista se espalha globalmente para ser o agente organizador das relações em todos os lugares. Dando numa conjuminação de movimentos em que a presença combinada da hegemonia rentista e a partilha territorial assentada no poder das estrutruras bioengenheiriais de inclusão local torna-se dominante.

A nova realidade global e o que herda da velha

O que das teorias clássicas se mantém atual nesse novo quadro de ordenamento de espaço? O que com o sistema mundial-global delas se integralizou e o que foi superado?

A principal característica do imperialismo para Lenin é a exportação de capitais. Para Bukarin, é a hegemonia rentista. E para Rosa Luxemburgo, é o crescimento do capitalismo pela incorporação de periferias. Creio que estas características se confirmaram e se encontram hoje não só presentes, mas, sobretudo, integradas no conteúdo do capitalismo globalizado. Senão, vejamos.

O comando da reprodução ampliada está nas mãos do capital volátil, eufemismo do capital rentista, confirmando a análise teórica de Bukarin. A finalidade do capital rentista é se movimentar em busca de grandes lucros pela via dos empréstimos escorchantes, investimentos em compra e revenda de bens patrimoniais, financiamento generalizado do consumo e amplo endividamento de países, empresas e consumidores sob a forma de empréstimos internacionais vinculados à compra de manufaturados e serviços dos países industrializados. O que confirma, de um lado, a substituição da exportação de mercadorias pela exportação de capitais, analisada por Lenin, a abertura de campos de colocação dos excedentes de capital rentista nas economias nacionais dominantes, analisada por Bukarin, e a destruição-recriação de periferias extracapitalistas com fins de realização da margem do valor irrealizável intradepartamentos no âmbito do modo de produção capitalista, analisada por Rosa Luxemburgo.

E, diga-se de passagem em favor de Rosa, que, a despeito de décadas de destruição da periferia extracapitalista pela avassaladora expansão mundial do modo de produção capitalista, as formas pré-capitalistas de sociedade não só não desapareceram, como as de não capitalismo cresceram e se multiplicaram. E estas ainda mais se multiplicam, agora inclusive de caráter urbano com a crise generalizada de emprego e crescimento do chamado trabalho informal que se espalhou por todos os cantos do mundo, dominado pelo modo de produção capitalista, confirmando a sua análise.

Se a característica principal de cada clássico são estes respectivos aspectos de suas formulações teóricas, estes aparecem hoje nitidamente reunidos como numa só teoria no modo de produção capitalista globalizado, confirmando e afirmando a atualidade de suas teorias para os dias presentes. O capitalismo é hoje um modo de produção e circulação centrado na exportação de capitais, no crescimento por recriação de periferias e no domínio do monopólio rentista. E tudo isso como uma economia política globalizada.

De onde vem, então, a impressão do fim do imperialismo? Da nossa redução do conceito do imperialismo, simplificadora das teorias clássicas, como uma prática pura e simples de partilha e conquista territorial das grandes potências, do conceito do imperialismo reduzido a um ato de expansionismo territorial puro e simples, comandado pelos monopólios industriais situados por trás da máquina de Estado das grandes potências. Todavia, ao difundir a indústria e seus meios de transferência pelos países periféricos e industrializá-los e integrá-los internacionalmente por meio de uma divisão industrial de trabalho e de trocas via propagação das filiais de suas empresas, as grandes potências se instalaram nos seus territórios em definitivo, deixando a forma clássica da ocupação militar para casos específicos. A própria escala geográfica assim atingida – e é isso a globalização – se incumbiu assim de completar o processo de instalação dessa fase superior do desenvolvimento do capitalismo – sentido preciso do conceito do imperialismo de Lenin que, por isso mesmo, dele fala como de uma "etapa superior" e "última etapa" do desenvolvimento –, realizando o implemento das demais características, principalmente a substituição da exportação de mercadorias pela exportação de capitais, a hegemonização cabal do capital rentista e a organização mundial da relação capitalista-extracapitalista de realização do valor apontadas por Lenin, Bukarin e Rosa.

A biorrevolução

Lenin, Bukarin e Rosa haviam vinculado a acumulação financeira a uma necessária base industrial. Essa base era a indústria da Segunda Revolução Industrial, o fenômeno que justamente está promovendo a passagem da fase concorrencial para a fase monopolista – do capitalismo atrasado para o capitalismo avançado, no dizer de Mandel, em sua teoria do capitalismo de duas fases (Mandel, 1972) – e sobre cujas características e efeitos acerca do movimento operário e socialista estão teorizando.

Também agora com a globalização rentista este é um vínculo que necessariamente deve permanecer. Mas a economia industrial não pode ser a mesma. Nem mesmo a forma hegemônica de acumulação. E esta base vai ser a economia industrial advinda da fusão da indústria com a agricultura, o complexo da agroindústria, promovida pela biorrevolução.

Por biorrevolução entende-se a revolução tecno-científica que tem curso no correr dos anos 1970 – década por isso mesmo da globalização – com apoio no surgimento da ciência e da técnica da engenharia genética. Trata-se de uma combinação de ciência e técnica com centro, de um lado, na biologia molecular enquanto padrão de referência científica e, de outro, na engenharia genética enquanto padrão de referência tecnológica. E assim, de uma forma de força produtiva nova baseada na técnica da recombinação do DNA, com forte efeito de mudança do todo da estrutura orgânica da produção capitalista desde a base material que inclui além do paradigma de ciência e técnica o das matérias-primas, tipos de material e de matriz energética, até as relações da agricultura e da indústria, dá origem a uma nova fase do modo de produção capitalista.

Se a forma de economia industrial não é a mesma, não é a mesma a forma da acumulação. O fato é que à diferença do capital financeiro, cuja lógica é a da fórmula D-M-D', o capital rentista se forja na lógica da fórmula D-D', de um capital que se reproduz sem passar pela relação direta com o processo da produção industrial, apoiando-se, entretanto, nela através da abrangência indireta da esfera do dinheiro. Não tem envolvimento com o movimento produtivo. Acumula sobre toda e qualquer forma de excedente (ou que possa transformar em excedente). Vive da especulação com o dinheiro pura e simplesmente. Necessita, todavia, dispor de uma base material que lhe forneça as condições gerais de acumular diversamente. E é justamente o que lhe propicia a estrutura espacial global que acompanha a revolução bioengenheirial.

O fundamento desse novo paradigma é a fusão entre a indústria e a agricultura, conhecida como agroindústria, que leva a indústria para o campo, junta atividade industrial, agropecuária e de serviços terciários num mesmo lugar e organismo de produção, e põe esta estrutura integrada em disputa de terra e território com a estrutura social rural mais ampla num jogo local e difuso de partilha territorial, sobretudo entre a agroindústria e o extracapitalismo que se generaliza por todo canto e campo.

O bioespaço

A forma geográfica daí decorrente é o bioespaço. A estrutura de organização centrada nas interações da agroindústria que abarca dos conflitos de territorialidade com o extracapitalismo local à superposição de organização espacial com os recortes dos biomas.

Paradoxalmente, por isso o bioespaço é uma espécie de retorno às paisagens anteriores à Revolução Industrial. E que vemos detalhadamente descritas nas obras clássicas de Vidal de la Blache, Brunhes e Sorre e cuja dissolução Pierre George apresenta como as paisagens que o desenvolvimento industrial vai empurrando para as páginas passadas da história (Vidal de la Blache, 1954; Brunhes, 1962; Sorre, 1961; George, 1968). E que como que regressa pelas mãos da bioindústria, sob um formato de qualidade nova. Num misto dos complexos de paisagens do espaço pré-industrializados e dos complexos bioengenheiriais criados a partir do planejamento em laboratórios.

É onde o conceito do extracapitalismo de Rosa tende a ganhar uma impressionante atualidade. Abandonada pelo paradigma da economia industrial moderna, a paisagem geográfica biomática praticamente viu-se marginalizada pelo conhecimento científico orientado para os padrões de matérias-primas minerais. O advento do novo paradigma traz de volta sua importância, acoplado à busca de restaurá-las de sua radical devastação em todos os cantos. E é justamente nas áreas mantidas pela resistência das comunidades pré e não capitalistas que se concentram as reservas de paisagens e espaços preservados. E nessas comunidades, o manancial do conhecimento abandonado. Para aí se voltando o interesse agroindustrial, numa intensa ação de incorporação e despojamento territorial que lembra os conflitos de partilha e conquista de território dos grandes espaços da teoria clássica do imperialismo, mas na escala pontual das áreas de interseção dos avanços da nova indústria e das comunidades aí residentes.

O biopoder

Até o advento da economia industrial o domínio da terra era a fonte do poder. O aparecimento da economia industrial transfere essa fonte para a indústria, primeiro com centro exclusivo nela e, a seguir, num consorciamento dela com o banco, dentro da hegemonia do capital financeiro. Com o surgimento da nova economia industrial, de novo a fonte se desloca, para vir agora a se apoiar na fusão da fábrica com a terra no âmbito da agroindústria.

Sucedem-se, assim, no tempo, a terra, a fábrica e a união fábrica-terra no fundeamento da organização e da fonte do poder sobre os espaços. Esse todo de domínio territorial unificado da fábrica e da terra que vem da fusão da agroindústria é o biopoder.

O biopoder enfeixa assim num só domínio de territorialidade as duas fontes de poder antes dissociadas, reunindo nesse poder unificado uma força de determinação sobre o todo da sociedade ordenada à base das forças produtivas bioengenheiriais de grande efeito estrutural. E é esta força nova que está por trás da origem das novas formas de conflito de conquista e partilha territorial antes analisada por Rosa para áreas e planos restritos (Moreira, 2007).

Uma propriedade desse modo de poder é a sobreposição da cidade e do campo. E cujo exemplo é a forte penetração da matriz energética da biomassa pelo cotidiano da cidade, como numa invasão do rural ao urbano depois de pela migração da indústria o urbano ter invadido o rural. Outro exemplo é a presença cada dia menos indiferenciada dos produtos alimentares vindos da agroindústria na dietética de todos os cantos, numa reafirmação, sob forma nova, da assimilação dos produtos e hábitos alimentares das diferentes regiões culturais do mundo pela interferência da indústria alimentícia.

O ARRANJO TERRITORIAL MUNDIAL-INTEGRADO DO CAPITALISMO GLOBAL

A mundialização da nova economia de base na fusão fábrica-terra sob o domínio do biopoder e na centração de tudo isso pelo capital rentista é o modo sistêmico de organização do capitalismo hoje. Um capitalismo geograficamente estruturado no rentismo, na exportação de capitais e na realização capitalista-extracapitalista do valor, como anteviram as teorias clássicas do começo do século XX.

Se à época da sua formulação o monopolismo era o fenômeno emergente, hoje este é o próprio modo de organização estrutural-global do mundo. No qual um número restrito de grandes empresas se espalha com suas indústrias, meios de transferência e circuitos de integração informatizados, enfeixando em suas mãos o domínio da globalidade do planeta. E, se o complexo agroindustrial significa a base de sustentação industrial sobre a qual se enraíza o domínio geral do capital rentista, é a fusão de produção, revenda e financiamento do consumo numa mesma estrutura de empresa que compõe o modo como seus tentáculos incorporam formas de expropriação antes insuspeitadas de excedentes, como o endividamento generalizado de pessoas e Estados.

É assim que são hoje as empresas os exércitos que entram conquistando e partilhando territórios, nos quais países agrários e países industriais, países subdesenvolvidos e países desenvolvidos, países centrais e países periféricos, países hegemônicos e países dependentes, se fundem e se confundem num todo globalizado. Um sistema de combinação desigual arrumado como a própria organização espacial unificada do planeta.

Pode-se falar de três momentos da empresariação da economia-mundo integrada pelos meios de transferência e pela propagação da indústria: a empresa nacional, a empresa multinacional e a empresa transnacional. A primeira corresponde à fase da Primeira Revolução Industrial, a do capitalismo recém-saído do útero do colonialismo, concorrencial e apoiado na divisão internacional do trabalho e das trocas em que os países se separam em exportadores-importadores de matérias-primas e bens manufaturados. A segunda corresponde à fase da Segunda Revolução Industrial, a do imperialismo ainda impregnado das características territoriais herdadas do período colonialista, e que inicia a mundialização da economia industrial para ir acelerá-la a partir dos anos 1950, a década do pós-guerra, quando os países ex-coloniais vão deixando de ser agrários para aceleradamente integrar-se numa divisão internacional interindustrial do trabalho e de trocas. A terceira, por fim, é a da nova economia industrial organizada à base da consorciação biopoder-rentismo estruturada ao redor da exportação de capitais.

São três momentos que se exemplificam nas formas de organização que vai ganhando a indústria automobilística. De início é um exemplo típico de empresa nacional em disputa de colocação de seus produtos nos mercados do mundo. Terminada a Segunda Grande Guerra, esta se transforma numa empresa multinacional, com filiais instaladas em vários cantos do mundo, e a venda mundial de seus automóveis se contabiliza como produtos nacionais dos países exportadores. Por fim, nos anos 1970 se torna uma montadora de automóveis, apoiada numa plêiade de indústrias de autopeças distribuídas pelos mais diferentes países, ganhando a característica de uma empresa transnacional. É quando seu sistema de colocação do produto no mercado adquire a forma plástica de ela mesma produzir, revender e financiar o consumo de seus carros, juntando fábrica, revendedora e financiadora num consorciamento indústria-rentismo enfeixado no logotipo da primeira que logo será copiado por empresas de outros setores.

BIBLIOGRAFIA

BRUNHES, Jean. *Geografia humana*. Rio de Janeiro: Fundo de Cultura, 1962.

BUJARIN, Nicolai. *La economia política del rentista:* crítica de la economia marginalista. *Cuadernos de Pasado y Presente*, n. 57. Córdoba: Ediciones Pasado y Presente, 1974,

BUKARIN, N. *O imperialismo e a economia mundial.* Prefácio de Lenin. Rio de Janeiro: Melso, s/d.

GEORGE, Pierre. *A ação do homem.* São Paulo: Difel, 1968.

HILFERDING, Rudolf. *O capital financeiro.* São Paulo: Nova Cultural, 1985.

LENIN, V. *Imperialismo:* fase superior do capitalismo. São Paulo: Global, 1979.

LUXEMBURGO, Rosa. *A acumulação do capital.* 3. ed. São Paulo: Jorge Zahar, 1983.

_____. *Introdução à economia política.* São Paulo: Livraria Martins Fontes, s/d.

MANDEL, Ernst. *O capitalismo tardio.* São Paulo: Abril Cultural, 1972,

MARX, Karl. *O capital.* Rio de Janeiro: Civilização Brasileira, 1985.

MOREIRA, Ruy. A guerra do Iraque, a Alca e as fronteiras da reestruturação capitalista dos Estados Unidos. In: ALBA, Rosa Salete (org.). *Grifos:* dossiê geopolítica. Chapecó: Argos Universitária-Unochapecó, 2005.

_____. Sociabilidade e espaço: as sociedades na era da terceira revolução industrial. In: _____. *Pensar e ser em geografia.* São Paulo: Contexto, 2007.

SORRE, Max. *El hombre en la tierra.* Madri: Editorial Labor, 1961.

VALIER, Jacques. As teorias do imperialismo de Lenine e Rosa Luxemburgo. In: _____. *Sobre o imperialismo.* Lisboa: Edições Antídoto, 1977.

VIDAL DE LA BLACHE, Paul. *Princípios de geografia humana.* Lisboa: Edições Cosmos, 1954.

VILLA, J. M. Vidal. *Teorias del imperialismo.* Barcelona: Editorial Anagrama, 1976.

O ESPAÇO E O CONTRAESPAÇO: TENSÕES E CONFLITOS DA ORDEM ESPACIAL BURGUESA

Observa Foucault que uma história dos espaços seria uma história dos poderes, lamentando termos tido que esperar tanto tempo para fazer esta descoberta (Foucault, 1979a). O que aparece como um projeto em Foucault não deixa de ser recebido por um geógrafo como uma reprimenda.

A obviedade de que o espaço tem uma história – mais que isso, ele é essa história – estaria no campo da trivialidade se o pensamento geográfico moderno tivesse começado com esta referência, que a ele deveria ser básica, tal sua evidência. Desde cedo o espaço estaria no mesmo patamar de presença do tempo, tão reclamado por Soja, na teoria social e nas formulações teóricas da Geografia sobre o significado espaço-temporal do mundo da natureza e do homem, não sendo necessário Foucault dizê-lo.

Presença junto ao real, mais que elo de mediação do jogo das determinações, e campo de tensão por isso mesmo, tal como Foucault propõe vê-lo, uma vez que o espaço, tal qual o tempo, é a história como forma concreta. Nele e por seu intermédio fluem, se controlam ou se resolvem os conflitos que marcam a ordem social de cada época. Espaço da ordem. E, assim, também contraespaço.

A SOCIEDADE E O ESPAÇO

Muito já foi escrito sobre a relação sociedade e espaço nas últimas décadas. Nenhuma sociedade pode existir fora de um espaço e um tempo, é uma fatuidade que vem de Descartes a Kant. O modo de produção da sociedade é o modo de produção do seu espaço, assim como o modo de produção do espaço é o modo de produção da sociedade; esclareceram o caráter dessa relação de Lefebvre a Milton Santos.

---

* Texto originalmente publicado na coletânea *Território, Territórios*, do PPGEO-UFF-Programa de Pós-Graduação em Geografia, da Universidade Federal Fluminense/Editora Lamparina, sob o título "Espaço e contraespaço: sociedade civil e Estado, privado e público na ordem burguesa" (ensaio sobre ordenamento territorial), em 2007.

Se a sociedade e o espaço são os recíprocos dialéticos, justo é que além desse pressuposto se tenha a noção de como essa relação funciona no campo da política mais fina. Significa isso dizer ser necessário ter-se a clareza da natureza e modo de determinação estrutural total dessa relação de mão dupla em que sociedade e espaço se envolvem. E, entre outras coisas, de esclarecer que função nela a ordem espacial ocupa.

Estrutura e tensão: o fundamento ontológico do espaço

Toda constituição geográfica da sociedade (desde o que George chama "a sociedade da natureza sofrida") começa na escolha da localização espacial dos elementos formadores de sua estrutura. Um ponto da superfície terrestre é escolhido para localização de dado componente, através de um processo de seletividade. Sendo diversa a composição natural e social dessa constituição geográfica, o processo da seletividade já nasce como montagem de um arranjo distributivo de múltiplas localizações, cada localização formando um ponto num sistema de localizações. Assim, surgem a localização e a distribuição como um par de base da constituição do espaço. E o espaço como um arranjo estruturante-estrutural da sociedade (Moreira, 2007).

Assim a localização leva à distribuição e a distribuição, à localização, não havendo localização sem distribuição e distribuição sem localização, numa reciprocidade de interação em que juntas estabelecem o fato geográfico. E sob dupla forma contraditória: uma epistemológica e outra ontológica.

A contradição epistemológica vem do fato de que olhar o espaço a partir da localização leva a captá-lo como um quadro imobilista e olhá-lo a partir da distribuição, a captá-lo como um quadro dinâmico. Já a contradição ontológica vem do fato de que organizá-lo a partir da localização leva-o a formar-se como ordem de centralidade e organizá-lo a partir da distribuição, a formar-se como uma ordem de alteridade. Dois modos de ser-estar que se opõem radicalmente. É este duplo o princípio da constituição do espaço, o termo da sua natureza, e o fundamento do seu conceito, respectivamente. E assim do seu estado natural de tensão, que vai passar-se para o todo estrutural da sociedade à base dele geograficamente organizada na temporalidade da história.

A contradição ontológica realça-se diante da contradição epistemológica por sua relação seminal sobre a formação estrutural da sociedade, segundo uma relação de oposição de centralidade e alteridade que envolve a sociedade num quadro de embate respectivamente de espaço e contraespaço.

O fundamento dessa oposição vem de a localização antes de tudo arrumar-se dentro da distribuição como uma localização posicional. Isto é, de dentro da distribuição toda localização afirmar-se em face da posição relativa que uma ocupa diante da outra, uma localização passando a ser o que é por sua posição comparada às demais na grelha distributiva do todo. De modo que, de acordo com a relação de reciprocidade que as localizações entre si estabeleçam no sistema da distribuição, o arranjo espacial estrutura a sociedade societariamente no olhar centralizado ou no olhar da alteridade como ponto de referência. Dois modos distintos e opostos, pois, de estruturalidade de espaço. E que definem a forma de tensão com que aí se organiza estruturalmente a sociedade a partir do seu espaço. A estrutura focada na referência do centro institui o arranjo que constrói a sociedade arrumada geograficamente na centralidade do uno. A estrutura focada na referência da equipolaridade institui o arranjo que constrói a sociedade arrumada geograficamente na alteridade do múltiplo. Esta segunda forma de organização de espaço traz em si mesma a solução de suas tensões. Já a segunda leva as tensões a frequentemente ter de se resolver através de fortes entrechoques de contraespaço. A dificuldade dessa última de direcionar suas tensões para caminhos menos conflitivos deve-se, antes de mais nada, à rede de tensões com que a centralidade vai se desdobrando, em que contraditam a identidade e a diferença, a unidade e a diversidade, a homogenia e a heterogenia, a hegemonia e a cooperação. E assim, no limite, se somam para dar na tensão do espaço da ordem e contraespaços que agitam a sociedade por dentro reiteradamente.

O arranjo, o ordenamento e a regulação espacial da sociedade

O arranjo do espaço coloca-se, assim, como a determinação da arrumação geográfica principal. Por conta dele, a polaridade do uno da centralidade tende a eliminar e ordenar a diversidade no símbolo da hegemonia do centro. Já a diversidade do múltiplo da alteridade tende a afirmar a cooperação e a equiparidade como o princípio. No primeiro caso, temos um arranjo espacial de conflito manifesto. No segundo, um arranjo espacial por si mesmo autorregulado. É dessa dinâmica determinada pela forma do arranjo que brota a forma prevalecente de convivialidade: homogenia do olhar totalizante do uno no arranjo da centralidade e heterogenia do olhar democratizante no arranjo da alteridade. Isso dado o fato de a forma do ordenamento também daí provir, o direcionamento que orienta a ordem do espaço para o fim da realização dessa ou daquela forma de ordem social. Que pode ser o de assegurar a permanência da hegemonia do uno no arranjo da centralidade ou pode ser o de consolidar a prevalência da equipolaridade da diferença no arranjo da alteridade.

E bem ainda da forma da regulação das relações do todo. Dado que localização e distribuição formam, sempre, um par em que se localiza para distribuir e distribui-se para localizar, uma forma de regulação da convivialidade espacial faz-se necessária. Forma que pode ser de controle disciplinar na ordem da centralidade ou pode ser de livre autorregulação na da alteridade.

Seja como for, a tensão espacial pede a regulação espacial. E esta regulação vem na consonância com o sentido do ordenamento. Este é o princípio do ordenamento e da regulação, e de seus entrelaçamentos dentro do arranjo do espaço. E que a mais das vezes vira o próprio princípio do arranjo, quando este é o de uma sociedade atravessada pelos conflitos de contraespaço.

O que é o espaço?

Uma palavra se faz necessária sobre o conceito do espaço que aqui se está empregando, e assim de território, antes de prosseguirmos.

Temos até agora tomado por referência o que diríamos um conceito aristotélico-leibniziano de espaço. O oposto é o conceito cartesiano. No sentido aristotélico, o espaço nasce na forma do lugar. E tem o lugar como referência de potencialidade. De modo que por esse conceito vai-se do lugar ao espaço – e não do espaço ao lugar, como no conceito cartesiano –, e deste volta-se ao lugar. Por isso aqui temos ido, sucessivamente, na sequência que da localização posicional leva ao lugar, do lugar ao espaço e do espaço à sociedade, voltando, em seguida, na direção contrária, da sociedade para o espaço, deste para o lugar e deste, por fim, para a localização posicional, em resumo. O arranjo é o ponto da coagulação.

Muniz Sodré assim resume a concepção aristotélica, que estamos seguindo:

> O que é mesmo espaço?
>
> Não é noção que se preste a um esmiuçamento cômodo. Tal é o sentimento de Aristóteles no livro IV da Física: "Parece ser algo de grande importância e difícil de apreender o *topos*, isto é, o espaço-lugar". De fato, não existe em grego uma palavra para dizer espaço. *Topos* significa propriamente *lugar marcado*, uma porção de espaço assinalada por um nome, que vem de um corpo material. E é em função do lugar, quer dizer, de uma posição determinada, parte descrita de um espaço global, capaz de afetar os corpos que o ocupam, que Aristóteles aborda a questão. Ou então Demócrito, que vê o espaço como o lugar de uma infinidade de átomos indivisíveis.
>
> A essa noção de "lugar", retornaria Heidegger ("Bâtir, habiter, penser", in *Essais et Conférences*, Galimard), buscando conceituar espaço. Para ele, quem cria o espaço – que é um modo de ser no mundo – é o lugar. Refletindo sobre a origem dessa palavra em alemão (*Raum*), diz designar o "regulado", algo que foi tornado livre no interior de um limite, como, por exemplo, um campo que se prepara, se regula, para o estabelecimento de colonos. Sendo o limite aquilo que possibilita as coisas serem, o espaço define-se como o que se faz caber num limite. E essa regulação dá-se por constituição de lugares através das coisas, por localizações. Donde "os espaços recebem o seu ser dos lugares e não do espaço". (Sodré, 1988: 38)

Há, pois, o lugar e o espaço, nessa ordem, numa relação genética, em Aristóteles. Uma concepção que irá ser seguida e reinventada no século XVII por Leibniz, em seu conceito de mônadas.

Não é este o conceito que a Modernidade, entretanto, irá adotar. Mas o de Descartes, que inverte, externaliza e dicotomiza a concepção e a direção da relação estabelecida por Aristóteles. Isto é: há o espaço, o amplo, e, então, o lugar, visto como o ponto localizado no espaço. Nessa ontologia do espaço cartesiana, abraçada depois por Newton, e depois rearrumada por Kant, a relação genética de Aristóteles desaparece. O lugar passa a ser um ponto do espaço ocupado pelo corpo. E morre a possibilidade de uma ontologia leibziniano-aristotélica do espaço.

A tradição geográfica, seguindo sua gênese moderna em Kant, apenas inova o conceito seguido pela modernidade. Em Kant, há o todo e a parte (Martins, 2003). Que a leitura ritteriana transforma no espaço e seu recorte. E a leitura atual dialetiza: o espaço é o seu recorte. Assim, se o recorte de Ritter é a base, é, entretanto, a dialética triádica do recorte enquanto forma particular da relação antitética do universal e do singular, implícita na geografia comparativa de Ritter, a forma que a leitura atual pratica (Moreira, 2006). É esta direção que aqui se segue, indo do recorte para o todo do espaço, e deste voltando-se ao recorte, para assim captá-lo na sua particularidade (Moreira, 2004). O recorte é, então, primeiro apreendido como paisagem, o imediato da percepção, em segundo como território, o recorte como domínio de espaço e, por fim, como espaço denso-concreto-qualificado.

É o sujeito, no entanto, o elo qualificador. Qualificado sucessivamente como visível, domínio e totalidade estrutural do sujeito, cada recorte de espaço é elo de uma escala de níveis da complexidade organizacional-geográfica da sociedade. De modo que falar da organização geográfica da sociedade a partir da relação sequencial do recortado da paisagem, do território e do espaço é enumerar os graus de inter-relação de níveis de empiria e de conceitos que levam essa organização a definir-se antes de mais nada como escala. E que, no regresso que leva de volta do espaço ao território e à paisagem, vista agora com um concreto-pensado de espaço, a ver à luz da escala o recorte não mais como um recorte em si mesmo, mas como a própria complexidade estrutural-geográfica do lugar aristotélico.

É este sentido estrutural que aqui estamos utilizando. E assim evitamos a confusão conceitual corrente de ter de eleger-se o território ou o espaço como o estruturante geográfico de base da sociedade, antes preferindo optar pelo viés da relação triádica paisagem-território-espaço. Isto é, do espaço visto como um sintético categorial, estruturado como escala e em cuja base está o par localização-distribuição em todos os seus desdobramentos contraditórios.

O ESPAÇO COMO *VIS ACTIVA*: A REGULAÇÃO NAS COMUNIDADES PRETÉRITAS E NAS SOCIEDADES MODERNAS

Esse conjunto de arranjo de tensões, ordenamentos e regulação que expressam e organizam as relações tanto da sociedade política quanto da sociedade civil faz do espaço um campo de correlação de forças. Aí o sujeito das relações desfruta do compartilhamento do quadro assim formado, seja como dominante-dominado no espaço da ordem da centralidade, seja como igual-diferente na ordem da alteridade. Envolve-se numa rede de capilaridades que se imiscui à rede da escala de entrecruzamento dos arranjos tanto dos recortes do econômico, na forma do poder capilar das empresas, quanto dos recortes do jurídico-político, na forma do poder capilar dos organismos de representação da sociedade civil, dos recortes do ideológico-cultural, na forma do poder capilar das instituições do imaginário ou das representações de mundo, definindo os contextos de conjuntura, no sentido de Gramsci, aqui na forma da coerção e ali do consenso (Gramsci, 1978). E mergulha na coabitação espacial e, assim, no todo do movimento, e que assim tem no sujeito seu motor principal.

Variando em intensidade, rala nas formas de vida das antigas comunidades e densa nas da sociedade capitalista moderna, essa interação de coabitação se move antes de tudo dentro da oposição localização-distribuição. E das demais tensões que, tendo-a como base, dela se desdobram.

A coabitação é o estado plenificado dessas interações. E forma-a desde o início um movimento da convivialidade como forma de regulação, de modo que a criatividade e a ordenação do convívio que se fazem necessárias fluam sem prejuízo uma da outra. Assim, se o arranjo do espaço é marcado pela presença do mecanismo que regula as tensões da base locacional-distributiva, também o é pela presença do mecanismo que regula o equilíbrio necessário entre a marcha da espontaneidade seletiva e a contratual da convivialidade. O sentido precisamente do espaço entendido como o "regulado" de Heidegger, o espaço que ordena o todo pela intencionalidade da entronização do sentido de morar, que envolve na origem toda forma de coabitação espacial. Aí assim difere o morar das formas comunitárias, onde reina a coabitação espacial de consenso, e o morar das formas de sociedade moderna, onde reina a coabitação espacial de coerção. A diferença dá o perfil e o conteúdo do modo de regulação.

Seja como for, em ambas as formas a regulação é a prescrição do controle, feita através da regra e da norma. A regra diz o que deve e não deve ser feito, define e qualifica os valores mediante os quais se orientam a distribuição e o movimento entre os lugares no espaço. A norma diz o que deve ser, reafirmando e consolidando o que diz a regra com o estatuto da normalidade. A regra age pela sanção e o interdito. A norma, pelo discurso. Se a regra proíbe ou permite, a norma legitima e naturaliza. A regra normatiza (sanciona ou interdita), enquanto a norma normaliza (define o normal e o anormal), poderíamos assim dizer. Se o "ponha-se no seu lugar" é o imperativo da regra, o "este é o seu lugar natural" é o discurso da norma.

Cada forma de coabitação – seja a comunitária, seja a capitalista – tem, assim, seu tipo de regra e de norma. Na coabitação do consenso da ordem espacial da alteridade, a forma da ordem habitual das sociedades comunitárias, a regra é a que origina, reitera e corrige as distorções societárias do arranjo das distribuições, a norma velando para que a diferença e a alteridade recíproca se reconheçam, legitimem e autogovernem diante do morar junto. Já na coabitação coercitiva da ordem espacial da centralidade, a forma da ordem habitual das sociedades modernas, a regra é a que origina, recria e reproduz a obediência, direcionando-a ao centro de referência do uno, a norma corroborando o governo da identidade, do uno e da unidade assim impostas.

SOCIEDADE CIVIL E SOCIEDADE POLÍTICA, O PRIVADO E O PÚBLICO COMO ESPAÇO

Nas sociedades de classes que caracterizam o tempo histórico do capitalismo, é a estratificação social que dá o sentido e o tom da coabitação. Por isso, se distinguem nitidamente no arranjo do espaço o plano da sociedade civil e o da sociedade política (encarnada na figura do Estado), em geral sobrepondo-se dentro da coabitação ao espaço privado e ao espaço público que amarram os nichos cotidianos dos indivíduos dentro do todo da convivialidade, respectivamente. Aqui, regras e normas são regras e normas de classes. Bem como de seus indivíduos. O arranjo do espaço é o fruto do processo de seletividade definido pelo interesse da classe hegemônica. E o ordenamento de regulação que daí vem é o que emerge do atravessamento de interesses e hegemonia classistas das classes que dominam.

É matéria de alta controvérsia o que sociedade civil e sociedade política de fato encerram e significam. De início, quando da formação histórica das sociedades mais organizadas, informa Bobbio (1986, 1987), sociedade civil e sociedade política pouco se distinguiam por sua respectiva origem confundir-se com o movimento de dissociação que então está se dando entre a sociedade e a natureza.

Bobbio observa:

> A expressão sociedade civil teve, no curso do pensamento político dos últimos séculos, vários significados sucessivos; o último, o mais corrente na linguagem política de hoje, é profundamente diferente do primeiro e, em certo sentido, é-lhe até oposto.
>
> Em sua acepção original, corrente na doutrina política tradicional e, em particular, na doutrina jusnaturalista, sociedade civil (*societas civilis*) contrapõe-se a "sociedade natural" (*societas naturalis*), sendo sinônimo de "sociedade política" (em correspondência, respectivamente, com a derivação de *civitas* e de *polis*) e, portanto, de "Estado". (Bobbio, 1986: 1206)

A progressão do conceito vai dos jusnaturalistas Hobbes e Locke a Gramsci, no trânsito que passa por Rousseau, Hegel e Marx, uma vez que neles sociedade civil e sociedade política ganham sucessivamente o sentido distinto que as qualificam como duas realidades mutuamente diferentes e contraditórias.

A sociedade civil se confunde nos jusnaturalistas com o Estado, uma vez que para eles é na relação com o Estado que os indivíduos demarcam sua vida em sociedade. E esta, por seu turno, é definida pelas regras e normas de vida que a distingue do "estado de natureza". No que destoa do conceito da Igreja Católica, para a qual é outra a referência do conceito, a diferença para esta se dando entre a sociedade religiosa ("esfera de relações sobre que se estende o poder religioso") e a sociedade civil ("esfera das relações sobre que se estende o poder político"). A sociedade civil é o Estado, no seu sentido atual de poder exercido pelas instituições temporais sobre os indivíduos, Igreja e Estado no fundo diferindo como duas formas distintas de poder dentro da sociedade civil.

Rousseau distingue, ainda na linha da distinção hobbesiana, entre sociedade civil, isto é, a sociedade civilizada (em que "civil" não é mais adjetivo de *civitas*, mas de *civilitas*), e sociedade dos povos primitivos, isto é, a sociedade dos homens em estado da natureza, selvagens e sem governo, a sociedade civil sendo, em suma, a sociedade política e a sociedade civilizada, e a sociedade dos povos primitivos sendo a sociedade do estado de natureza e do estado selvagem. Mas, à diferença de Hobbes, Rousseau concebe a sociedade civil no sentido de sociedade civilizada, a sociedade natural sendo a sociedade dos homens bons e puros, ainda não divididos e socialmente desigualizados pela instituição da propriedade privada.

Hegel vai no sentido de simplificar pelo contraponto, distinguindo sociedade civil e sociedade política (que traduz por Estado) como instituições de natureza opostas pura e simplesmente. A sociedade civil é o que advém da dissolução da família (a sociedade natural) em classes sociais dentro do antagonismo do mercado (Hegel tem Adam Smith por referência), e o Estado é o que advém da instauração da lei que regula, pacifica e harmoniza os conflitos que daí surgem, em vista de dirigi-los para o plano geral do bem comum. Tal é, porém, uma contraposição momentânea, porque no processo da história a sociedade civil acaba por evoluir no sentido do Estado, este vindo a constituir-se numa forma superior da organização da sociedade, porque expressão máxima da ética e do espírito absoluto.

Marx parte de Hegel, mas para radicalizar sociedade civil e Estado como opostos de cunho contraditório, uma relação de contradição em Hegel muito atenuada. Para Marx, sociedade civil é a esfera das relações econômicas (relações de "indivíduos em conflito entre si, características da imagem que a sociedade burguesa tem de si mesma", lembra Bobbio). Estado é a esfera da superestrutura assentada nas relações e conflitos privados da ordem econômica. A sociedade civil é a reunião dos proprietários privados em conflito. O Estado é o governo conjunto desses proprietários. Em suma.

Gramsci parte das concepções de Marx, mas para situar sociedade civil e sociedade política, ambas, na esfera da superestrutura. Sociedade civil é para ele a subesfera dos aparelhos ideológicos e culturais. E sociedade política é a subesfera dos aparelhos jurídicos e políticos. Ambas têm em comum de ser costuradas estruturalmente pela coerção e pelo consenso. E o exercício da hegemonia como ponte de unificação. Mas é a sociedade civil o cerne do processo da história para Gramsci, dela saindo os quadros de acertos pactuais que vão dar na estrutura conjuntural do Estado.

Espaço privado e espaço público têm a sociedade civil e sociedade política como suas matrizes. O espaço privado está em princípio numa correlação com a sociedade civil. E o espaço público, com o Estado. Uma relação de correspondência já implícita nos jusnaturalistas. E manifestada em Hegel e Marx. É ainda Bobbio quem observa:

O ESPAÇO E O CONTRAESPAÇO

> Em outras palavras, na grande dicotomia "sociedade-Estado", própria de toda a filosofia política moderna, sociedade civil representa, ao princípio, o segundo momento e, ao fim, o primeiro, embora sem mudar substancialmente o seu significado: com efeito, tanto a "sociedade natural" dos jusnaturalistas, quanto a "sociedade civil" de Marx indicam a esfera das relações econômicas intersubjetivas de indivíduo a indivíduo, ambos independentes, abstratamente iguais, contraposta à esfera das relações políticas, que são relações de domínio. Em outras palavras, a esfera dos "privados" (no sentido em que "privado" é um outro sinônimo de "civil" em expressões como "direito privado" que equivale a "direito civil") se contrapõe à esfera do público (Bobbio, 1987: 40).

Trata-se de um par de conceitos igualmente nada consensual, sobretudo diante da ambiguidade do privado e do público em sua associação de equivalência respectiva do individual e do coletivo criada pelo marxismo oficial soviético, em que privado é o individual e público é o coletivo, vistos no espelho do Estado tornado *persona* do coletivo via estatização dos meios de produção (Moreira, 1992).

É com Gramsci e o debate por ele aberto que privado e público readquirem o antigo significado Oitocentista, em que privado é o que se identifica com a esfera da família e público, com a esfera da política – um e outro equivalendo respectivamente a sociedade civil e sociedade política. E com Hannah Arendt o significado originário dos gregos, em sua relação de equivalência com a nação e a *polis*.

Privado, diz Arendt (1983: 49), é "a esfera das atividades pertinentes à manutenção da vida individual", tarefa da família (a nação), e público a "esfera das atividades pertinentes a um mundo comum", tarefa da *polis*. Distinção que para ela se desdobra em dois outros tipos de contraponto. No primeiro o privado é a esfera da necessidade e o público, a esfera da liberdade. E no segundo, a esfera dos desiguais e dos iguais, respectivamente. E esclarece:

> O que distinguia a esfera familiar era que nela os homens viviam juntos por serem a isso compelidos por suas necessidades e carências. A força compulsiva era a própria vida – os *penates*, os deuses do lar, eram, segundo Plutarco, "os deuses que nos fazem viver e alimentar o nosso corpo; e a vida, para sua manutenção individual e sobrevivência como vida da espécie, requer a companhia de outros. O fato de que a manutenção individual fosse a tarefa do homem e a sobrevivência da espécie fosse a tarefa da mulher era tido como óbvio; e ambas estas funções naturais, o labor do homem no suprimento de alimentos e o labor da mulher no parto, eram sujeitas à mesma premência da vida. Portanto, a comunidade natural do lar decorria da necessidade que reinava sobre todas as atividades exercidas no lar.
>
> A esfera da *polis*, ao contrário, era a esfera da liberdade, e se havia uma relação entre essas duas esferas era que a vitória sobre as necessidades da vida em família constituía a condição natural para a liberdade na *polis*. A política não podia, em circunstância alguma, ser apenas um meio de proteger a sociedade – uma sociedade de fiéis, como na Idade Média, ou uma sociedade de proprietários, como em Locke, ou uma sociedade inexoravelmente empenhada num processo de aquisição, como

|209|

GEOGRAFIA E PRÁXIS

em Hobbes, ou uma sociedade de produtores, como em Marx, ou uma sociedade de empregados, como em nossa própria sociedade, ou uma sociedade de operários, como nos países socialistas e comunistas. Em todos estes casos, é a liberdade (e, em alguns casos, a pseudoliberdade) da sociedade que requer e justifica a limitação da autoridade política. A liberdade situa-se na esfera do social, e a força e a violência tornam-se monopólio do governo. (Arendt, 1983: 53)

A que acrescenta:

A *polis* diferenciava-se da família pelo fato de somente conhecer "iguais", ao passo que a família era o centro da mais severa desigualdade. Ser livre significava ao mesmo tempo não estar sujeito às necessidades da vida nem ao comando de outro *e* também não comandar. Não significava domínio, como também não significava submissão. Assim, dentro da esfera da família, a liberdade não existia, pois o chefe da família, seu dominante, só era considerado livre na medida em que tinha a faculdade de deixar o lar e ingressar na esfera política, em que todos eram iguais. É verdade que esta igualdade na esfera política muito pouco tem em comum com o nosso conceito de igualdade; significava viver entre pares e lidar somente com eles, e pressupunha a existência de "desiguais"; e estes, de fato, eram sempre a maioria da população na cidade-Estado. A igualdade, portanto, longe de ser relacionada com a justiça, como nos tempos modernos, era a própria essência da liberdade; ser livre significava ser isento da desigualdade presente no ato de comandar, e mover-se numa esfera em que não existiam governo nem governados. (Arendt, 1983: 53)

Arendt compara, assim, os conceitos antigo e moderno de privado e público. E chama a atenção para a inconveniência e dificuldade de os separarmos em duas esferas, problema criado pelo avanço da modernidade burguesa, em que "as esferas social e política diferem muito menos entre si". A modernidade burguesa elimina a vida doméstica, alterando a forma e o sentido do privado e do público. A alteração da forma vem da instituição da propriedade burguesa, uma propriedade privada de indivíduos privados, que faz da sociedade civil a organização dos proprietários e da sociedade política o governo dos proprietários, um aspecto já analisado por Marx. Então, os laços comunitários se dissolvem na emergência do individualismo burguês, a vida em família se troca pelos laços da sociabilidade e o privado dá lugar à intimidade.

A fronteira do privado e do público fica, assim, mais indivisa. Indivíduo e sociedade (definida esta como um coletivo de indivíduos) se tornam as categorias constituintes do privado e do público. De modo que nesse entendimento privado é a esfera da intimidade do indivíduo que substitui a família (desintegrada na dissolução de seus pares no mundo da propriedade e do mercado), e público é a esfera da vida levada em comum, compartilhada por estes indivíduos em sociedade, sem maiores laços de significação.

Mas é com a sociedade de massas que vem a dissolução das fronteiras. Sociedade da multidão indefinida e do cotidiano banalizado, a sociedade de massas embaralha as fronteiras, publiciza o privado e privatiza o público no jogo indiscreto da mídia. E destrói, assim, diz Arendt o privado e o público: "[...] a esfera pública porque se

|210|

tornou função da vida privada, e a esfera privada porque se tornou a única preocupação comum que sobreviveu" (Arendt, 1983: 54).

O ESPAÇO E O CONTRAESPAÇO

O contraespaço é a expressão dessa dialética do privado e do público, num plano micro, e sociedade civil e sociedade política, no plano macro da organização societária. O recorte que as contradições privado-público e sociedade-Estado cravam no coração do todo do espaço da ordem. E cujo âmbito logístico é declarado o território da subversão e da mudança por seus sujeitos.

Toda a trama da tensão estrutural com que genealogicamente se relacionam sociedade e espaço, toda a complexa reciprocidade de determinação que entre uma e outra se estabelece, se contém assim nessa relação de espaço e contraespaço. Não há espaço sem contraespaço, e vice-versa, contraespaço sem espaço, dado o próprio caráter ontológico de um e de outro, a essência contraditória da relação localização *versus* distribuição.

Pode-se, por isso, falar, assim, de uma sociedade de espaço e contraespaços, no sentido de uma estrutura societária em que o conflito já se institui desde a base da estrutura espacial, e que a regulação ordenatória visa territorialmente controlar pela norma e circunscrever pela regra de coabitação consensual-coercitiva no horizonte da relação de classe. De que a sociedade burguesa é, sem dúvida, a forma protótipica.

O espaço e o contraespaço na ordem burguesa

É sabido que o modo de construção da sociedade é o modo de construção do seu espaço. Acrescentemos agora que na ordem espacial burguesa o é também quanto ao modo de construção do seu contraespaço. Seu modo de contra-afirmação. É na ordem espacial burguesa em que a arrumação do arranjo de centralidade tem sua melhor expressão. O contraespaço ganha assim claro conteúdo de conflito. E este conflito sai desse ponto para se alastrar ou tender a se alastrar pela generalidade do todo.

O que são, entretanto, espaço e contraespaço na ordem espacial burguesa? E que papel aí jogam as regas e normas de regulação espacial?

A sociedade civil burguesa, o bloco histórico e a relação de espaço e contraespaço

É na sociedade civil burguesa onde melhor se pode perceber que os esquemas de regulação não vêm de uma origem abstrata, da exclusividade do Estado, ou mesmo do poder econômico exclusivo de uma classe. Vêm do espaço arrumado nos e pelos embates da sociedade civil. E seu centro de gravidade é o bloco histórico. Daí que uma vez que as formas de regulação vêm de todas as partes da superestrutura, é na sociedade burguesa em que o espaço de antemão se amalgama no todo como uma combinação solidária de estrutura e conjuntura. A estrutura vindo do permanente contraponto que aí fazem as relações e as forças da produção diante do papel daquelas de frear e destas de levar o ritmo do desenvolvimento a sempre acelerar-se para adiante, os momentos de aguçamento desta contradição ativando todas as demais. E a conjuntura vinda da pactuação política que as frações sociais da sociedade civil em embate dentro dessa estrutura tensionada fazem entre si em vista de orientar a energia das contradições em seu benefício. Da aglutinação dessas forças políticas nasce o que Gramsci chama o bloco histórico, e dentro dele o bloco do poder. E a forma como nesta quadra de história vai organizar-se o Estado.

Gramsci compreende o bloco histórico como o modo como as frações da sociedade civil dentro dela se articulam, costuram a acomodação de seus conflitos, montam a forma de governo destinada a administrar as tensões emanadas do interior da estrutura e assim arrumam as funções reguladoras do todo dentro do pacto de Estado firmado. A própria essência, pois, do Estado como um dado do pacto. E compreende a hegemonia como a forma da consensualidade por meio da qual o bloco histórico compatibiliza os estratos de classes da sociedade em sua totalidade ao redor da solução pactuada (Gramsci, 1978).

É dessa conjunção de estrutura e conjuntura acomodada ao redor das sanções e consensualidades dentro da sociedade civil como um todo que brota a ordem espacial estabelecida Não é, assim, a lei do valor, ou o poder do Estado, que própria e diretamente a determina e ao jogo de regras e normas que a ordena e regula, mas o pacto do bloco histórico, seus acordos e acertos de mando conjunturais, seus esquemas de perpetuação no poder. Mesmo que no limite o interesse do valor e da acumulação seja o horizonte de referência e o pacto, no fundo, torne exclusivos para essas frações dominantes os benefícios da conjuntura assim instituída, são as forças da política, não da economia, que dão o sentido da forma do arranjo e do modo de configuração como este se arruma em ordem espacial. E assim ao modo como nos termos dele a seguir intervém.

O primado da sociedade civil, primado que antecede à própria ação do Estado, é assim a peça chave da constituição do espaço. Do mesmo modo que por extensão também do contraespaço. De forma que primeiro faz-se o pacto dentro e na correlação de forças temporal da sociedade civil. Este uma vez feito é levado para o âmbito do embate político. E em decorrência surge o Estado com sua estrutura e perfil. Define-se o acerto de relações de sociedade civil e sociedade política da conjuntura, e assim também do privado e do público. E assim os termos da ordem do espaço.

Cedo ou tarde, entretanto, a consensualidade instituída no interesses do bloco histórico se esvazia. A parte das forças sociais da sociedade civil dele excluída aos poucos disso se apercebe. E é compelida a intervir, num levante de questionamento e projeto de derrubamento da ordem de espaço prevalecente. Assim nasce o contraespaço.

O espaço da ordem burguesa

Tudo, portanto, provém na ordem burguesa da forma como pela via do bloco histórico construiu-se e ainda hoje se constrói o modo de concertamento das relações de sociedade política, civil, pública e privada em cada contexto de tempo. Definiu-se que regras e normas espaciais o organizam e regulam em seu ordenamento. E fomentaram-se e controlam-se as insurgências de contraespaço.

Foucault, Thompson e Lefebvre dedicaram vários estudos a esse tema. Foucault vendo-o pelo viés do espaço, Thompson, pelo viés do tempo e Lefebvre, pelo viés da cidade. Foucault analisou extensamente o modo da formatação da ordem espacial burguesa no correr do século xviii. Detalha o apelo ao uso de microespaços (a quadra da cidade, o hospital, a escola) como meio disciplinar das relações humanas no seio da sociedade civil, da sociedade política, do privado e do público do correr daquele século. E mostra como o saber médico, asilar, carcerário, escolar e militar atuaram modelando os arranjos capilares do espaço (Foucault, 1979a, 1979b e 1979c). Thompson opera a mesma análise, recuando ao tempo da manufatura para mostrar como se usou do implemento de ordem disciplinar de tempo do trabalho para instituir-se a ordem burguesa em ascendência, chamando a atenção para a forma correspondente de espaço e para o vínculo dessa emergência com as necessidades da economia política capitalista em formação (Thompson, 1998a). E Lefebvre, deslocando o foco para o todo da cidade, mostra o vínculo da implantação da ordem burguesa com as grandes reformas urbanas (Lefebvre, 1969). Em todos os três o caminho é o controle dos corpos. Corpos dos trabalhadores, corpos das mulheres, corpos dos atores perigosos. Via conjugação gestora do espaço e do tempo.

O nascimento da medicina social, diz Foucault, introduz como regulação das doenças o controle espacial dos corpos como seu recurso principal. E segundo três modalidades: a medicina da morbidade alemã, a medicina urbana francesa e a medicina da pobreza inglesa. A medicina do Estado alemã institui no início do século xiii um sistema de contabilidade demográfica visando ao controle da população por quadra da cidade. Para realizá-la o Estado monta uma estratégia que mobiliza todas as instâncias da sociedade: a estatística da morbidade, mais do que da mortalidade e da natalidade, é levantada em registro de hospitais e médicos, segundo as áreas da cidade; a produção do saber médico é normatizada através do ensino e do diploma universitários, de maneira a assim dispor de quadros formados num conceito de saúde consensualmente padronizado; a coleta e quantificação dos fluxos de informação são organizadas na escala de regionalização dos atendimentos; por fim, as práticas médicas são definidas segundo dado número de pacientes/médico por unidades de hospital. Mediante esse sistema de controle espacial das estatísticas se estabelece a política de domínio do corpo da população e se regulamenta o modo de administração da sociedade civil pelo Estado.

Já a medicina urbana francesa dos fins do século XVIII faz do arranjo do espaço um instrumento de controle e eliminação da doença por meio da instituição da ideologia do medo urbano. Aqui a fórmula é o esquadrinhamento urbano da cidade mediante um conjunto de regras e normas que inclui: a divisão parcelizada do espaço urbano; a regionalização da administração por fração de parcela; a elaboração por esta administração de relatórios diários com informação de ocorrências; a revista diária dos vivos e dos mortos da cidade por inspetores de vigilância; e a desinfecção periódica do ambiente urbano casa a casa com queima de perfumes. Este esquadrinhamento se acompanha da transferência de cemitérios, tidos como fontes e focos de doenças, para fora dos limites da cidade. Tudo orientado no entendimento da política médica como uma forma de política urbano-ambiental, constando de três aspectos: a análise dos lugares de acúmulo e amontoamento de possíveis focos de transmissão de doenças, como o lixo e o esgoto; o controle da circulação de corpos móveis do meio, como a água e o ar; e a definição da localização dos elementos relacionados aos procedimentos da vida e da morte, como os hospitais e cemitérios. Medidas que vão se traduzir num discurso de que o controle do corpo das pessoas e coisas intermedeia o controle do corpo da cidade.

A medicina da pobreza inglesa do começo do século XIX, por fim, consiste em fazer do arranjo do espaço a tecnologia de regulação da força de trabalho e da pobreza por meio do controle do corpo do pobre. O pano de fundo é a sociedade industrial, já neste momento dominante na Inglaterra. Os veículos da regulação da pobreza, dos pobres e dos seus corpos são a lei dos pobres (*poor law*) e a lei do serviço da saúde (*health service*), definidas como um conjunto de políticas espaciais de assistencialismo, que inclui: a obrigatoriedade de vacinação e registro; o cadastramento das doenças com possibilidades epidêmicas; e o mapeamento da localização dos focos de insalubridade. Em vista do que digam os dados, separa-se, para o fim de segurança pública, o espaço dos ricos e o espaço dos pobres, numa forma disfarçada de reforma urbana.

O nascimento do hospital, na França do século XVIII, é fruto dessa ótica. Até as reformas e reconstruções do século XVIII, diz Foucault, o hospital é uma instituição assistencialista, "[...] uma espécie de instrumento misto de exclusão, assistência e transformação espiritual, em que a função médica não aparece". Dirige-o um pessoal vinculado a obras de caridade. E quem o procura busca conforto material e espiritual. Não se procura o hospital para a cura, mas para a morte. E este tem a função de isolar do convívio da cidade os indivíduos perigosos para a saúde pública. De modo que a arrumação do seu espaço interno amontoa doentes, loucos, prostitutas e outros pelos cômodos, sem um lógica médica definida. Hospital, médico e medicina são neste contexto coisas distintas. Assim, o hospital acaba por virar uma fonte de doenças, um foco de problemas tão perigoso quanto os cemitérios, com seu amontoado de cadáveres pela cidade. A reforma vem com a espacialização das doenças dentro do hospital e entre um hospital e outro, segundo o novo saber médico urbano-ambiental então instituído. E o que a inicia é a realização de um inquérito voltado para acompanhar a trajetória espacial das roupas brancas, lençol, roupa velha, panos utilizados nos ferimentos, seu transporte, lavagem e distribuição, dentro do prédio hospitalar, por considerar-se ser esta trajetória espacial a fonte dos problemas. Os inquéritos mostram estar a ela vinculados vários dos fatos patológicos que então ocorrem. E vinculam a doença a este quadro das condições sanitárias do hospital e do espaço urbano, levando a que se requeira uma medicina científica relacionada aos domínios da Biologia e da Química e que se veja a doença num quadro de referência espacial mais amplo, mostrando a necessidade de um novo modo de arranjo que expresse esse conceito ambiental da saúde e do hospital, o espaço hospitalar.

Como resultado, desloca-se o foco do olhar da doença do hospital e do saber médico, bem como da doença propriamente dita, para o meio ambiente geral da cidade – o ar, a água, a temperatura ambiente, a alimentação etc. –, como quadro mais abrangente do novo conceito. Procedendo-se, então, com referência nisto, a uma troca do confuso arranjo interno e externo existente por um arranjo organizado e disciplinar do hospital "que vai possibilitar sua medicalização". Internamente a distribuição dos pacientes por cômodos, de acordo com o tipo e estágio da doença, permite o controle das patologias, o registro e a vigilância do hospital e do doente por um simples esquadrinhamento. E a administração da cura. Externamente a localização passa a obedecer ao princípio da localização mais adequada de condições de ambiente, fugindo a lugares sombrios, obscuros ou de circulação deficiente da água, do ar e da população, e que permita, quando necessário, de imediato esquadrinhar-se toda a cidade. Interna e externamente o hospital vira uma instituição de fato médica, com os médicos nele residindo, atendendo e fazendo pesquisas diversas. Tudo no sentido de que administrar a saúde significa administrar conjuntamente o hospital e a cidade através de um saber médico-urbano colado à arrumação espacial específico-global apropriada.

Arranjo idêntico é feito com os microespaços de outras capilaridades, o cemitério, o asilo, o cárcere, a escola, o exército dentro da cidade. Interna e externamente em cada um desses microespaços a regulação disciplinar consiste na ordenação enfileirada e individualizada do arranjo distributivo do espaço em específico e dentro do espaço urbano, de modo a adequar cada um e ao mesmo tempo todos eles às regras e normas burguesas de controle da cidade.

Um modelo que Foucault (1979c: 105) exemplifica no arranjo do espaço do exército:

> O exército era um aglomerado de pessoas com as mais fortes e mais hábeis na frente, nos lados e no meio as que não sabiam lutar, eram covardes, tinham vontade de fugir. A força de um corpo de tropa era o efeito da densidade desta massa. A partir do século XVIII, ao contrário, a partir do momento em que cada soldado recebe um fuzil, é-se obrigado a estudar a distribuição dos indivíduos e a colocá-los corretamente no lugar em que sua eficácia seja máxima. A disciplina do exército começa no momento em que se ensina o soldado a se colocar, se deslocar e estar onde for preciso.

E o mesmo faz com a escola:

> Nas escolas do século XVII, os alunos também estavam aglomerados e o professor chamava um deles por alguns minutos, ensinava-lhe algo, mandava-o de volta, chamava outro etc. Um ensino coletivo dado simultaneamente a todos os alunos implica uma distribuição espacial. A disciplina é, antes de tudo, a análise do espaço. É a individualização pelo espaço, a inserção dos corpos em um espaço individualizado, classificado, combinatório. (Foucault, 1979c: 106)

Poderíamos continuar com exemplificações que incluiriam o asilo, a prisão, a rua, a fábrica. Mas vale para todos estes microespaços o padrão de arranjo que pelo traçado faça o todo da capilaridade submeter-se à análise e individualização das relações pelo mecanismo gestor do espaço urbano.

Thompson, por sua vez, volta seus olhos para as manufaturas inglesas dos séculos XVII-XVIII, flagrando a disciplinarização do tempo-espaço do trabalho que aí está se dando. O arranjo disciplinar vem aqui do ajuste sincrônico dos tempos do movimento corpóreo dos trabalhadores e cronométrico do relógio. Sincronismo temporal a que se incorpora o espacial da divisão técnica do trabalho instituído pela emergência da manufatura. Enfileirados dentro da manufatura segundo suas tarefas de trabalho, os artesãos são obrigados a sincronizar no tempo do relógio a cadeia de integração de seus trabalhos especializados. Sobranceiro na parede, o relógio mede e entroniza o movimento tempo-espaço de conjunto.

Não é uma equação que se faz de imediato. Conta aqui fortemente o tempo do assentamento cultural. As primeiras gerações de trabalhadores da manufatura, camponeses-artesãos, arrancados de uma cultura de tempo-espaço de economia familiar autônomo-integrada, sofrem e reagem, às vezes com violência, à instituição disciplinar do tempo-espaço de trabalho que lhes impõe a manufatura. As gerações seguintes aos poucos, porém, mentalizam o sincronismo de tempo-espaço do relógio como ritmo de vida natural, habituando-se com o tempo culturalmente ao ritmo novo do trabalho. A Revolução Industrial do século XVIII vai encontrar a massa trabalhadora já assim culturalizada e que vai agora ser levada a mergulhar no cotidiano do sistema do maquinismo fabril com que se consolida o industrialismo moderno. Então, posta no centro de um arranjo disciplinar urbano a que já fora afeiçoada a capilaridade do hospital, do asilo, do cárcere, da escola, a fábrica leva o arranjo a transbordar da cidade para o campo, infunde-lhe sua lógica de mercado e a ordenar-se nesse parâmetro a totalidade dos espaços.

Lefebvre flagra este quadro de arranjos no padrão de reforma urbana do barão de Haussmann, que remodela a cidade de Paris no final da primeira metade século XIX. A regulação disciplinar já assentada na disciplinarização das capilaridades e do tempo do trabalho, tudo na concomitância com a implantação da lógica das trocas no mercado, se generaliza agora como uma regulação da própria sociabilidade global do capitalismo. Espelho do valor de uso, diz Lefebvre, a cidade que a burguesia herda é uma obra de arte. Que logo a conversão do espaço em mercadoria vai levar a cidade a se espelhar no valor de troca. A cidade como obra de arte vira um bem econômico. É o momento de aceleração da industrialização fabril, só acontecida na França a partir de 1840. O caos urbano que estabelece como ordem espacial multiplica-se no arranjo espacial socialmente indiferenciado de ricos e pobres que assusta e enche de medo a classe dominante burguesa. E as insurreições operárias frequentes transformam em pavor. A reforma do barão de Haussmann vem então como resposta. O sinal são as barricadas que as insurreições de 1848 disseminam pelos labirintos da cidade. E tal qual antes sucedera com o hospital, o asilo, o cárcere, a escola e a fábrica, é a rua com seus estreitos e quebradas a matéria agora da disciplinarização. Problema de controle que Haussmann resolve rasgando a parte central de Paris em avenidas largas e retilíneas que liberam os espaços do centro para as transações bancárias e o comércio e deslocam as indústrias e a população e os bairros operários para a periferia distante. Instituindo com o modelo de espaço urbano socialmente diferenciado e de insurreições proletárias controladas de Paris a cidade da ordem disciplinar que o desenvolvimento capitalista difundirá pelo mundo.

O contraespaço

Não se interrompe, porém, a sequência de levantes de contraespaço que a instituição disciplinar vem para regular como mecanismo de controle, retroalimentados pelas próprias tensões estruturais da ordem espacial burguesa. Levantes com que a cidade disciplinar terá assim que conviver em caráter permanente. E que as sucessivas readequações do bloco histórico buscam administrar, trazendo seus sujeitos para a esfera de interseção da sociedade civil e do Estado.

As formas de contraespaço têm, por isso mesmo, um caráter diverso em seu conteúdo e modo de ocorrência. É contraespaço o arranjo espacial de uma greve de operários, uma ocupação de terra com fim de assentamento, o surgimento de uma favela, um ritual de capoeira ou de candomblé, a luta pelo direito à cidade, uma manifestação de rua, um movimento de embargo de uma obra de efeito ambiental de uma comunidade, mas também a segregação urbana da classe média, o embargo territorial de setores de dominantes excluídos do bloco de poder instituído como governo central dentro do bloco histórico.

Tudo num sentido conceitual de exclusão que varia de natureza e significado segundo o sujeito de sua autoria. Razão por que é o contraespaço dos excluídos sociais a forma de levante que acaba por dar a marca de imagem do contraespaço como uma forma de luta contra o espaço instituinte da ordem dominante. E o efeito do contraespaço oscile entre uma radical transformação e uma simples mudança da ordem de exclusão estrutural que espacialmente contesta.

Pode-se ver o contraespaço, assim, como um confronto, como um movimento de resistência e como simples questionamento. Três exemplos ilustram essas diferenças.

O primeiro exemplo vem da Comuna de Paris, de 1871, analisado por Marx. A tomada do poder da cidade pela multidão dos operários, artesãos, comerciantes e soldados materializa aí a contraposição dos de baixo ao arranjo do espaço urbano da ordem espacial dominante. O Estado monárquico e centralizado é substituído pelo Governo Comunal, formado por representantes eleitos e revocáveis dos vinte distritos em que desde a reforma Haussmann Paris fora dividida. Este corpo espacial, a um só tempo Executivo, Legislativo e Judiciário, atua como uma forma nova um só tempo de sociedade civil e sociedade política que com esse perfil institui e assume o governo da cidade por 72 dias. Paris mantém-se por todo esse tempo sob o poder da Comuna até que esta sucumbe diante do avanço combinado das tropas do exército francês e alemão. A cidade reage atrás das barricadas, que, banidas de Paris desde as reformas de 1852, as forças de insurgência trazem de volta, num confronto dos bairros nascidos da reforma de Haussmann com as forças invasoras, numa resistência que se alastra em lutas encarniçadas pelos bairros e largas avenidas do centro da cidade. Até que, sitiada e isolada do campo e outras cidades por todo esse longo tempo, a Comuna cai diante da força dos canhões que a bombardeiam e flagelam com grande violência (Marx, 1961).

O segundo exemplo vem da multidão dos pobres das cidades e dos campos ingleses do século XVIII, retratada por Thompson. Ao redor da luta pelo pão ("os trabalhadores do século XVIII não viviam apenas de pão, mas muitos deles viviam, sobretudo, do pão"), essa fração majoritária da população desenvolve uma ação de resistência espacial em grande escala. A despesa com o pão consome uma boa parte do orçamento familiar que, nas épocas de preço alto, chega a mais da metade. Daí a atenção ao circuito territorial do pão, matéria do contraespaço.

Este é um círculo que funde campo e cidade envolvendo num ciclo de vida agricultores, moleiros, farinheiros, padeiros e a multidão de consumidores urbanos ao redor do encadeamento espacial que combina a colheita do trigo, a moagem, o comércio da farinha, o fabrico do pão e o consumo urbano e rural. Sucede que em toda a extensão dessas etapas, vai se estabelecendo o domínio da intermediação mercantil, revoltando os pobres da cidade e do campo. E levando-os a se organizar num movimento correlativamente cíclico de contraespaço.

Primeiramente entabulando um Regulamento do Pão que cuida que se evite a adulteração do produto e os atravessamentos. Durante o longo tempo do período medieval, o circuito do pão vinculava, em linha de relação direta, a colheita e venda do trigo na cidade, com prioridade inicial de compra pelos pobres. Só então se abriam as vendas para moleiros, comerciantes e padeiros. A própria população pobre moía seu grão, ou levava-o pessoalmente para o moinho. Era uma forma de garantia do controle da estabilidade social e da vigência da fome. O desenvolvimento da regulação mercantil instituída pela nova ordem burguesa altera esse arranjo simples, complexificando-o e desorganizando-o com a inclusão e controle de outros segmentos sociais e de atividades, seja por introduzir esses novos personagens, seja por levar o raio das trocas a deslocar-se para além das localidades históricas.

O ESPAÇO E O CONTRAESPAÇO

Um conflito de regras e normas então se estabelece, confrontando as normas da regulação comunitária antiga e as novas da regulação do mercado. A comunidade busca, pois, diluir com suas ações os riscos de alta dos preços e ciclos de fome que se tornam uma constante, fazendo prevalecer a regulação da tradição pela qual são os pobres urbanos em sua relação com os personagens do circuito do pão que estabelecem o preço do trigo e do pão. E o contraespaço vai, assim, no sentido da manutenção da forma histórica da regulação do preço da tradição (que Thompson chama de economia moral da multidão).

Para isso, recorre à ação do bloqueio das estradas numa mobilização de multidão que impeça a exportação ou escoamento do trigo e do pão para outras cidades. Ou de despejamento do produto pelas suas margens, atapetando-as dos grãos retirados das carroças e jogados na estrada. A que acrescenta a ameaça da destruição dos canais. Do assalto aos navios. Da ida em massa ao campo em visita às fazendas e moinhos, quando, mulheres e crianças à frente, a multidão urbana ocupa as fazendas, exigindo a remessa do trigo à venda direta no mercado da cidade. Da inspeção dos estoques dos moinhos, avaliando volumes e qualidade dos grãos e da farinha. Numa rara intervenção do uso da violência destrutiva diante do efeito em geral positivo dessas formas de contraespaço (Thompson, 1998b).

O terceiro exemplo, por fim, vem da luta da população proletária por morada na França do entreguerras, analisado por Perrot. O móvel é a mudança da forma de morada aglomerada estipulada como modo de habitação dos pobres, mobilizados por contraste com a forma familiar de morada estabelecida para os ricos como ordem espacial burguesa. Aqui, conflitam os conceitos de privado e público respectivos, que buscam apresentar a vida privada como privilégio de uma classe, ao tempo que esta é negada como direito às outras. Espaço individual da família, a casa representa para a classe burguesa a afirmação da vida privada diante do controle do olhar público, ao mesmo tempo que sua abertura para o mundo se dá através do livro, do telefone, da eletricidade. "A biblioteca abre a casa para o mundo, encerra o mundo dentro da casa." O telefone isola e liga o privado ao mundo, ao mesmo tempo. A eletricidade traz o conforto de fora para dentro do espaço privado. O mundo assim vivido no seu usufruto, com a vantagem da privacidade da vida íntima da casa. Microcosmo, a casa é ao mesmo tempo recolhimento e acolhimento. Quartos, salas, bibliotecas, jardins, cômodos e repartições fazem da casa um mundo. Através dela, "ritos e lugares apropriados compartimentam o espaço e o tempo", que individualizam, separam, juntam e regulam a transgressão e o consentimento. Tal é, todavia, o espaço privado da família burguesa, numa ordem de classe por ela criada.

Com ele contrasta o espaço de vida proletário. Este é jogado no arranjo aglomerado da vila operária, de espaço privado familiar interceptado, dissolvido no atravessamento dos serviços individuais da vida vilareja. De modo que o modelo da casa burguesa vira assim um dos objetos da luta proletária ("O quarto é o espaço do sonho, ali se refaz o mundo"), que a expressa na peculiaridade da roupa usada nas ruas centrais da cidade ou no uso familiar das praças e jardins dos fins de semana, ou na forma de fala singularizada, num manifesto de contraespaço lançado aos olhos dos burgueses dentro da cidade. E que o movimento operário organizado logo compreende, pondo a casa da morada individual familiar proletária na sua pauta de lutas (Perrot, 1995).

Percebe-se nesses três casos de contraespaço uma dialética de reciprocidade do espaço e contraespaço enquanto movimentos opostos e ao mesmo tempo coabitantes. Um está contido no outro. E, se às vezes para resolver um é preciso extinguir-se o outro, outras vezes basta um reajuste de ordenamentos. A Comuna de Paris é um exemplo do primeiro caso. A negação pela superação recíproca é a possibilidade que está posta. A reforma do modelo de habitação da França do pós-guerra é um exemplo do segundo. O excluído se integrando num rearranjo de ordenamento de superfície da velha ordem.

BIBLIOGRAFIA

ARENDT, Hannah. As esferas pública e privada. In: _____. *A condição humana.* Rio de Janeiro: Forense-Universitária, 1983.

BOBBIO, Norberto. Sociedade civil. In: _____ et al. *Dicionário de política.* Brasília: Edunb, 1986.

_____. A sociedade civil. In: _____. *Estado, governo, sociedade:* para uma teoria geral da política. Rio de Janeiro: Paz e Terra, 1987.

FOUCAULT, Michel. O olho do poder. In: _____. *Microfísica do poder.* Rio de Janeiro: Edições Graal, 1979a.

_____. O nascimento da medicina social. In: _____. *Microfísica do poder.* Rio de Janeiro: Edições Graal, 1979b.

_____. O nascimento do hospital. In: _____. *Microfísica do poder.* Rio de Janeiro: Edições Graal, 1979c.

GRAMSCI, Antonio. *Maquiavel, a política e o estado moderno.* Rio de Janeiro: Civilização Brasileira, 1978.

LEFEBVRE, Henri. *O direito à cidade.* São Paulo: Documentos, 1969.

MARTINS, Élvio Rodrigues. Lógica e espaço na obra de Immanuel Kant e suas implicações na ciência geográfica. *GEOgraphia.* Niterói: PPGEO-UFF, ano V, n. 9, 2003.

MARX, Karl. A guerra civil na França. In: MARX, K.; ENGELS, F. *Obras escolhidas.* v. 3. Rio de Janeiro: Editorial Vitória, 1961.

MOREIRA, Ruy. Do socialismo utópico ao socialismo soviético. *Teoria & Praxis.* Goiânia, n. 5, 1992.

_____. Marxismo e geografia: a geograficidade e o diálogo das ontologias. *GEOgraphia.* Niterói: PPGEO-UFF, ano VI, n. 11, 2004.

_____. *Para onde vai o pensamento geográfico?* São Paulo: Contexto, 2006.

_____. As categorias espaciais da construção geográfica das sociedades. In: _____. *Pensar e ser em geografia.* São Paulo: Contexto, 2007.

PERROT, Michelle. Maneiras de morar. In: _____ (org.). *História da vida privada:* da Revolução Francesa à Primeira Guerra Mundial. v. 4. São Paulo: Companhia das Letras, 1995.

SODRÉ, Muniz. *O terreiro e a cidade:* a forma social negro-brasileira. Rio de Janeiro: Vozes, 1988.

THOMPSON, E. P. Tempo, disciplina de trabalho e o capitalismo industrial. In: _____. *Costumes em comum:* estudos sobre a cultura popular tradicional. São Paulo: Companhia das Letras, 1998a.

_____. A economia moral da multidão inglesa no século XVIII. In: _____. *Costumes em comum:* estudos sobre a cultura popular tradicional. São Paulo: Companhia das Letras, 1998b.

O AUTOR

Ruy Moreira é professor-associado 2 do Departamento de Geografia da Universidade Federal Fluminense (UFF) e vem se dedicando a pesquisas cruzadas no campo da teoria e da epistemologia geográfica e da organização espacial da sociedade brasileira, objetivando situar o formato da teoria geral que defina o olhar próprio da Geografia e do geógrafo diante da tarefa dos saberes de dissecar o real estrutural do mundo e do Brasil. É mestre em Geografia pela Universidade Federal do Rio de Janeiro (UFRJ) e doutor em Geografia Humana pela Universidade de São Paulo (USP). Autor de diversos artigos e livros na área, publicou pela Editora Contexto *Para onde vai o pensamento geográfico?*, *Pensar e ser em geografia*, *Sociedade e espaço geográfico brasileiro*, *O pensamento geográfico brasileiro vol. 1 – as matrizes clássicas originais*, *O pensamento geográfico brasileiro vol. 2 – as matrizes da renovação* e *O pensamento geográfico brasileiro vol. 3 – as matrizes brasileiras*.

CADASTRE-SE no site da Editora Contexto para receber nosso boletim eletrônico *circulando o saber* na sua área de interesse e também para acessar os conteúdos exclusivos preparados especialmente para você. **www.editoracontexto.com.br**

- HISTÓRIA
- LÍNGUA PORTUGUESA
- GEOGRAFIA
- FORMAÇÃO DE PROFESSORES
- MEIO AMBIENTE
- INTERESSE GERAL
- EDUCAÇÃO
- JORNALISMO
- FUTEBOL
- ECONOMIA
- TURISMO
- SAÚDE

CONHEÇA os canais de comunicação da Contexto na web e faça parte de nossa rede
twitter YouTube flickr facebook orkut **www.editoracontexto.com.br/redes/**